U0908683

高职高专计算机类课程改革规划教材

国家社会科学基金“十一五”规划（教育学科）国家级课题成果

Photoshop CS6 案例教程

第 2 版

主　编　顾艳林　王春红

参　编　包乌格德勒　萨日娜　李　娜　冉　明

主　审　包海山

机 械 工 业 出 版 社

本书内容紧扣高等职业教育培养高级应用型、复合型人才的要求，采用“任务驱动”的编写方式，引入案例教学和启发式教学方法，便于激发学习兴趣。书中以知识导读、任务案例、信息卡、实训任务和拓展练习为线索，分别介绍了 Photoshop CS6 的基本功能、图像的基本操作、绘画与修饰工具、图像色彩与色调的调整、图层的应用、路径与形状的使用、文本的应用与编辑、滤镜的运用，以及通道的应用。

本书是针对高职高专、中等职业学校学生开发的教材，结构清楚、图文并茂、实用性强，也适合各类平面设计人员、计算机爱好者、美术爱好者和网页设计人员使用。

为方便教学，本书配备电子课件等教学资源。凡选用本书作为教材的教师均可登录机械工业出版社教育服务网 www.cmpedu.com 免费下载。如有问题请致信 cmpgaozhi@sina.com，或致电 010-88379375 联系营销人员。

图书在版编目（CIP）数据

Photoshop CS6 案例教程 / 顾艳林，王春红主编．—2 版．—北京：机械工业出版社，2016.8（2018.6 重印）
高职高专计算机类课程改革规划教材 国家社会科学基金“十一五”规划（教育学科）国家级课题成果
ISBN 978-7-111-54625-2

Ⅰ.①P… Ⅱ.①顾… ②王… Ⅲ.①图象处理软件-高等职业教育-教材 Ⅳ.①TP391.413

中国版本图书馆 CIP 数据核字（2016）第 198088 号

机械工业出版社（北京市百万庄大街 22 号 邮政编码 100037）
策划编辑：王玉鑫　　责任编辑：王玉鑫　刘子峰
版式设计：张文贵　　责任校对：杨立京
封面设计：马精明　　责任印制：孙　炜
北京玥实印刷有限公司印刷

2018 年 6 月第 2 版 · 第 2 次印刷
184mm × 260mm · 14 印张 · 339 千字
3 001 - 4 900 册
标准书号：ISBN 978-7-111-54625-2
定价：36.00 元

凡购本书，如有缺页、倒页、脱页，由本社发行部调换

电话服务
服务咨询热线：（010）88379833
读者购书热线：（010）88379649

网络服务
机 工 官 网：www.cmpbook.com
机 工 官 博：weibo.com/cmp1952
教育服务网：www.cmpedu.com
金 书 网：www.golden-book.com

高职高专计算机类课程改革规划教材
编委会名单

P前言 reface

Photoshop CS6 是 Adobe 公司推出的图像处理软件。它以强大的功能和直观的操作界面成为当今世界上一流的平面设计和编辑软件。本书通过介绍 Photoshop CS6 的基本操作及新增功能、图像的基本操作、绘画与修饰工具、图像色彩与色调的调整、图层的应用、路径与形状的使用、文本的应用与编辑、滤镜的运用，以及通道的应用等内容，让学生达到熟练操作 Photoshop 进行图像制作及灵活运用相关工具进行设计创作的基本要求，培养出从事广告、杂志、图书封面、招贴画、海报、商标、包装、艺术照等的平面设计工作的专业技能型人才。

本书采用“任务驱动”的编写方式，引入案例教学和启发式教学方法，便于激发学习兴趣。本书的编写思路与传统教材不同点在于：采用“项目课程设计”理论，全书作为一个大的项目，然后按功能划分成若干模块，再依据每个模块要实现的技能点划分若干个任务。每个任务先提出具体要做什么，并将任务分解为若干步骤，然后逐步介绍解决问题的方法、途径。为强化实训内容的连续性和层次性，每个模块安排足够的实训任务，并在实训任务部分采用“学材”方式，即给出某个任务一部分解决问题的步骤，其余部分内容解决问题的关键步骤由学生自主完成。另外，在每个模块讲解结束后，给出让学生自主拓展练习的内容，以便逐步构筑学生的职业能力结构。

本书由顾艳林（内蒙古财经学院）编写模块一、模块二；萨日娜（内蒙古财经学院）编写模块三、模块四；李娜（内蒙古师范大学）编写模块五；包乌格德勒（内蒙古民族高等专科学校）编写模块六；冉明（内蒙古职业学院）编写模块七、模块八；王春红（内蒙古财经学院）编写模块九、模块十。包海山（内蒙古财经学院）、担任本书的主审，审阅全稿并对内容提出了修改意见和合理化建议。

本书参考和引用了许多著作和网站内容，除非确因无法查证出处的，我们在参考文献中都进行了列示。在此，一并表示衷心的感谢。

由于计算机软硬件不断更新换代，新概念、新技术层出不穷，再加上本系列教材旨在探索全新的教学模式和教材内容组织方法，从而加大了策划、编写难度。由于编者水平有限，在内容整合、项目的衔接方面难免存在缺陷或不当之处，敬请读者批评指正，以便我们及时进行修订补充，使本书日臻完善。

编　者

目录 Contents

模块一 Photoshop CS6 概述

本模块导读

Photoshop 是从事平面设计、包装设计、艺术创意、网页制作、图片处理、影像合成等工作的专业人士必备的工具软件。本模块主要介绍 Photoshop CS6 的基本知识及新增功能。通过本模块的学习，学生应掌握 Photoshop CS6 的工作界面、图像的颜色模式、常用的图像文件格式以及图像文件的基本操作。

本模块要点

- Photoshop CS6 的工作界面
- Photoshop 文档的建立、保存
- 位图和矢量图
- 图像的颜色模式
- 常用的图像文件格式

任务一　了解 Photoshop CS6 的桌面环境

知识导读

Photoshop CS6 的工作界面简洁实用，功能强大且操作方便。熟悉工作环境是熟练使用 Photoshop CS6 的基础。若用户对 Windows 操作系统比较熟悉，或是使用过 Office 等软件，理解 Photoshop CS6 的窗口元素是非常容易的。下面先介绍 Photoshop CS6 的桌面环境及其组成。图 1-1 为启动 Photoshop CS6 后的工作界面。

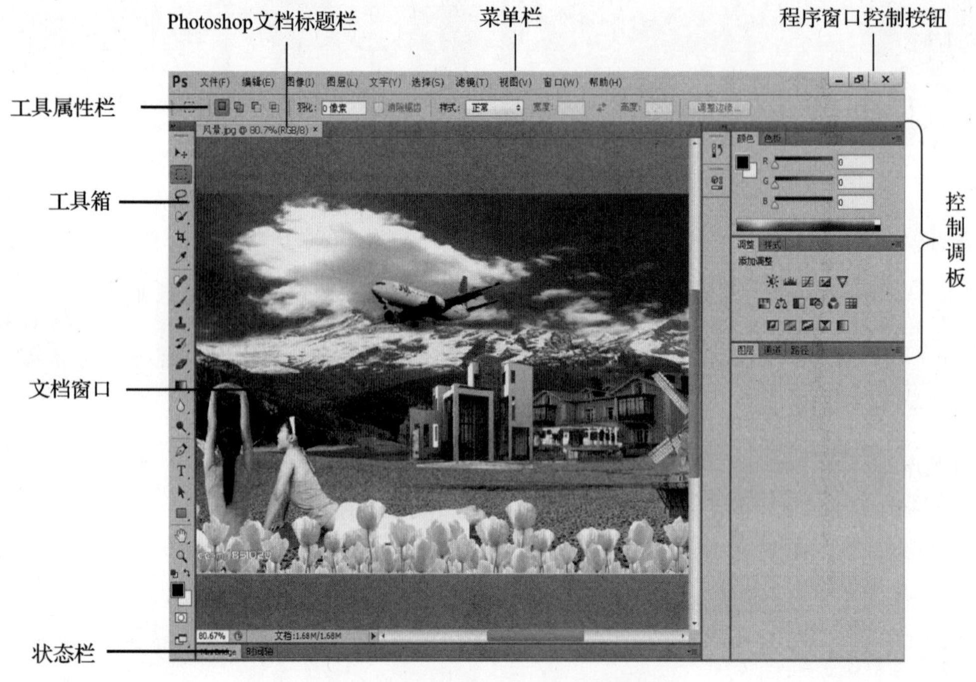

图 1-1　Photoshop CS6 的工作界面

从图 1-1 可以看出，菜单栏、工具属性栏、工具箱、控制调板、状态栏以及图像窗口等组成了一个完整的 Photoshop CS6 工作界面。

Photoshop CS6 的安装过程同其他软件的安装过程基本相同，此处不再赘述。

1. 菜单栏

Photoshop CS6 的菜单栏为整个桌面环境下的所有窗口提供菜单控制。菜单栏中共包含 11 个菜单命令。利用这些菜单命令，用户可以方便地管理整个工作界面的布局、配置 Photoshop CS6 环境、编辑和调整图像以及获得在线帮助等。

2. 工具属性栏

利用工具属性栏可以完成对工具箱各种工具的参数调整与设置。在工具箱中选择某个工具后，该工具相应的选项将显示在工具属性栏中。图 1-2 为选择渐变工具后的工具属性栏显示状态。

图 1-2 渐变工具属性栏

3. 工具箱

Photoshop CS6 的工具箱中包含了 60 多种工具，大致可以分为选区工具、绘画工具、修饰工具、颜色设置工具以及显示控制工具等几类。要具体使用某种工具，只要单击该工具即可。在工具箱中，一些工具的右下角有一个小三角符号“▶”，表示该工具属于一个工具组，其中有未显示的隐藏工具。右键单击该工具，即可弹出被隐藏的工具。图 1-3 显示了工具箱中的所有的工具。

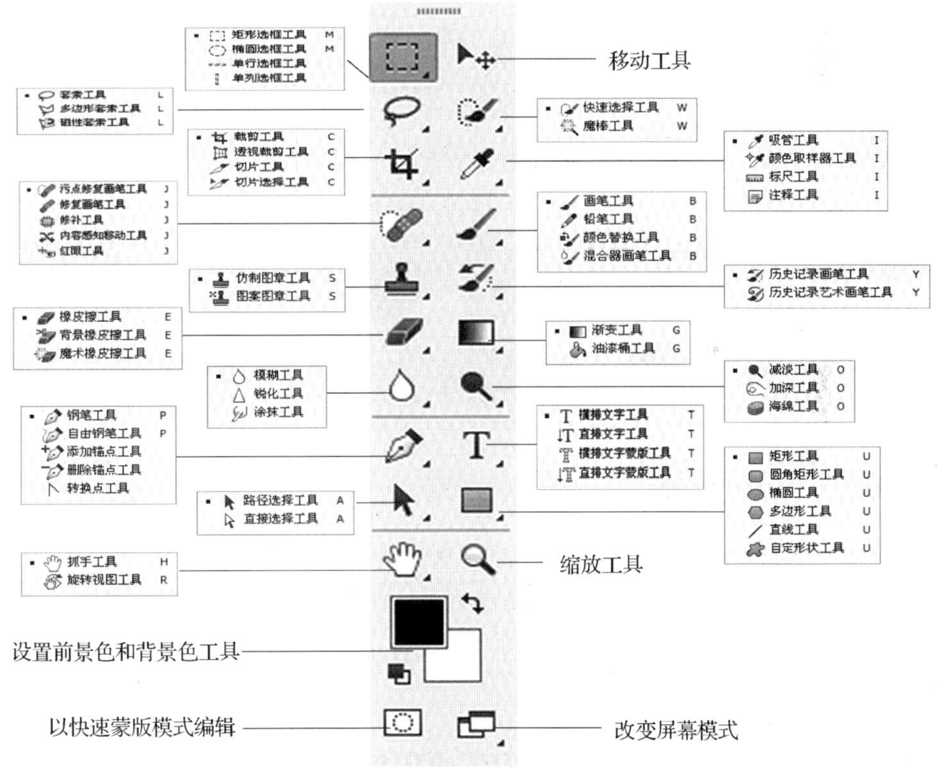

图 1-3 Photoshop CS6 的工具箱

Photoshop CS6 中的工具箱可以根据需要在单栏和双栏之间自由切换。

4. 控制调板

Photoshop CS6 为用户提供了多个控制调板。调板浮动在窗口的上方，用户可利用调板导航显示来编辑信息。控制调板的使用方法非常灵活，既可按默认状态那样把几个控制调板放在一起共用一个控制窗口，也可以根据用户个人的喜好将它们进行任意分离、移动和组合，如图 1-4 所示。

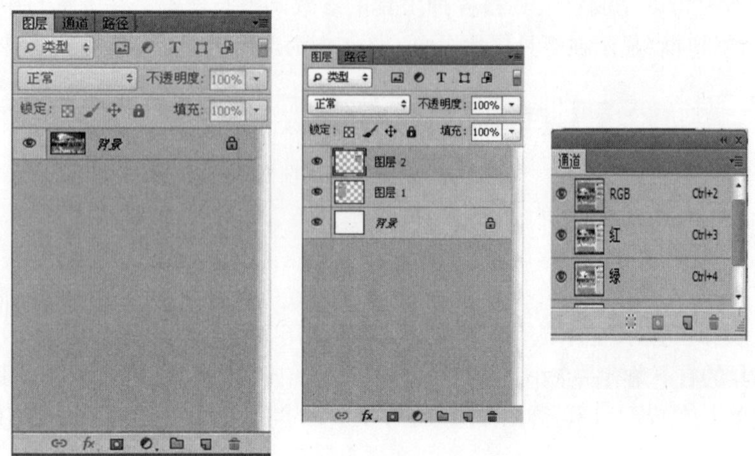

图 1-4 调板的不同显示状态

5. 状态栏

每个文档窗口底部的横条称为状态栏，它能够提供一些当前操作的帮助信息，如图 1-5 所示。状态栏最左侧区域用来设置图像的显示比例，中间区域显示图像文件的大小，右侧小三角“▶”可查看图像文件的相应信息。

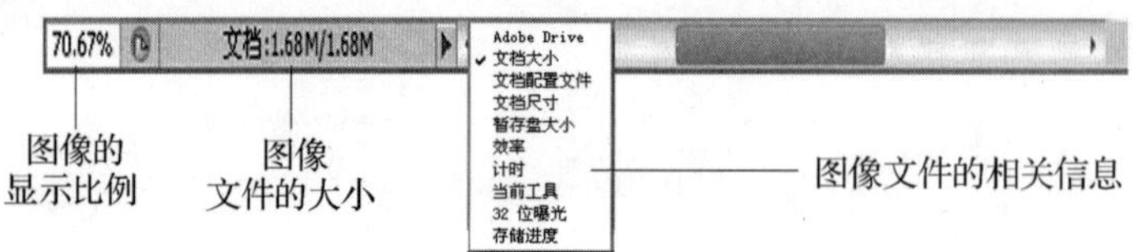

图 1-5 状态栏

> 如果按住 <Alt> 键的同时，在状态栏的图像文件信息区上按住鼠标左键不放，可以查看图像的宽度、高度、通道数和分辨率等信息。
>
> 注意

任务二 了解 Photoshop CS6 的新增功能

知识导读

Photoshop CS6 包含全新的 Adobe Mercury 图形引擎，采用了全新的用户界面，重新开发了设计工具，可利用最新的内容识别技术更好地修复图片，为用户提供更多的选择工具，有超快的性能和现代化的 UI，编辑时几乎能获得即时结果。Photoshop CS6 可以有效增强用户的创造力，大幅提升用户的工作效率。

下面通过简要的图文迅速了解 Photoshop CS6 版本新增的一些重要特性和功能。

1. 主界面的变化

1）用户可以自行选择界面的颜色主题，如图 1-6 所示。暗灰色的主题可以使 Photoshop CS6 的界面更加美观、专业。

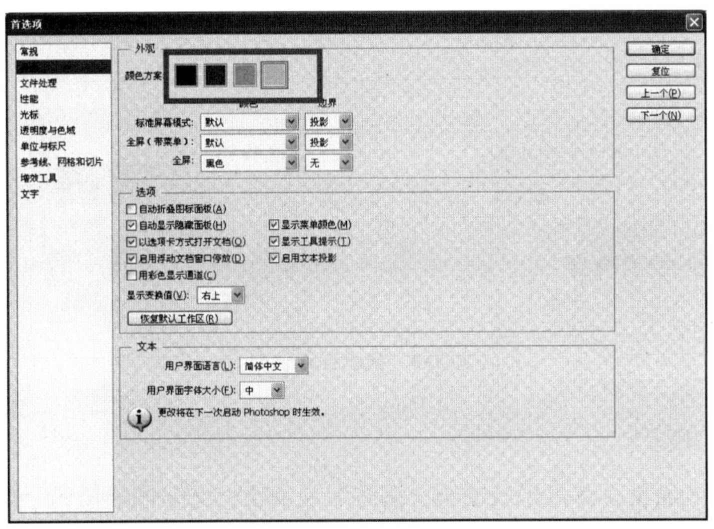

图 1-6 设置颜色主题

2）用户可以为工具选项栏中的文字以及标尺上的数字加投影，如图 1-7 所示。

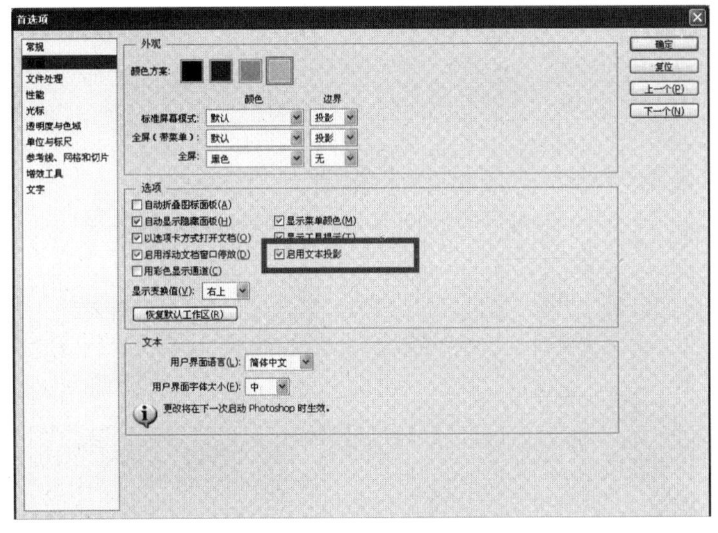

图 1-7 设置文字投影

> 需要指出的是，所加的文字投影并不是黑色的，而是白色的，因此如果感觉刺眼，建议关闭投影。
>
> **注 意**

3）在绘制或调整选区或路径等矢量对象，以及调整画笔的大小、硬度、不透明度时，将显示相应的提示信息，如图 1-8 所示。

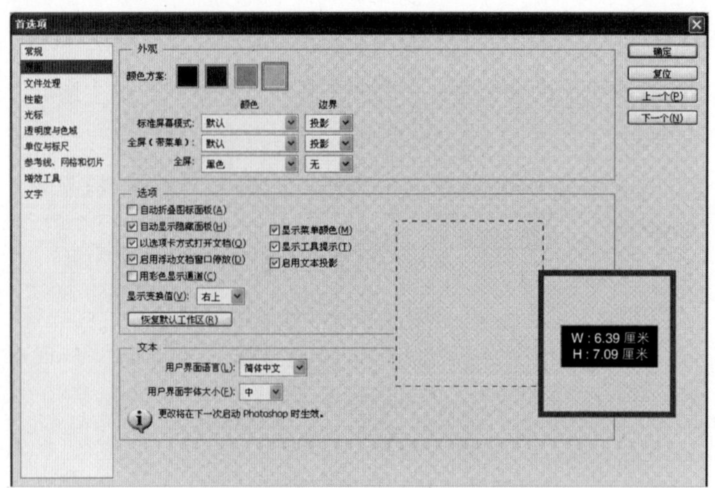

图 1-8　显示提示信息

2. 图层调板的变化

1）图层调板中新增了像素图层滤镜、调整图层滤镜、文字图层滤镜、形状图层滤镜等，如图 1-9 所示。

2）图层调板中各种类型的图层缩略图有了较大改变，如图 1-10 所示。

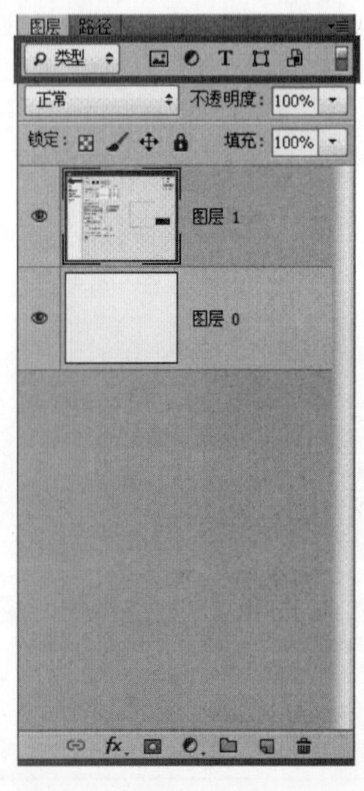

图 1-9　图层调板中新增滤镜

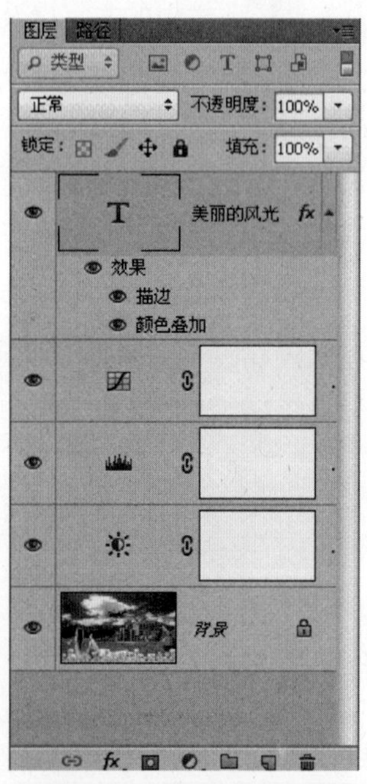

图 1-10　图层缩略图调整

3. 工具箱的变化

1）修复画笔工具中增加了内容感知移动工具，如图 1-11 所示。

2）将原裁剪工具细分为裁剪工具和透视裁剪工具，如图 1-12 所示。

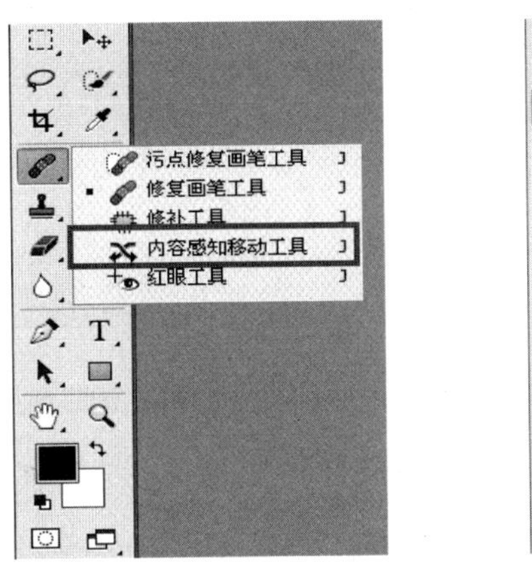

图 1-11　内容感知移动工具

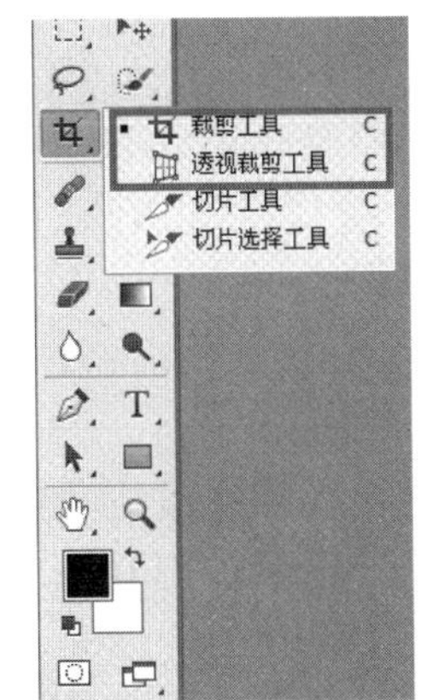

图 1-12　裁剪工具

3）魔棒工具增加了“取样大小”选项，使取样值更趋合理，如图 1-13 所示。

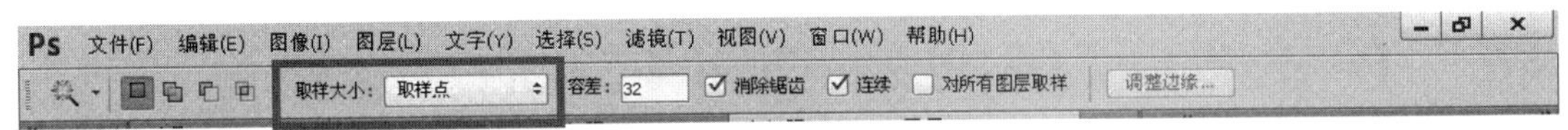

图 1-13　磨棒工具属性栏

4. 滤镜的变化

1）增加了自动适应广角滤镜、油画滤镜以及 3 个模糊滤镜（场景模糊、光圈模糊和移斜偏移），如图 1-14 所示。

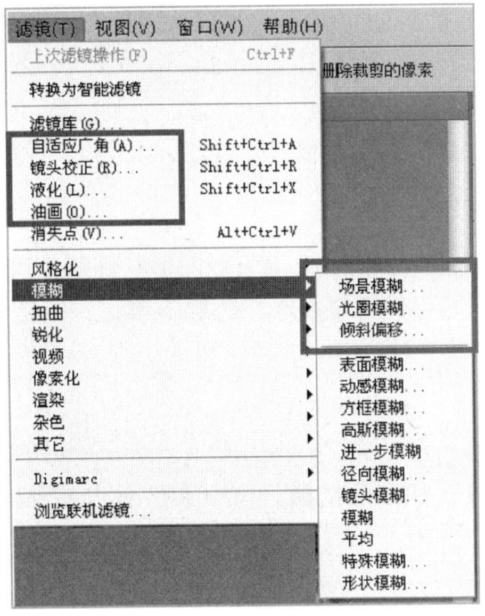

图 1-14　增加的滤镜

2）改进的滤镜包括液化滤镜、镜头校正滤镜以及光照效果滤镜。

① 液化滤镜删除了镜像工具、湍流工具以及重建模式；同时设置了“高级模式”复选项，

即将液化分解为精简和高级两种模式。

② 镜头校正滤镜界面上没发现什么变化，但对镜头配置文件进行了扩充。

③ 光照效果被改造为全新的灯光效果滤镜，该滤镜使用全新的 Adobe Mercury 图形引擎进行渲染。

5. 文件自动备份

Photoshop CS6 改善性能以协助提高用户的工作效率——即使在后台存储大型的 Photoshop 文件，也能同时让用户继续工作。

Photoshop CS6 的自动恢复功能可在后台工作，因此可以在不影响用户操作的同时存储编辑内容。每隔 10 分钟存储用户工作内容，以便在意外关机时可以自动恢复用户的文件。

当前文件正常关闭时将自动删除相应的备份文件；当前文件非正常关闭时备份文件将会保留，并在下一次启动后自动打开。

任务三　了解 Photoshop CS6 的基本概念

子任务 1　认识图像文件的格式与类型

知识导读

前面介绍了 Photoshop CS6 的界面与组成，下面介绍有关图像处理的基本概念。

1. 矢量图与位图

数字化图像按照记录方式可以分为两类：矢量图与位图。

(1) 矢量图

矢量图是由 Adobe Illustrator、Core Draw 等矢量图形软件制作产生的，主要记录组成图形的线条和色块。矢量图文件所占的存储容量很小，色彩不丰富，但是矢量图任意放大和缩小时不失真。

(2) 位图

位图又称点阵图、像素图。它是由 Photoshop、Fireworks 等图像软件制作产生的，主要记录图像中的每一个像素点的位置和颜色信息。位图文件所占的存储容量比较大，所含色彩丰富，位图任意放大和缩小时会失真。

提示卡

像素是组成位图的最小单位，它是一个小的方形的颜色块。每单位长度里包含的像素点的数目称为该图像的分辨率。图像的分辨率越大，图像的清晰度越高，文件所占的容量也就越大。

2. 图像格式

图像格式是指计算机存储图像信息的格式。在进行图像处理时，采用什么样的格式保存图像与图像文件的用途是密切相关的。下面就介绍 6 种常用的图像格式。

（1）PSD 格式

PSD 是 Photoshop 默认的存储文件格式。此格式不仅支持所有的颜色模式（位图、灰度、双色调、RGB、索引、CMYK、Lab 和通道），而且还可以将图层、通道、辅助线等保存在图像中，便于图像的再次调整、修改和编辑。该文件格式的优点是存储的信息多，缺点是文件较大。

（2）JPEG 格式

JPEG 是一种应用非常广泛的文件格式，它支持 CMYK、RGB 和灰度模式，可以保存图像的路径，但不能保存 Alpha 通道。此格式是一种有损失的文件压缩格式，压缩级别越高，图像文件品质越差，文件也越小。

（3）GIF 格式

GIF 是由 CompuServe 提供的一种无损压缩的图像格式。此格式是 256 色 RGB 图像格式，文件尺寸小，支持透明背景，适合在网页中使用。另外，GIF 还可以是动画格式。

（4）TIFF 格式

TIFF 是绝大多数的扫描仪和图像软件都支持的一种文件格式。它采用无损压缩方式，支持包括一个 Alpha 通道的 RGB、CMYK、灰度模式，以及不含 Alpha 通道的 Lab、索引、位图模式，并且可以设置透明背景。

（5）PDF 格式

PDF 是由 Adobe 公司推出的用于网上出版的一种文件格式。此格式支持超级链接，因此网络下载经常使用这种文件格式。它支持 RGB、索引、CMYK、灰度、位图和 Lab 等颜色模式，不支持 Alpha 通道。

（6）BMP 格式

BMP 格式可以被多种 Windows 和 OS/2 应用程序所兼容。它采用的是无损压缩，因此图像完全不失真，但是图像文件尺寸较大。它支持 RGB、索引、灰度及位图等颜色模式，不支持 Alpha 通道。

子任务 2 认识图像的颜色模式

知识导读

在 Photoshop 中的颜色模式用于决定显示和打印图像的颜色类型，以及如何描述和重现图像的色彩。常见的模式有 HSB（色相、饱和度、亮度）、RGB（红色、绿色、蓝色）、CMYK（青色、品红、黄色、黑色）和 CIE $L^*a^*b^*$（简称 Lab）等。另外，在 Photoshop 中还包括灰度、索引等用于颜色输出的模式。

（1）RGB 模式

RGB 模式是最常使用的颜色模式，这种模式采用红色、绿色和蓝色作为三原色，其他肉眼所看到的颜色都是由这三种颜色叠加形成，因此该模式也称为加色模式。在该模式下，每一种原色将单独形成一个色彩通道，并且每个通道使用 8 位颜色的信息，即该信息颜色的亮度由 0 ~ 255个亮度值，通过这三个通道的组合，可以产生 1670 余万种不同的颜色。

(2) CMYK 模式

CMYK 模式是一种最佳的印刷模式，其中 C 代表青色，M 代表品红、Y 代表黄色、K 代表黑色。CMYK 模式是一种减色模式，与 RGB 模式产生色彩的原理不同。这种模式的图像文件占用的存储空间较大，而且在这种模式下，Photoshop 中很多滤镜不能用，所以只有在印刷时才将图像模式转换为 CMYK 模式。

(3) Lab 模式

Lab 模式是以一个亮度分量 L（Lightness）以及两个颜色分量 a 与 b 来表示颜色的。其中，L 的取值范围为 0 ~ 100，a 分量代表由绿色到红色的光谱变化，而 b 分量代表由蓝色到黄色的光谱变化，且 a 和 b 分量的取值范围均为 -120 ~ 120。由于该模式是目前所有模式中包含色彩最广的颜色模式，所以，它是 Photoshop 在不同颜色模式之间转换时使用的中间颜色模式。

(4) 多通道模式

多通道模式包含了多种灰阶通道，每一通道均为 256 级灰阶组成。这种模式通常被用来处理特殊打印需求，如将某一灰阶图像以特殊色打印。

如果删除了 RGB、CMYK 模式中的某个通道，则该图像会自动转换为多通道模式。

(5) 索引模式

索引模式又称为图像映射色彩模式，该模式的像素只有 8 位，即图像只有 256 种颜色。该模式在印刷中很少使用，但是，由于能大大地减小图像文件的存储空间（大约只有 RGB 模式的 1/3），因此这种模式的图像多用于作为网页图像与多媒体图像。

(6) 灰度模式

灰度模式中只有灰度信息而没有彩色，Photoshop 将灰度图像看成只有一种颜色通道的数字图像。

本任务主要结合文件操作命令和颜色模式转换命令，制作“彩照变黑白照”。

步骤：

步骤 1 执行【文件】→【打开】命令，打开素材文件“照片 . jpg”，如图 1-15 所示。

步骤 2 执行【图像】→【模式】→【灰度】命令，去掉所有的颜色信息后，效果如图 1-16 所示。

图 1-15 RGB 模式

图 1-16 灰度模式

步骤 3 执行【文件】→【存储为】命令，参数如图 1-17 所示，文件名为“照片 . psd”。

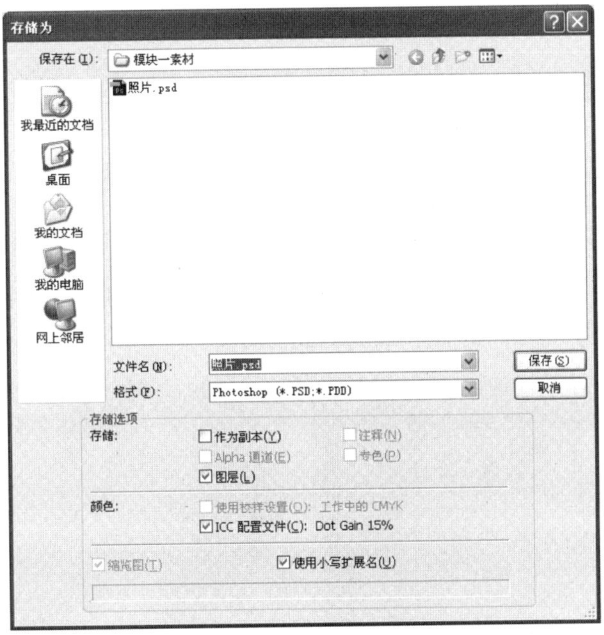

图 1-17 “存储为”对话框

任务四 掌握文件的基本操作

子任务 1 创建、保存和打开图像文件

本任务主要结合标尺、参考线、椭圆选框工具、渐变工具、设置颜色命令和文件操作命令，制作“带阴影的球”。

步骤 1 执行【文件】→【新建】命令，打开如图 1-18 所示的“新建”对话框。

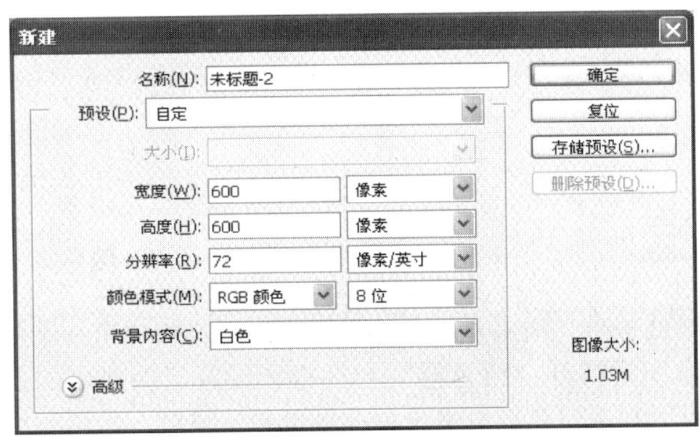

图 1-18 “新建”对话框

> 文件尺寸的计量单位一般用像素或厘米。如果制作一般网页上的图像，分辨率设置为 72 或 100 像素/英寸（1 英寸 =2.54 厘米）；若是制作用于印刷的图像，分辨率应设为 300 像素/英寸。
>
> 注　意

步骤 2 选择工具箱中的设置背景色工具，将背景色设为蓝色（R：63，G：234，B：236），按【Ctrl + Del】组合键进行背景色填充。

步骤 3 创建新图层 1，选择工具箱中的椭圆选框工具，绘制一个圆选区，如图 1-19 所示。

步骤 4 选择工具箱中的渐变工具，从下到上进行从黑（R：0，G：0，B：0）到白（R：252，G：252，B：252）的线性渐变，如图 1-20 所示。

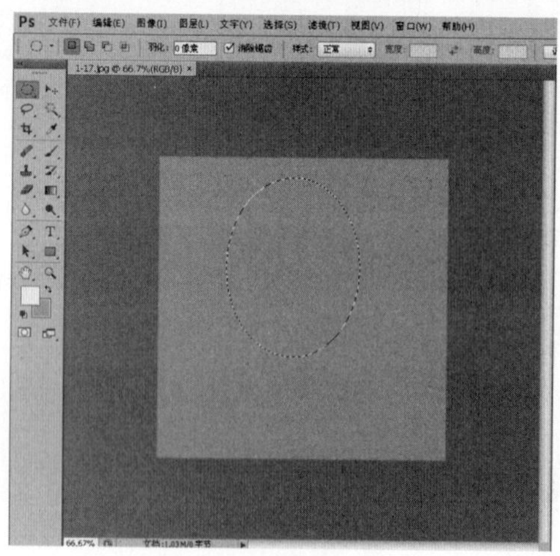

图 1-19　绘制圆选区

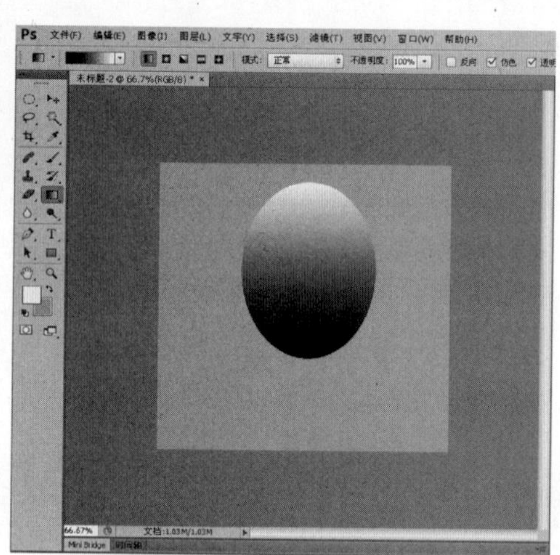

图 1-20　渐变填充后的效果

步骤 5 单击图层调板中的“新建图层”按钮，创建新图层 2。使用椭圆选框工具画一个椭圆选区。前景色设为灰色（R：136，G：136，B：136），按【Alt + Del】组合键进行前景色填充，做成阴影并调整到相应的位置。调整图层调板上的不透明度为 60%，最终效果图如图 1-21 所示。

步骤 6 执行【文件】→【存储】命令将图像文件保存为“带阴影的球 . psd”。

图 1-21　最终效果图

子任务 2　设置颜色

在进行图像的编辑处理时，离不开颜色的设置。在工具箱中有一个前景色和背景色的设置工具，用户可以单击该工具打开“拾色器”对话框，设置当前使用的前景色和背景色，如图 1-22 所示。此外，也可以利用颜色调板来设置前景色和背景色，如图 1-23 所示。

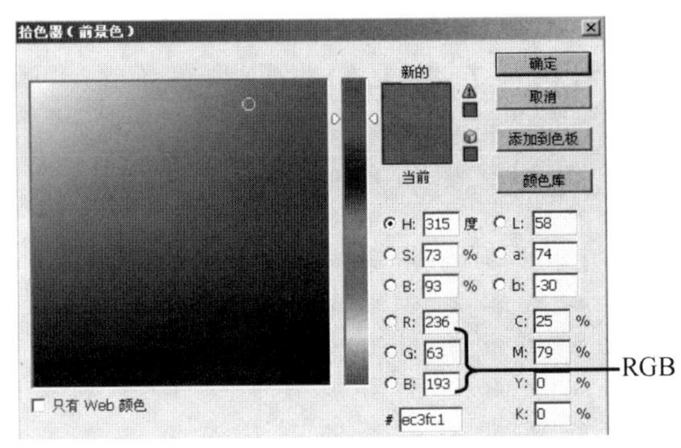

图 1-22 “拾色器”对话框

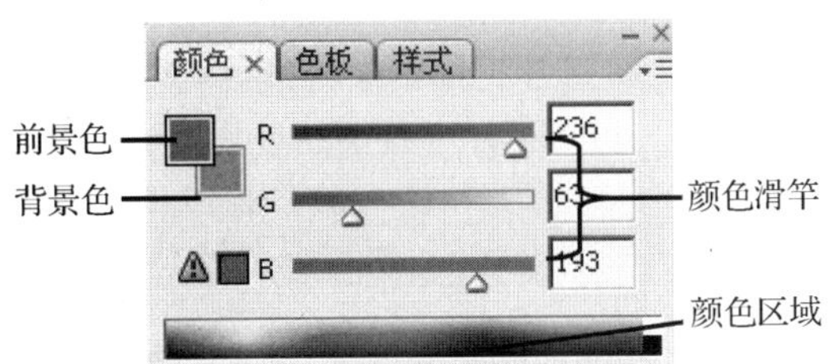

图 1-23 颜色调板

前景色和背景色的填充需要执行【编辑】→【填充】命令。也可以用快捷键进行填充，前景色填充按【Alt + Del】组合键，背景色填充按【Ctrl + Del】组合键。

注 意

子任务 3 使用辅助工具

本任务主要结合标尺、参考线、椭圆选框工具、设置背景工具和裁切工具，制作“七彩光盘”，如图 1-24 所示。

图 1-24 七彩光盘

步骤：

步骤 1 执行【文件】→【新建】命令，建一个大小为 800 × 800 像素、颜色模式为 RGB、背景为白色、分辨率为 72 像素/英寸的文件。

步骤 2 执行【视图】→【显示标尺】命令，打开标尺。分别单击水平标尺和垂直标尺并拖动，创建两条参考线，如图 1-25 所示。

步骤 3 创建新图层 1，选择工具箱中的椭圆选框工具，在其工具属性栏中将羽化半径设置为 0，按【Alt + Shift】组合键，将鼠标移到参考线的交点位置单击并拖动，以参考线的交点为圆心，制作一个圆形选区，如图 1-26 所示。

图 1-25 打开标尺并创建参考线

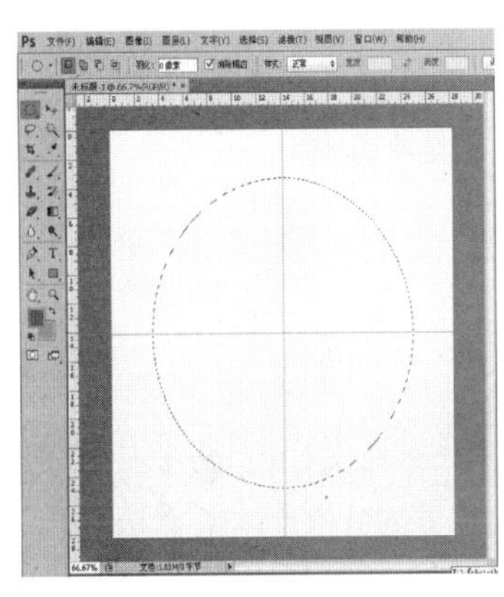

图 1-26 制作圆形选区

标尺的单位和参考线的颜色可以通过执行【编辑】→【首选项】命令来设置。

步骤 4 选择工具箱中的渐变工具，在其工具属性栏中将渐变类型设置为对称渐变，色彩为七彩色，以参考线交点为起点从左向右进行渐变填充，如图 1-27 和图 1-28 所示。

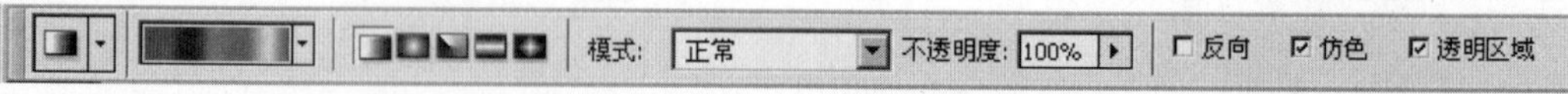

图 1-27　渐变工具属性栏

步骤 5 执行【选择】→【变化选区】命令，按【Alt + Shift】组合键，将选区缩小。确认选区变化操作后按【Del】键，以背景色填充选区，再按【Ctrl + D】组合键取消选区，如图 1-29所示。

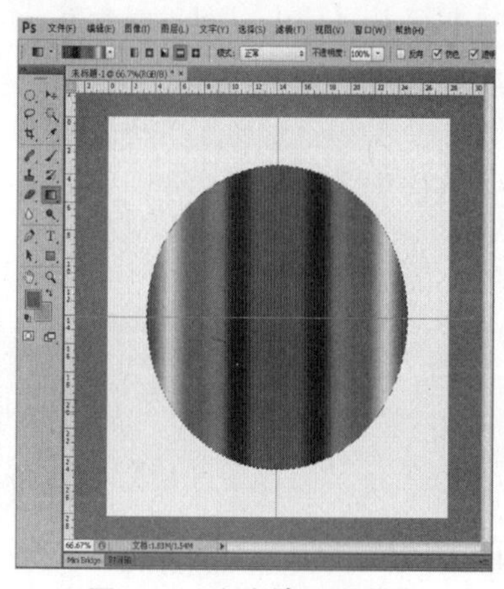

图 1-28　渐变填充后效果

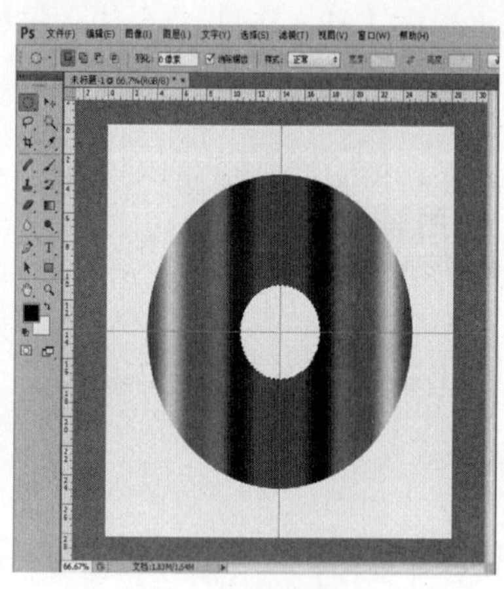

图 1-29　裁减选区

步骤 6 选择工具箱中的裁剪工具进行裁切，然后执行【文件】→【存储】命令，将文件保存为“七彩光盘 . psd”。

学材小结

本模块主要介绍了 Photoshop CS6 的工作界面、新增功能、有关图像处理方面的一些专业术语和基本概念，并且通过案例讲解了 Photoshop 的文件操作及辅助工具的应用，让用户更容易掌握 Photoshop 的基本操作。

理论知识

1. 填空题

（1）常用的颜色模式有________、________、________、________、________、和________。

（2）如果图像用于印刷输出，则应将图像的分辨率设置为________像素/英寸或更高。

（3）一幅图像中，每单位长度能显示的________称为该图像的分辨率。

（4）可以保存图像中的辅助线、Alpha 通道和图层，并支持所有图像模式的文件格式是________。

(5) 能够大幅度降低文件大小，支持 CMYK、RGB 和灰度颜色模式，也可以保存图像中的路径，但无法保存 Alpha 通道的文件格式是________。

2. 选择题

(1) 下面功能中不属于 Photoshop 的基本功能的是（　　）。

A. 处理图像尺寸和分辨率　　B. 绘画功能

C. 色调和色彩功能　　D. 文字处理和排版

(2) Photoshop 默认的图像文件格式为（　　）。

A. PSD　　B. BMP　　C. PDF　　D. TIF

(3) 下面的快捷键中不是用于保存图像的是（　　）。

A.【Ctrl + S】组合键　　B.【Ctrl + Shift + S】组合键

C.【Shift + S】组合键　　D.【Ctrl + Alt + Shift + S】组合键

(4) 下面关闭图像文件的操作中错误的是（　　）。

A. 按【Ctrl + W】组合键　　B. 按【Ctrl + F4】组合键

C. 执行【文件】→【关闭】命令　　D. 单击窗口标题栏左侧的图标

(5) 下列工具中不属于辅助工具的是（　　）。

A. 参考线和网格　　B. 标尺和度量工具

C. 画笔和铅笔工具　　D. 缩放工具和抓手工具

实训任务

绘制手镯

本案例主要结合标尺、参考线、椭圆选框工具、设置背景工具和调整图像色彩命令，来绘制一对玉环。

步骤:

步骤 1 执行________命令，打开素材文件“玉石 . jpg”，按【Ctrl + A】组合键全选图片，再按【Ctrl + C】组合键复制，如图 1-30 所示。

步骤 2 执行________命令，新建一个图像文件，打开如图 1-31 所示的“新建”对话框。新建文件后按【Ctrl + V】组合键粘贴图片，新建图层 1。

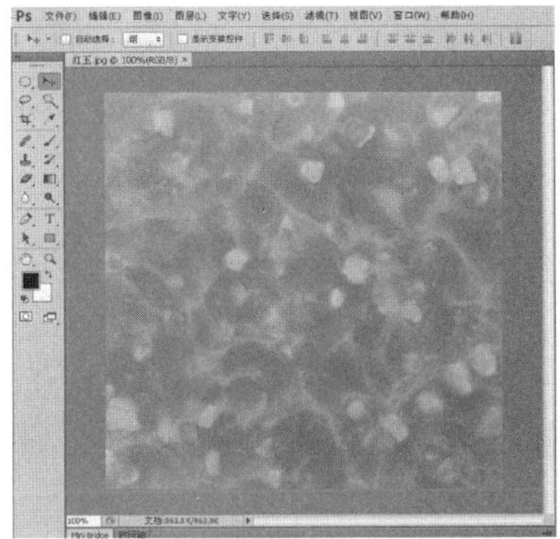

图 1-30　打开文件“玉石 . jpg”

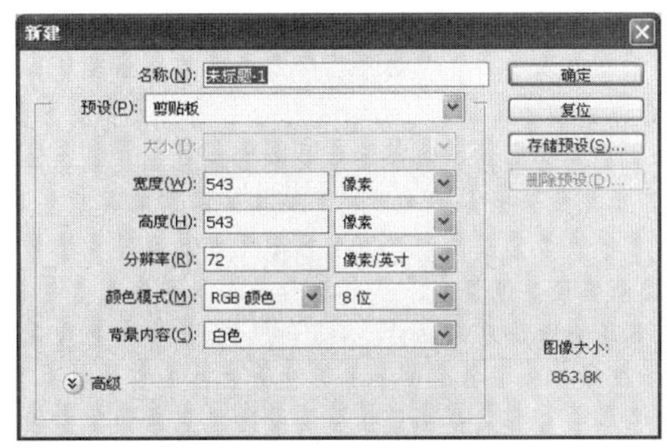

图 1-31　“新建”对话框

步骤 3 执行__________命令，打开标尺。分别单击水平标尺和垂直标尺并拖动，创建两条参考线，如图 1-32 所示。

步骤 4 选择工具箱中椭圆选框工具，在其工具属性栏中将羽化半径设置为 0，按__________组合键，将鼠标移到参考线的交点位置单击并拖动，以参考线的交点为圆心，制作一个圆形选区，如图 1-33 所示。

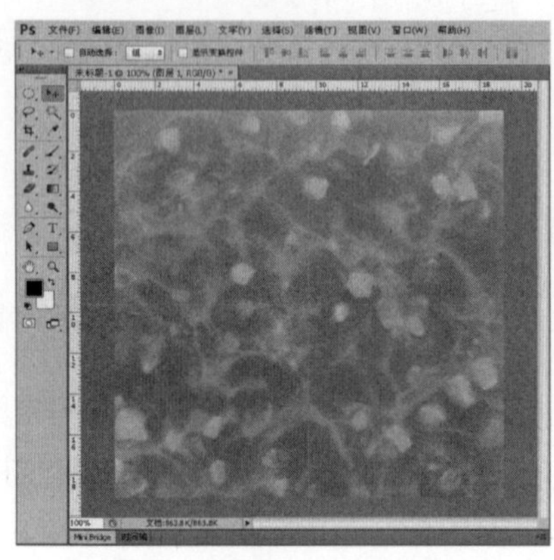

图 1-32 打开标尺并创建参考线

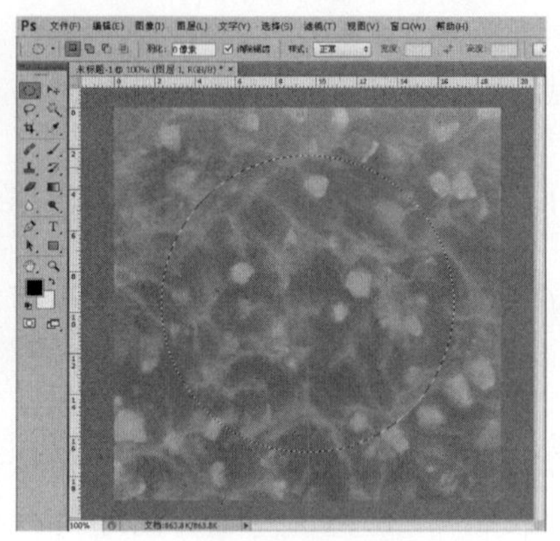

图 1-33 制作圆形选区

步骤 5 执行【选择】→【反选】命令，按【Del】键，以背景色填充选区，如图 1-34 所示。

步骤 6 执行【选择】→【反选】命令，再执行________命令变化选区，按【Alt + Shift】组合键，将选区缩小。确认选区变化操作后按【Del】键，以背景色填充选区，如图 1-35 所示。

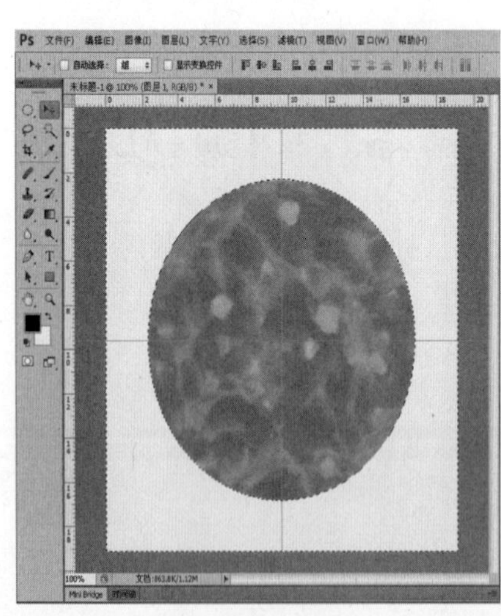

图 1-34 圆形

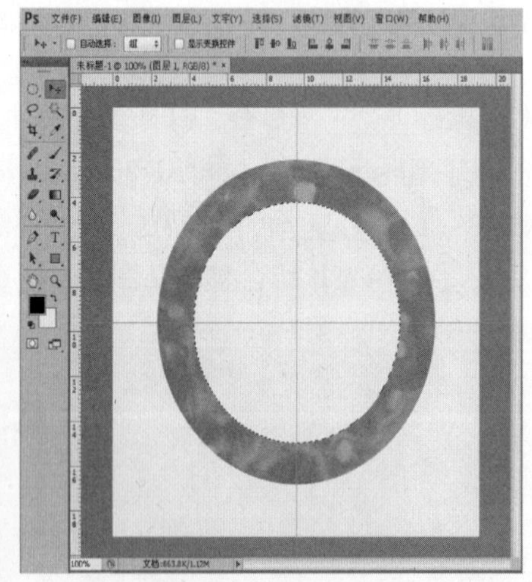

图 1-35 制作圆环

步骤 7 选择工具箱中的魔棒工具，按【Shift】键的同时，在圆环的外围单击鼠标，然后执行【选择】→【反向】命令，如图 1-36 所示。

步骤 8 按【Ctrl + C】组合键和【Ctrl + V】组合键，复制出另一个圆环，移到合适的位置，形成图层 2，如图 1-37 所示。

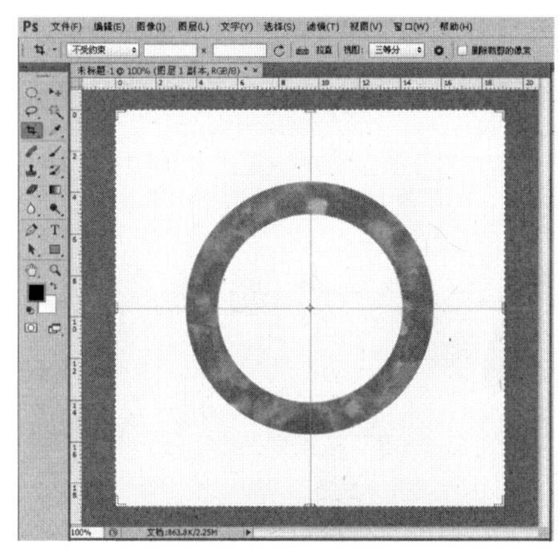

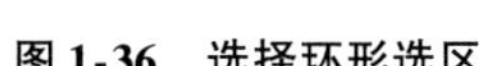
图 1-36　选择环形选区

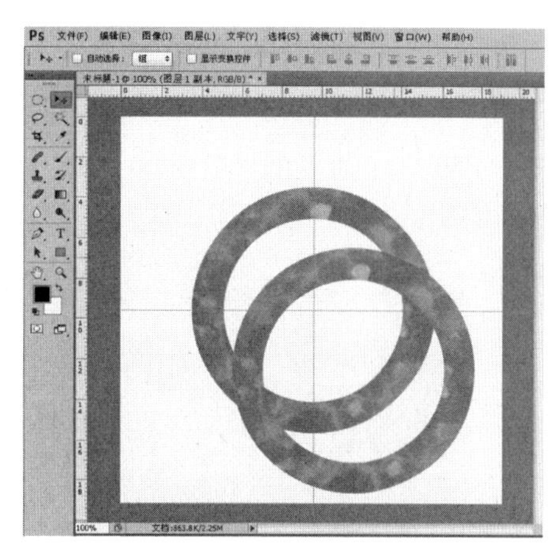
图 1-37　制作双圆环

步骤 9 执行【图像】→【自动颜色】命令，调整圆环的色调，如图 1-38 所示。

步骤 10 执行【图像】→【调整】→【变化】命令，调整圆环的色彩，如图 1-39 所示。

图 1-38　执行【自动颜色】命令

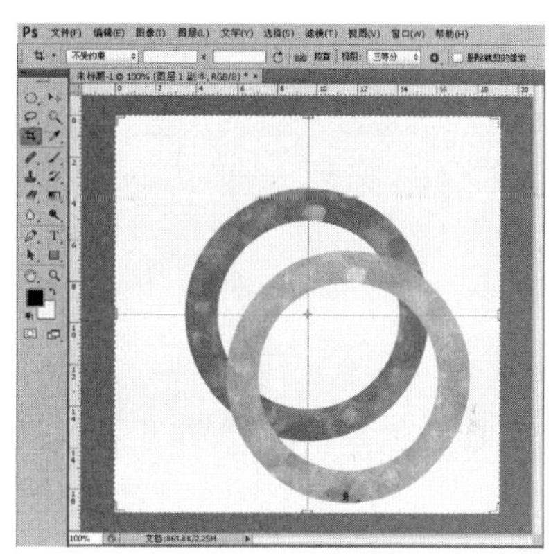
图 1-39　执行【变化】命令

步骤 11 选择图层 1，执行__________命令，调整圆环的色彩，最终效果如图 1-40 所示。

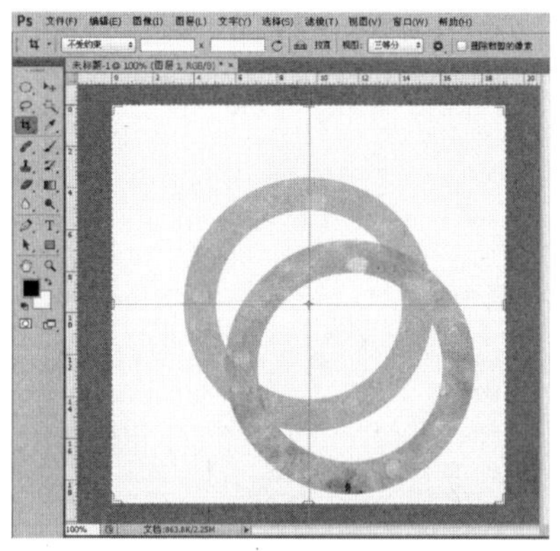
图 1-40　手镯最终效果图

步骤 12 执行__________命令，将文件保存为“手镯 . psd”。

拓展练习

1. 打开如图 1-41 所示的素材文件“狗 . jpg”，调整图像的颜色模式并利用裁剪工具生成如图 1-42 所示的文件“狗 End. jpg”。

图 1-41 狗 . jpg

图 1-42 狗 End. jpg

2. 利用标尺、参考线、椭圆选区工具和【图像】→【调整】→【亮度/对比度】命令，制作五环，生成文件“五环 . psd”，如图 1-43 所示。

图 1-43 五环

模块二 图像的基本操作

本模块导读

本模块主要介绍规则选区与不规则选区的制作方法、选区的修改和编辑、图像的旋转和变形等方面的知识。通过本模块的学习，学生应熟练运用选区工具，并灵活掌握图像的基本操作。

本模块要点

- 规则选区和不规则选区的制作方法
- 选区的羽化和运算
- 图像的基本编辑命令

任务一　认识规则选区工具

子任务 1　使用矩形选框工具

本任务主要结合文件操作命令和矩形选框工具来绘制正方形。

步骤:

步骤 1 执行【文件】→【新建】命令，建一个大小为 800×600 像素、颜色模式为 RGB、背景为白色、分辨率为 72 像素/英寸的文件。

步骤 2 选择工具箱中的矩形选框工具，设置其工具属性栏中的样式为“固定比例”，宽度为 1，高度为 1，如图 2-1 所示。

图 2-1　矩形选框工具栏属性

矩形选框工具的样式除了可以设置为固定比例外，还可以设置为固定大小。

步骤 3 新建图层 1，选择工具箱中的矩形选框工具，拖动鼠标绘制一个正方形选区，设置前景色为红色（R：255，G：0，B：0），按【Alt + Del】组合键填充前景色，如图 2-2 所示。

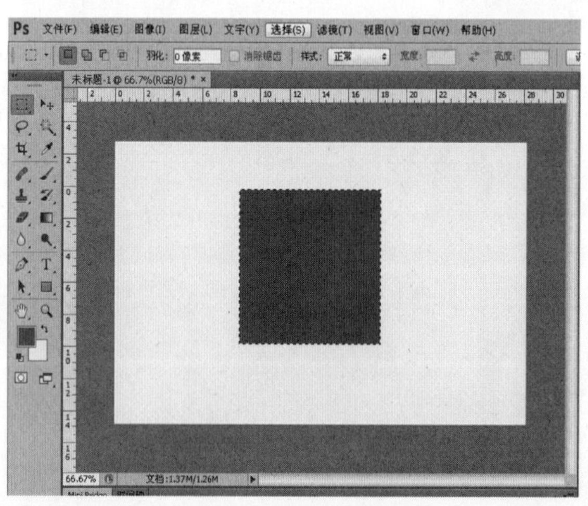

图 2-2　绘制正方形

选择矩形选框工具，按住【Shift】键并拖动鼠标可以绘制一个正方形；按住【Shift + Alt】组合键并拖动鼠标可以绘制一个以拖动的开始点为中心的正方形。

注 意

步骤4 执行【文件】→【存储】命令，将文件保存为“正方形.psd”。

子任务2　使用椭圆选框工具

本任务主要结合文件操作命令和椭圆选框工具来制作人物头像。

步骤:

步骤1 执行【文件】→【打开】命令，打开素材文件“小女孩.jpg”。

步骤2 选择工具箱中的椭圆选框工具，设置其工具属性栏中的羽化值为15像素。拖动鼠标绘制出一个椭圆形选区，并按【Ctrl+C】组合键复制图像，如图2-3所示。

步骤3 执行【文件】→【新建】命令，建一个大小为768×1024像素、颜色模式为RGB、背景为白色、分辨率为72像素/英寸的文件。按【Ctrl+V】组合键粘贴图像，如图2-4所示。

图2-3　绘制椭圆选区

图2-4　最终效果图

步骤4 执行【文件】→【存储】命令，将文件保存为“小女孩.psd”。

信息卡

工具箱中的单行选框工具、单列选框工具可以创建相应的直线型选区，这种选区只有一个像素的高度或宽度，填充后可得到直线。

任务二　认识不规则选区工具

子任务1　使用套索工具

本任务主要结合文件操作命令、套索工具来分离米老鼠和背景图像。

信息卡

套索工具实际上是一组工具，是用来选取不规则形状的选区的，包括套索工具、多边形套索工具和磁性套索工具。其中磁性套索工具是最常用的较精确的选区工具，它具有吸附能力，适合选择图形与背景反差较大的图像。

步骤:

步骤1 执行【文件】→【打开】命令，打开素材文件“米老鼠.jpg”，如图2-5所示。

步骤2 选择工具箱中的磁性套索工具，其工具属性栏中的各项参数为默认值，将鼠标移到米老鼠头像的边缘，单击并拖动鼠标，如图2-6和图2-7所示。

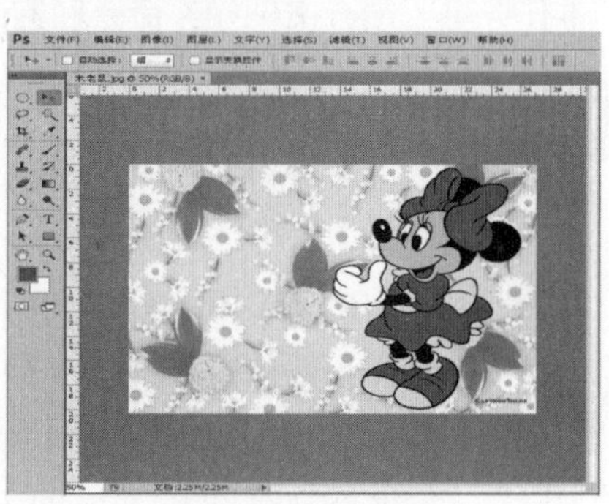

图2-5 米老鼠.jpg

信息卡

宽度：系统检测的边缘宽度，取值范围为1~40，值越小，检测范围越小。

边对比度：设置边缘对比度，取值范围为1%~100%，值越大，对比度越大，边界定位越准确。

频率：设置边界锚点数，取值范围为1~100，值越大，产生的锚点越多。

图2-6 磁性套索工具属性栏

步骤3 沿着边缘进行选取过程中，随着鼠标移动的方向，产生的套索会自动附着到图像的周围，并且隔一段距离会产生一个方形的锚点，当经过图像边缘拐角处时，如果选取边缘不精确，可以在需要的地方单击鼠标加锚点。当鼠标移到开始点附近时，鼠标旁边将出现一个小圆圈，这时单击鼠标即可完成绘制选区，如图2-8所示 。

图2-7 使用磁性套索工具绘制选区

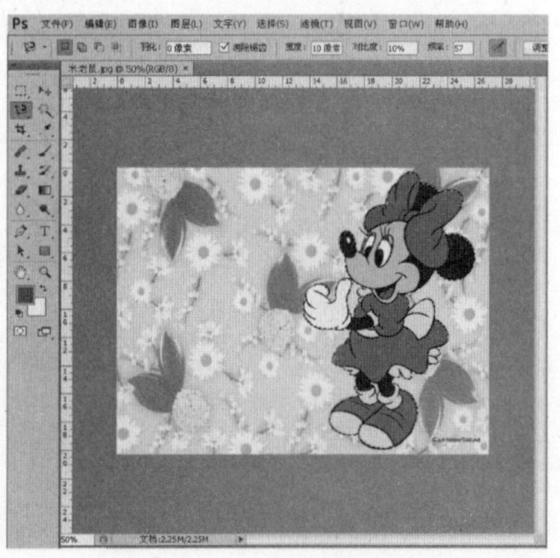

图2-8 完成绘制选区

步骤 4 按【Ctrl + C】组合键复制图像。新建一个大小为 1024 × 768 像素、颜色模式为 RGB、背景为白色、分辨率为 72 像素/英寸的文件，并按【Ctrl + V】组合键粘贴图像，如图 2-9 所示。

图 2-9　选取出来的米老鼠

> 套索工具组中最简单的创建选区工具是套索工具，但是绘制的选区不是太精确；另外，这组工具中的多边形套索工具是以直线为边界绘制选区的。在绘制选区的过程中，如果按【Alt】键可以切换套索工具组中的其他工具。
>
> **注　意**

子任务 2　使用魔棒工具

本任务主要结合文件操作命令、魔棒工具来更换图像的背景。

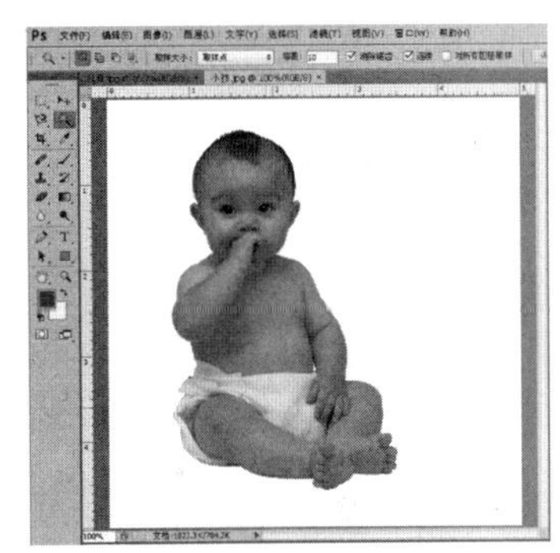

图 2-10　小孩 . jpg

步骤：

步骤 1 执行【文件】→【打开】命令，打开素材文件“小孩 . jpg”，如图 2-10 所示。

步骤 2 选择工具箱中的魔棒工具，其工具属性栏中的参数设置如图 2-11 所示，选区方式为“添加到选区”，容差为 10。

> “容差”设置是魔棒工具灵活选取范围不可缺少的属性，用来控制选取的颜色范围。其值在 1 ~ 255 之间，值越大，选取的颜色范围越大；值越小，选取的颜色越接近。
>
> **注　意**

图 2-11　魔棒工具属性栏设置

信息卡

选区的方式有4种：第 1 种为“新选区”，即绘制时只创建 1 个选区；第 2 种为“添加到选区”，通称为“加选区”，即可以按累积的形式创建多个选区；第 3 种为“从选区减去”，通称为“减选区”，即第 1 次绘制时创建一个选区，再绘制时，从已存在的选区中减去当前绘制的选区；第 4 种为“与选区交叉”，通称为“交选区”，即第 1 次绘制时创建 1 个选区，再绘制时，保留当前选区与已存在选区的相交部分。

步骤 3 使用魔棒工具选择图像的背景，单击图像的背景不同点，可得到如图 2-12 所示的背景选区。

> 魔棒工具是属于灵活性很强的选择工具，通常用它选取图像中颜色相同或相近的区域，而不必跟踪其轮廓。
>
> 注意

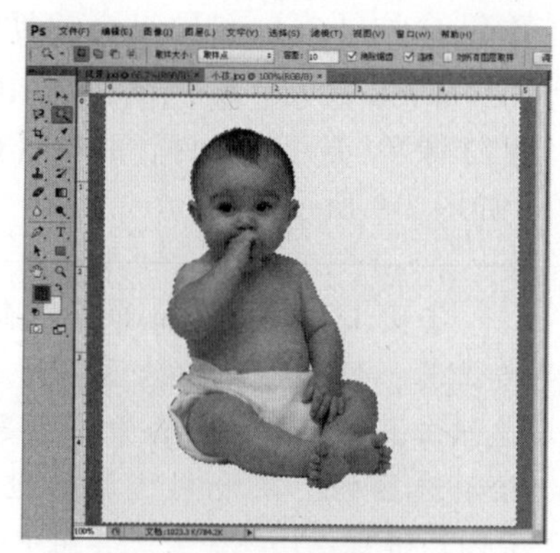

图 2-12　完成背景选区

步骤 4 打开素材文件“风景 . jpg”，如图 2-13 所示。按【Ctrl + A】组合键，选中整个风景图像，再按【Ctrl + C】组合键复制。

步骤 5 选择文件“小孩 . jpg”，按【Shift + Ctrl + V】组合键粘贴图像，进行背景更换，效果如图 2-14 所示。

图 2-13　风景 . jpg

图 2-14　最终效果图

> 在 Photoshop CS6 中提供了一个新的快速选择工具，利用它可以不用任何快捷键进行加选，按住鼠标左键不放可以像绘画一样选择区域，非常灵活方便。
>
> 注意

步骤 6 执行【文件】→【存储】命令，将文件保存为“小孩 . psd”。

任务三　编辑选区

子任务 1　羽化选区

本任务主要结合文件操作命令、选区工具、羽化选区命令和图像变换命令来拼合图像。

步骤：

步骤 1 执行【文件】→【打开】命令，打开素材文件“向日葵 . jpg”，如图 2-15 所示。

步骤 2 打开素材文件“人物 . jpg”，如图 2-16 所示。选择工具箱中的椭圆选框工具，选中人物的头像，设置羽化值为 20，如图 2-17 所示。

> **注意** 羽化是针对选区进行的，只能对一个用选框工具、套索工具、魔棒工具等选择的区域的边缘进行羽化。对边界做模糊处理，使选择图像的边缘柔化，使其与背景过渡很自然、柔和。

图 2-15　向日葵. jpg

图 2-16　人物 . jpg

步骤 3 按【Ctrl + C】组合键复制椭圆选区内容，返回到文件“向日葵 . jpg”，再按【Ctrl + V】组合键，把复制的选区内容粘贴到当前的图像文件中，形成图层 1。

步骤 4 选中图层 1，按【Ctrl ＋T】组合键，将人物调整到合适的位置，并调整图层 1 的不透明度为 80%，最终效果如图 2-18 所示。

图 2-17　建立椭圆形选区

图2-18　最终效果图

子任务 2　调整选区

本任务主要结合文件操作命令、选区工具、调整选区命令和图像变换命令来制作相框。

步骤:

步骤 1 执行【文件】→【打开】命令，打开素材文件“小孩 . jpg”，如图 2-19 所示。

步骤 2 选择工具箱中的快速选择工具，再选择人物的背景，如图 2-20 所示。在其工具属性栏中设置羽化值为 0，其他参数采用默认值。

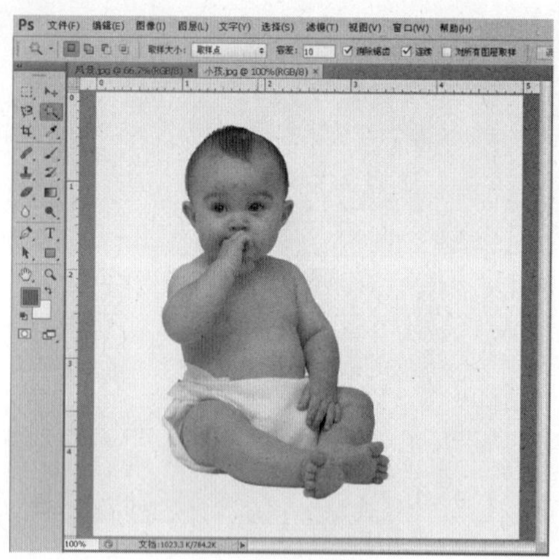

图 2-19　小孩. jpg

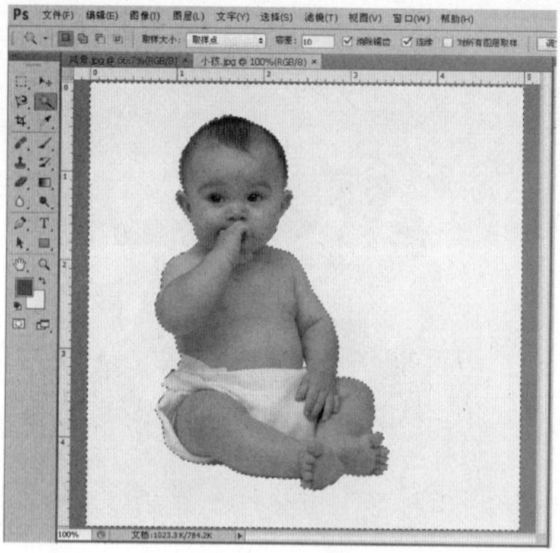

图 2-20　选择背景选区

步骤 3 执行【选择】→【反向】命令，选择人物，如图 2-21 所示。

步骤 4 按【Ctrl + C】组合键复制图像。打开素材文件“小熊 . jpg”，按【Ctrl +V】组合键，把复制的选区内容粘贴到当前的图像文件中，形成图层 1，如图 2-22 所示。

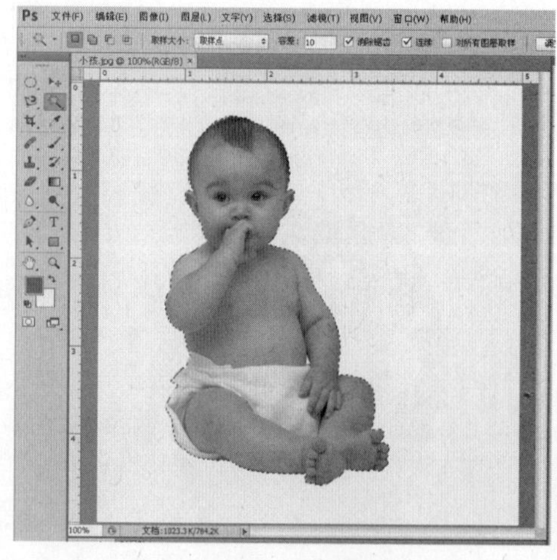

图 2-21　选中的图像

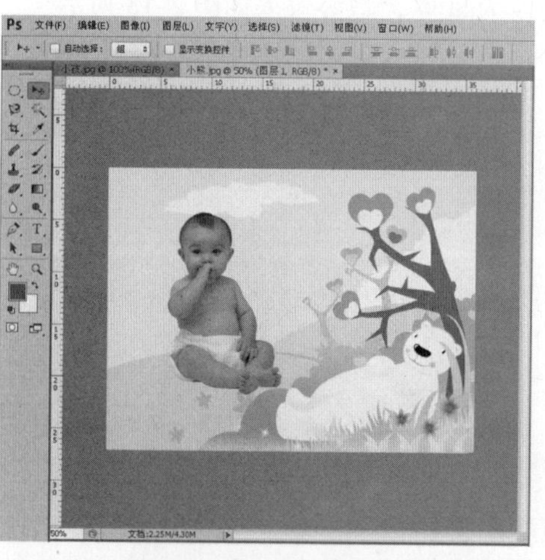

图2-22　合成的图像

步骤 5 执行【图层】→【合并可见图层】命令，拼合图层。

步骤 6 按【Ctrl + A】组合键全选图像，再按【Ctrl + T】组合键进行图像变换，最后按【Shift + Alt】组合键调整图像的大小，如图 2-23 所示。

步骤 7 执行【编辑】→【描边】命令，打开“描边”对话框，参数设置如图 2-24 所示，为图像画一个橙色（R：241，G：124，B：9）的边框，效果如图 2-25 所示。

步骤 8 选择工具箱中的裁剪工具，裁切图像，最终效果如图 2-26 所示。

图 2-23　图像变换后的效果

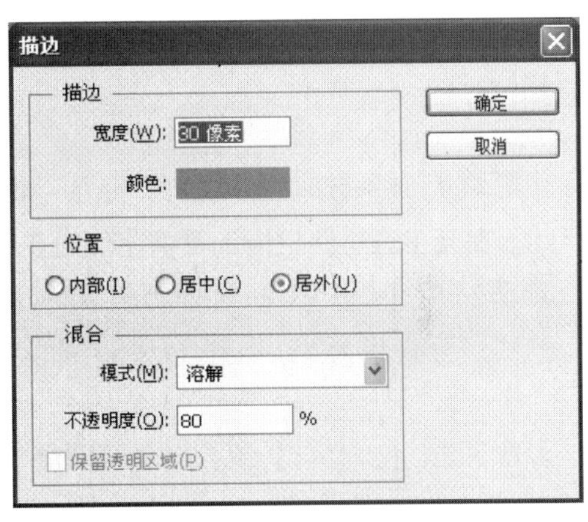

图2-24　“描边”对话框

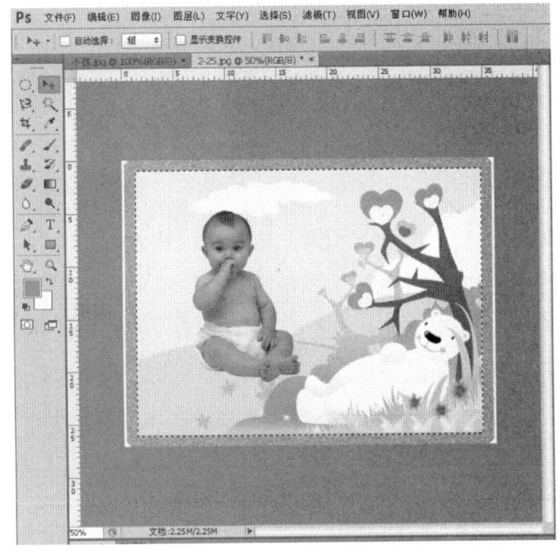

图 2-25　描边后的效果

图2-26　最终效果图

步骤9 执行【文件】→【存储】命令，保存文件为“相框 . psd”。

| 信息卡 |

裁切是移去部分图像以形成突出或加强构图效果的过程，使用裁切工具来裁切图像。

任务四　变换图像

子任务 1　旋转与缩放图像

本任务主要结合文件操作命令、选区工具、渐变工具和图像变换命令来制作小鸭倒影。

步骤：

步骤 1 打开素材文件“小鸭 . jpg”，选择工具箱中的磁性套索工具，选择小鸭，如图 2-27 所示。在其工具属性栏中设置羽化值为 0，其他参数采用默认值。

步骤 2 按【Ctrl + C】组合键复制小鸭图像，然后新建一个大小为 800 × 800 像素、RGB 模式、分辨率为 72、背景为白色的文件，再按【Ctrl + V】组合键复制图像，形成图层 1。

步骤 3 按【Ctrl + T】组合键进行图像变换，调整小鸭的大小，如图 2-28 所示。

图 2-27　选中小鸭选区

图2-28　调整图像大小

步骤4 选中小鸭，按【Ctrl ＋C】组合键和【Ctrl ＋V】组合键复制小鸭，形成图层 2。单击图层 1，选择工具箱中的移动工具，移动小鸭到如图 2-29 所示的位置。

步骤 5 按【Ctrl ＋T】组合键进行图像变换，执行右键菜单中的［垂直翻转］命令，效果如图 2-30 所示。

图 2-29　复制后的小鸭

图2-30　翻转的小鸭

步骤6 选择图层调板，调整图层 1 的不透明度为 40%，如图 2-31 所示，然后调整图像的大小。

步骤 7 单击图层调板上的“背景”层，选择工具箱中的渐变工具，从下向上进行从黑到白的渐变，最终效果如图 2-32 所示。

图 2-31　调整不透明度

图2-32　最终效果图

子任务2　斜切与扭曲图像

本任务主要结合文件操作命令、选区工具和图像变换命令来制作正方体和斜立方体。

步骤：

步骤 1 新建一个大小为 800 × 800 像素、RGB 模式、分辨为 72、背景为白色的“正方体 . psd”文件。

步骤 2 打开素材文件“动物 1. jpg”，按【Ctrl ＋A】组合键和【Ctrl ＋C】组合键复制图像，切换到文件“正方体 . psd”，按【Ctrl ＋V】组合键，将动物 1 复制到正方体文件中，调整到合适的位置，形成图层 1，如图 2-33 所示。

步骤 3 同样的方法，将文件“动物 2. jpg”和“动物 3. jpg”中的图像复制到文件“正方体 . psd”中，调整到合适的位置，分别形成图层 2 和图层 3，如图 2-34 所示。

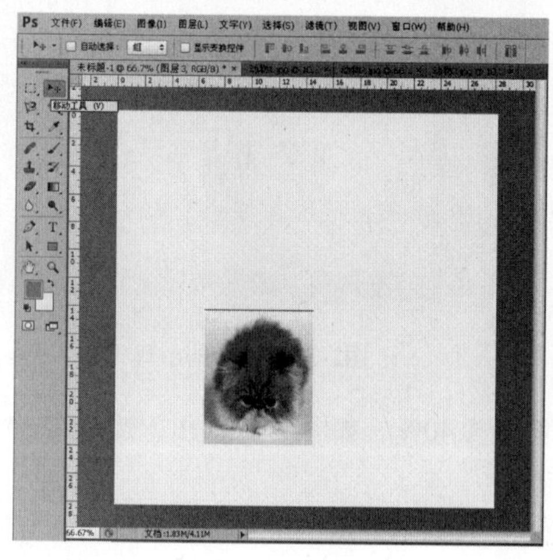

图 2-33　动物1

图 2-34　三张图像复制完成

步骤4 选择图层 2，按【Ctrl＋T】组合键变换图像，右击选择【扭曲】命令，效果如图 2-35 所示。

步骤 5 选择图层 3，按【Ctrl＋T】组合键变换图像，右击选择【扭曲】命令，效果如图 2-36 所示。

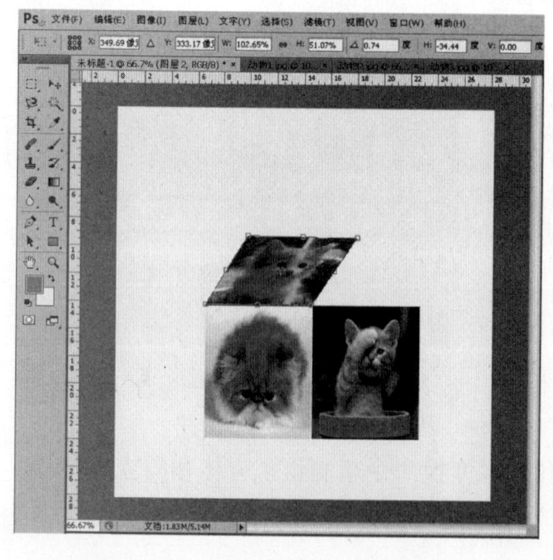

图 2-35　图层2执行［扭曲］命令

图 2-36　图层3执行［扭曲］命令

步骤 6 将文件保存为“正方体 . psd”。选择图层 3，右击选择【向下合并图层】命令。用同样方法，选择图层 2，右击选择【向下合并图层】命令，如图 2-37 所示。

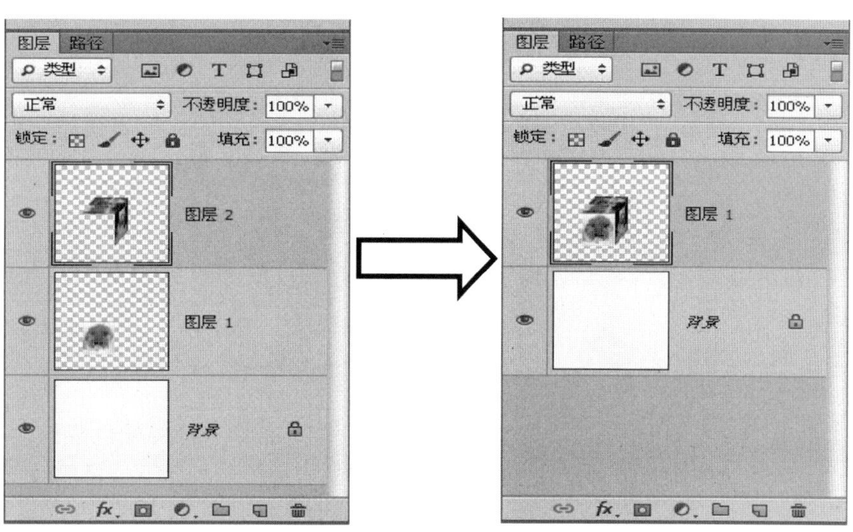

图 2-37 图层 1 ~ 3 合并成图层 1

步骤 7 选择图层 1，按【Ctrl + T】组合键变换图像，右击选择【斜切】命令，如图 2-38 所示。

步骤 8 把正方体斜切成斜立方体，最终效果如图 2-39 所示。

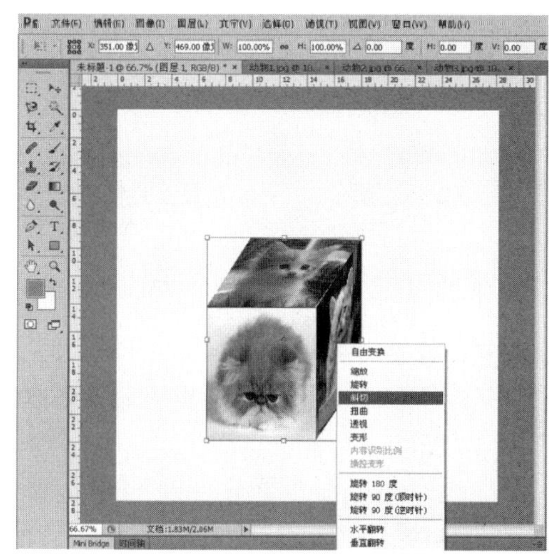

图 2-38 选择【斜切】命令

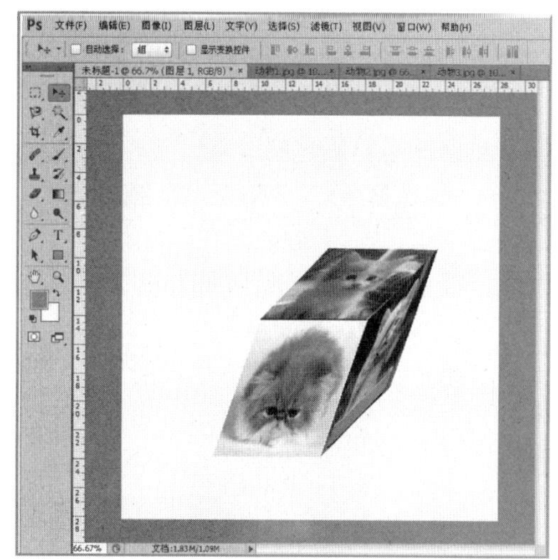

图 2-39 最终效果图

学材小结

本模块主要介绍了 Photoshop 的规则和不规则选区，以及图像变换等基本操作。只有正确地进行选区的选取，才能对图像中需要处理的地方进行编辑、修改、调整和修饰。

理论知识

1. 填空题

（1）当使用矩形框工具绘制各选区时，按【Shift】键，可以绘制________形的选择区域。

（2）使用椭圆选框工具绘制一个选区，填充选区时，若想让填充的颜色在选区周围过渡比较柔和，应先对选区执行________操作。

（3）在使用磁性套索工具绘制过程中，按________键可以切换至套索工具及多边形套索工具。

（4）制作规则选区的工具有________、________、________、________。

（5）系统提供的 3 种套索工具为________、________、________。

（6）容差数值用于控制 Photoshop 选择的颜色范围。如果希望选择的颜色范围大一些，可以设置________的容差值，反之应设置________的容差值以控制所选择的颜色范围。

2. 选择题

（1）下列操作中用于变换图像的是（　　）。

A.【Ctrl + S】组合键　　B.【Ctrl + C】组合键

C.【Ctrl + V】组合键　　D.【Ctrl + T】组合键

（2）套索工具组中具有吸附作用的是（　　）。

A. 套索工具　　B. 多边形套索工具

C. 磁性套索工具　　D. 魔棒工具

（3）下面不属于选区调整命令的是（　　）。

A. 变换选区　　B. 反向选区　　C. 描边选区　　D. 羽化选区

（4）选区的运算不包括（　　）。

A. 加选区　　B. 减选区　　C. 交选区　　D. 羽化选区

实训任务

任务 1　制作层叠照片效果

本任务主要结合标尺、参考线、选区工具、选区的变换命令、图像的变换命令来制作如图 2-40 所示的效果。

图 2-40　层叠照片

步骤：

步骤 1 新建一个大小为 800 × 600 像素、颜色模式为 RGB、背景为白色、分辨率为 72 像素/英寸的文件。并执行______________命令，打开标尺。

步骤 2 选择工具箱中的设置背景色工具，将背景设置成淡绿色（R：152，G：247，B：161），并填充背景。

步骤 3 打开素材文件“小猫 . jpg”，按【Ctrl + A】组合键和【Ctrl + C】组合键复制图像，切换到新建文件，按【Ctrl + V】组合键，将小猫图像粘贴到新建文件中，然后再执行________命令缩放图像并调整到合适的位置，形成图层 1，如图 2-41 所示。

步骤 4 选择工具箱中的矩形选框工具，绘制如图 2-42 所示的选区，其工具属性栏中的参数采用默认值。

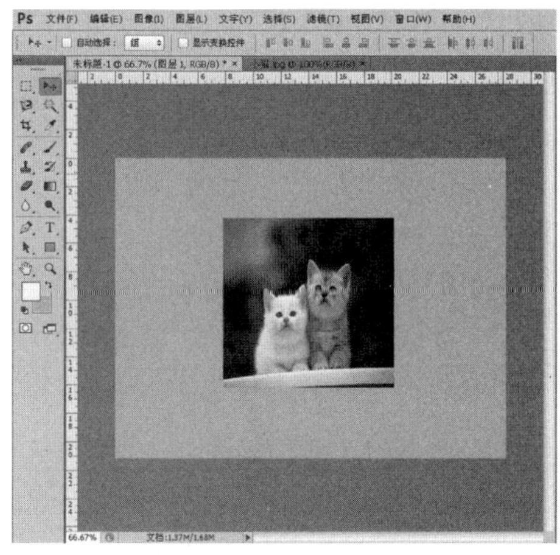

图 2-41　复制小猫图像

图2-42　建立矩形选区

步骤5 执行______________命令，为选区描白色的边，如图 2-43 和图 2-44 所示。

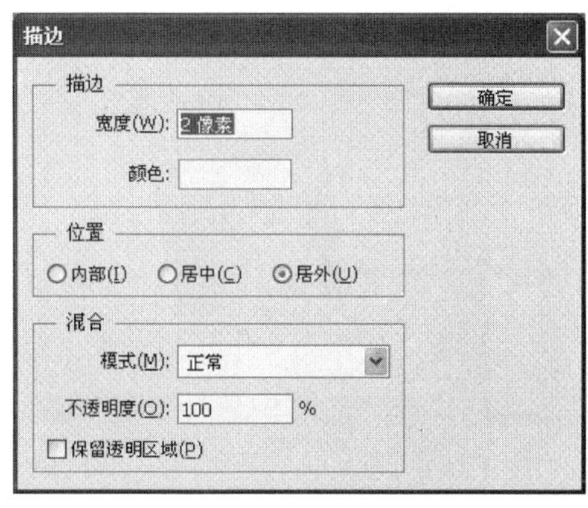

图 2-43　“描边”对话框

图 2-44　给图像描白色边

步骤6 选择工具箱中的魔棒工具，选中图像的边界并填充白色。然后从标尺中拖出如图 2-45 所示的参考线。

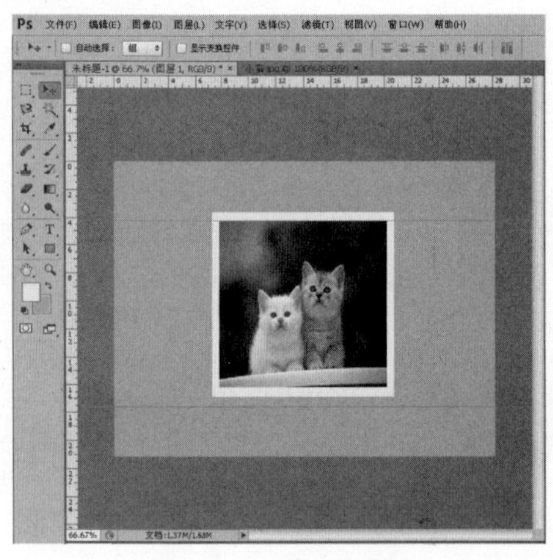

图 2-45　添加参考线

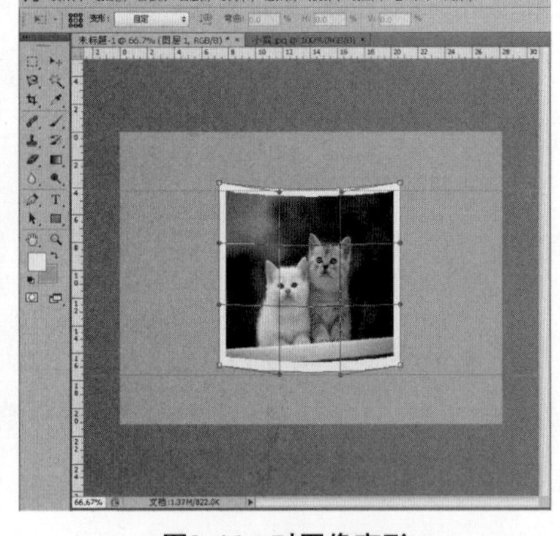

图2-46　对图像变形

步骤7 执行________图像变换命令，执行右键菜单中的【变形】命令，对图像变形，如图 2-46 和图 2-47 所示。

步骤 8 选择图层 1，执行右键菜单中的【复制】命令，复制图层 1 为图层 1 副本 1。再单击图层 1，按【Ctrl ＋T】组合键变换图像，旋转图像如图 2-48 所示。

步骤 9 复制图层 1 为图层 1 副本 2，按【Ctrl ＋T】组合键变换图像，旋转图像如图 2-49 所示。最后将文件保存为“层叠照片 . psd”。

图2-47　变形后的图像

图 2-48　“旋转”图层 1

图 2-49　最终效果图

任务2　酒店海报设计

本任务结合选区工具、选区的变换命令、图像的变换命令、渐变工具来制作如图 2-50 所示的效果。

图 2-50　酒店海报

步骤：

步骤1　新建一个大小为 21 ×21.5 厘米、颜色模式为 RGB、背景为白色、分辨率为 100 像素/英寸的文件。

步骤 2　选择工具箱中的渐变工具，从左到右进行黄（R：255，G：255，B：0）到橙黄（R：245，G：171，B：0）的渐变，渐变方式为"径向渐变"，如图 2-51 所示。

图 2-51　填充渐变色

步骤3　打开素材文件"盘子 . jpg"，选择工具箱中的__________，将盘子选中，"羽化"设为 2 个像素，其他采用默认值，如图2-52所示。

步骤 4　按【Ctrl + C】组合键复制图像，切换到新建文件，按【Ctrl ＋V】组合键粘贴图像，将盘子复制到新建文件中。再按__________ 进行图像变换，调整盘子大小，并放置合适的位置，形成图层 1，如图 2-53 所示。

图 2-52　选择盘子

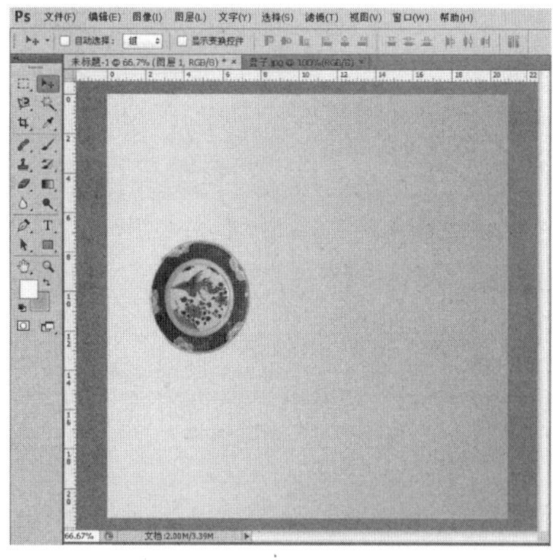
图2-53　复制盘子

步骤5　打开素材文件"筷子 . jpg"。选择工具箱中的魔棒工具，选择图片背景，然后执行

__________命令，选中筷子，如图 2-54 所示。

步骤 6 按【Ctrl +C】组合键复制图像，切换到新建文件，按【Ctrl +V】组合键粘贴图像，将筷子复制到新建文件中。再按【Ctrl +T】组合键进行图像变换命令，调整筷子大小，并放到合适的位置，形成图层 2，如图 2-55 所示。

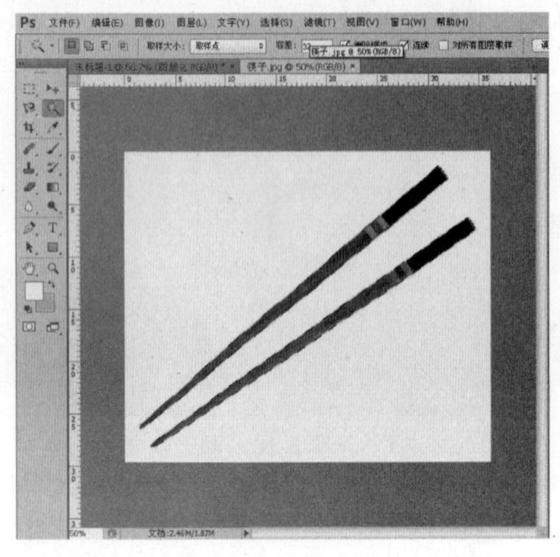

图 2-54 选择筷子

图2-55 复制筷子

步骤7 在图层调板中单击【新建图层】按钮，新建图层 3。选择工具箱中的椭圆选框工具绘制椭圆，再执行__________ 命令，调整选区大小到适当位置，并填充为白色（R：255，G：255，B：255），如图 2-56 所示。

步骤 8 打开素材文件“排骨 . jpg”。选择工具箱中的多边形套索工具，选中排骨，将“羽化”设为 5 个像素，其他参数值采用默认值，如图 2-57 所示。

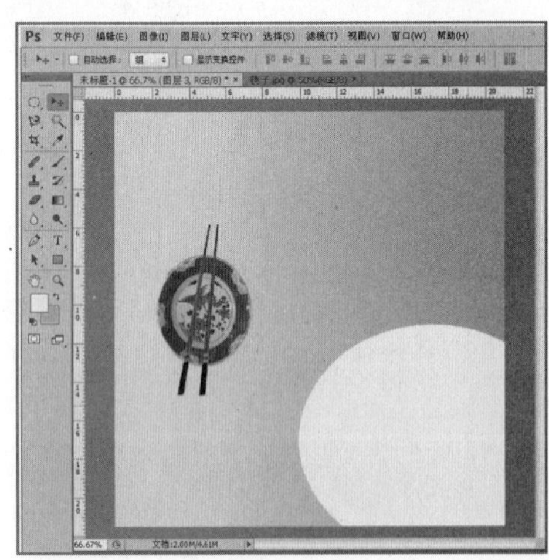

图 2-56 椭圆填充

图2-57 选择排骨

步骤9 按【Ctrl +C】组合键复制图像，切换到新建文件，按【Ctrl +V】组合键粘贴图像，将排骨复制到新建文件中。按【Ctrl +T】组合键进行图像变换，调整排骨大小，并放置合适的位置，形成图层 4，如图 2-58 所示。

步骤 10 打开素材文件“名称 . jpg”。选择工具箱中的魔棒工具，选中如图 2-59 所示的图像并按【Ctrl ＋C】组合键复制图像，粘贴到新建文件中，形成图层 5。调整图像大小并放到合适的位置。

图 2-58　复制排骨

图2-59　复制名称

步骤11 打开素材文件“素材 . jpg”。选择工具箱中的魔棒工具，选中如图 2-60 所示的图像并按【Ctrl ＋C】组合键复制图像，粘贴到新建文件中，形成图层 6。调整图像大小并放到合适的位置。

图2-60　复制人物

步骤 12 打开素材文件“文字 . jpg”。选择工具箱中的魔棒工具，选中如图 2-61 所示的图像并按【Ctrl＋C】组合键复制图像。

步骤 13 选择新文件，按【Ctrl ＋ V】组合键粘贴图像，形成图层 7。调整图像大小并放到合适的位置，如图 2-62 所示。

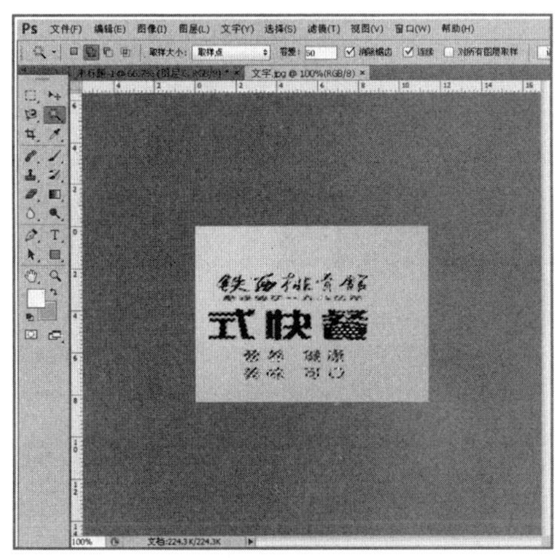

图 2-61　选择文字

图2-62　复制文字

拓展练习

1. 打开如图 2-63 所示的素材文件“热气球 . jpg”，利用“选区的 4 种方式”运算和图像的变换命令生成如图 2-64 所示的文件“热气球 End. jpg”。

图 2-63　热气球. jpg

图 2-64　热气球 End. jpg

2. 打开如图 2-65 所示的素材文件“水果 . jpg”，利用选区工具和图像变换命令，制作水果娃娃，生成如图 2-66 所示的文件“水果娃娃 . jpg”。

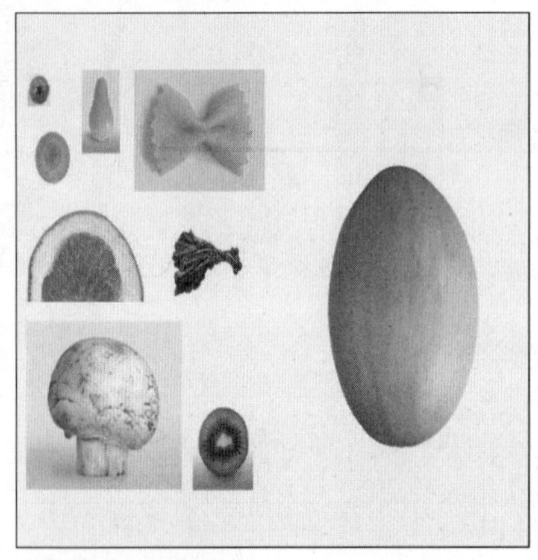

图 2-65　水果. jpg

图 2-66　水果娃娃. jpg

模块三
绘画与修饰工具

本模块导读

Photoshop CS6 包含了丰富的绘画与修饰工具，可以利用这些工具对图像的局部进行细节处理，达到更完美的效果。

根据绘画与修饰工具功能的不同，可将工具划分为绘画工具、修复工具和修饰工具。通过本模块的学习，学生应掌握这些工具的功能和使用方法。

本模块要点

- 工具属性栏以及调板中各项参数的含义
- 绘画工具的使用
- 修复工具的使用
- 修饰工具的使用

任务一　认识绘画工具

子任务 1　自定义画笔形状

本任务主要结合【编辑】命令、画笔工具以及画笔调板中的画笔笔尖形状、动态颜色等制作自定义画笔形状。

步骤:

步骤 1 执行【文件】→【打开】命令，打开素材文件“花朵 1. jpg”，使用魔棒工具制作选区，如图 3-1 所示。

图 3-1　花朵 1. jpg

步骤 2 执行【编辑】→【定义画笔预设】命令，打开“画笔名称”对话框，单击“确定”按钮，如图 3-2所示。

图 3-2　“画笔名称”对话框

步骤 3 在工具箱中选择画笔工具，单击其工具属性栏中的“画笔预设”按钮，在笔刷列表的最下方可以看到定义的笔刷，如图 3-3 所示。

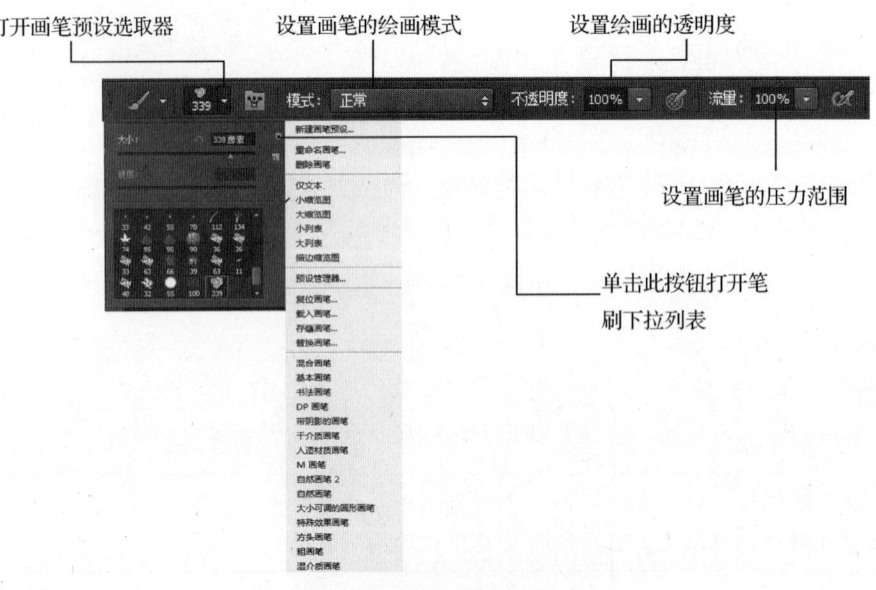

图 3-3　画笔工具属性栏

在画笔预设选择器中可以选择、删除和重命名画笔笔刷，打开画笔下拉列表还可以载入更多的画笔笔刷。

注意

大多数工具可以通过其工具属性栏设置属性，并且有一些共同的属性，如画笔的绘制模式、不透明度、流量等。其中绘制模式里包含了正常、溶解、变暗等多种不同的模式，不同的模式能够产生不同的画笔效果，如图 3-4 所示。

注意

不透明度 30％的溶解模式

不透明度 60％的溶解模式

前景色为“黑色”的叠加模式

不透明度为 60％变暗模式

图 3-4　不同模式效果图

步骤 4　选择前面定义的笔刷，并根据需要调整笔刷的主直径为“36 像素”。

步骤 5　单击工具属性栏最右侧的“画笔调板”按钮，打开画笔调板，选择画笔笔尖形状，属性设置如图 3-5 所示。选择“动态颜色”项，属性设置如图 3-6 所示。

通过画笔调板可以设置画笔的更多动态属性。画笔的大小、角度、颜色等属性在绘制的过程中可以动态地改变，从而获得更具变化的画笔效果。

注意

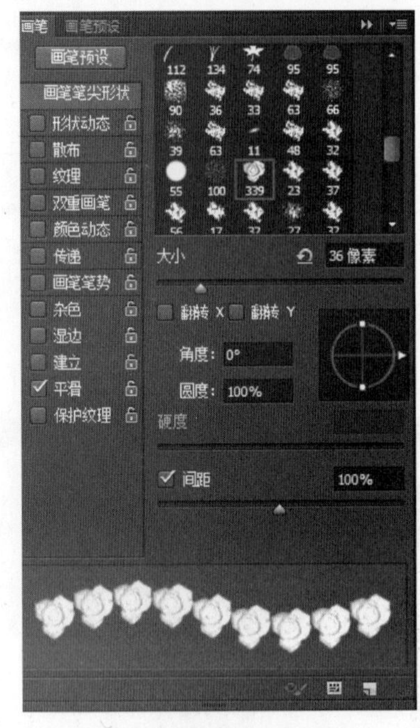

图 3-5 设置画笔笔尖形状

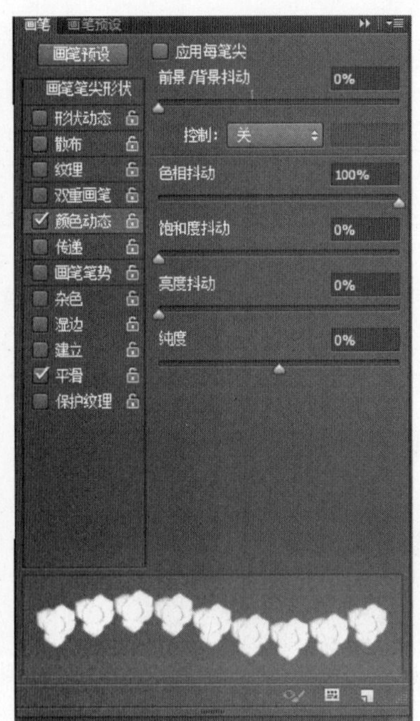

图 3-6 设置颜色动态

步骤 6 新建一个空白文件，选择前面定义的画笔绘制图像，如图 3-7 所示。

图 3-7 最终效果图

信息卡

按住【Shift】键拖动画笔，可以绘制一条直线；按住【Alt】键可以将画笔工具变为吸管工具；按住【Ctrl】键可以将画笔工具变为移动工具。

铅笔工具的使用方法与画笔工具类似，不同之处在于它可以模拟铅笔的绘画风格，产生手绘的效果。

子任务2　更换图像背景

本任务主要结合魔棒工具 、橡皮擦工具来更换图像的背景内容。

步骤:

步骤1 执行【文件】→【打开】命令，打开素材文件“风景2. jpg”和“风景3. jpg”。

步骤2 选择“风景2”图片，使用磁性套索工具建立选区，然后按【Ctrl + C】组合键，将选区中的图像复制到剪贴板中，如图3-8所示。

步骤3 选择“风景3”图片，使用磁性套索工具建立选区，如图3-9所示。

图3-8　选择并复制图像

图3-9　建立选区

步骤4 选择橡皮擦工具，调整笔刷的大小，擦除选区内的图像，如图3-10所示。

信息卡

Photoshop提供了3种橡皮擦工具，分别是橡皮擦工具、背景橡皮擦工具和魔术橡皮擦工具。如果使用背景橡皮擦工具，可以将选定的区域擦成透明色。

利用魔术橡皮擦工具可以擦除容差范围之内的所有颜色（容差：设置颜色容差，值越大，一次能够擦除的颜色越多）。

步骤5 执行【编辑】→【选择性粘贴】→【贴入】命令，将剪贴板中的图像粘贴到选区内，如图3-11所示。

图3-10　擦除图像

图3-11　最终效果图

子任务 3 使用历史记录画笔工具与历史记录艺术画笔编辑图像

本任务主要结合滤镜命令、历史记录画笔工具和历史记录艺术画笔工具介绍制作图像特效的方法。

步骤:

步骤 1 执行【文件】→【打开】命令，打开素材文件“小孩 . bmp”，如图 3-12 所示。

步骤 2 执行【滤镜】→【杂色】→【添加杂色】命令，打开“添加杂色”对话框，参数设置如图 3-13 所示。

图 3-12 小孩 . bmp

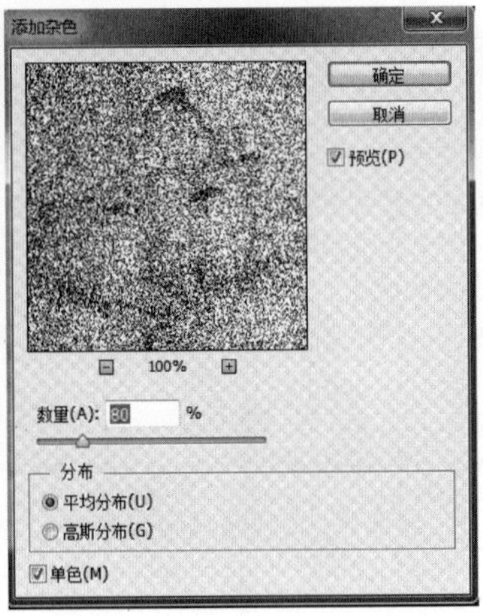

图 3-13 “添加杂色”对话框

步骤 3 在工具箱中选择历史记录画笔工具，然后打开历史记录调板，在“打开”操作前的小方框中单击，如图 3-14 所示。

步骤 4 首先使用椭圆选框工具绘制椭圆选区；然后选择一种合适的笔刷，在画面中反复涂抹，恢复“打开”状态下的部分图像，如图 3-15 所示。

图 3-14 历史记录调板

图 3-15 恢复选区内图像

步骤 5 执行【选择】→【反向】命令，选择历史记录艺术画笔，在其工具属性栏中选择一种样式，在选区内进行涂抹后得到的效果如图 3-16 所示。

图 3-16　最终效果图

信息卡

使用历史记录画笔工具，注意设置笔刷的尺寸、样式与容差。

任务二　认识修复工具

子任务 1　使用仿制图章工具编辑图像

本任务主要介绍使用仿制图章工具在新建的文件中复制图像的方法。

步骤：

步骤 1 执行【文件】→【打开】命令，打开素材文件“花朵 2. jpg”。

步骤 2 在工具箱中选择仿制图章工具，然后按住【Alt】键在图像中定义一个参考点，如图 3-17 所示。

图 3-17　定义参考点

可以在仿制图章工具属性栏中单击右侧按钮打开仿制源调板，设置其他的取样点。一次最多可以设置 5 个取样点，调板将保存所有的取样点直到关闭文档。仿制源调板中各参数的具体含义如图 3-18 所示。

注　意

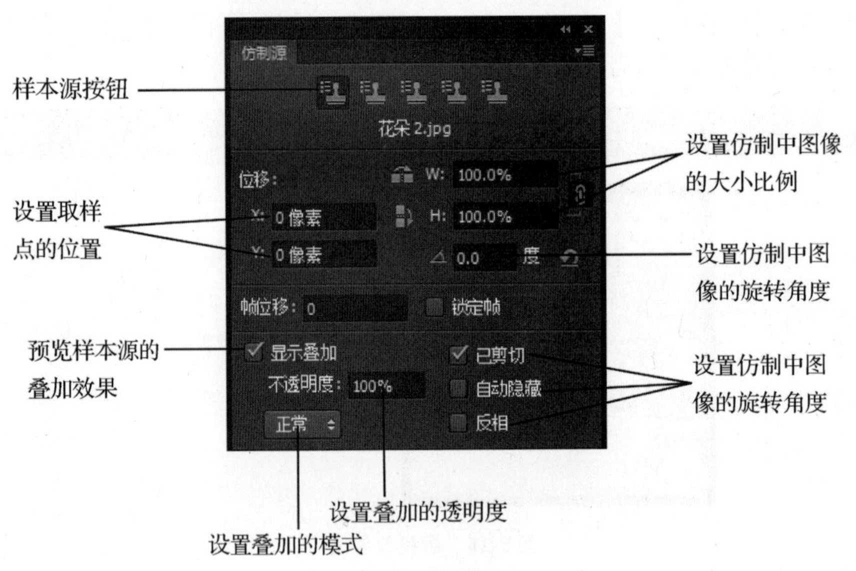

图 3-18　仿制源调板

步骤 3 通过仿制图章工具属性栏设置笔刷的属性，如图 3-19 所示。

图 3-19　仿制图章工具属性栏

> **注意**
>
> 对齐：该复选框选中时，不论中间执行何种操作，都可以继续上次的复制操作。反之每单击一次鼠标都会认为是一次新的复制。
>
> 样本：确定当前复制的图像影响的图层范围。

步骤 4 将鼠标移到当前图像的另一个位置或另一幅图像中（在这里，可以新建一个空白图像文件），然后拖动鼠标即可进行复制，如图 3-20 所示。在复制过程中，源图像中还有一个“+”符号，用于指示当前鼠标的位置对应的源图像的位置。

图 3-20　最终效果图

> **注意**
>
> 利用仿制图章工具可以将一幅图像的全部或部分复制到同一幅图像中，或复制到另外一幅图像中。

信息卡

使用图案图章工具可以将指定的图案或系统预设的图案复制到图像上。

按住【Shift】键将以直线的方式复制图案，使用数字键可以快速设定图案的透明度，如 1 表示 10%，0 表示 100%。

子任务2 去除图像的杂色

本任务主要结合修复画笔工具去除图像中的杂色。

步骤：

步骤1 执行【文件】→【打开】命令，打开素材文件“人物1. jpg”。

步骤2 要去除图中的杂色，首先在工具箱中选择修复画笔工具，然后在其工具属性栏中选择一种合适的画笔，并选中“取样”单选按钮，如图3-21所示。

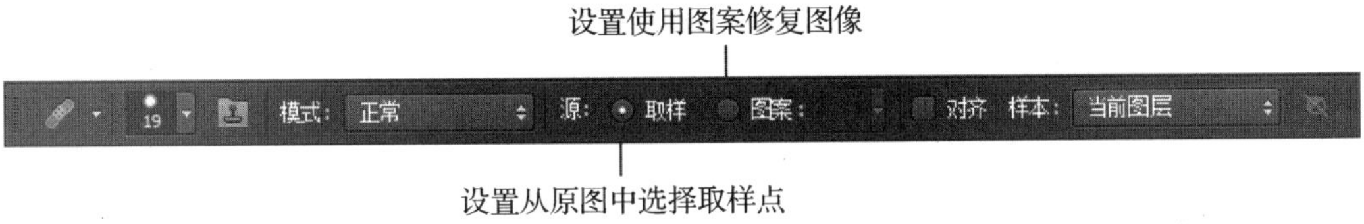

设置使用图案修复图像
19
模式：正常
源：取样
图案：
对齐
样本：当前图层
设置从原图中选择取样点

图3-21 修复画笔工具属性栏

步骤3 按住【Alt】键的同时在图像中要替换的颜色处单击设置参考点，如图3-22所示。然后在图像的杂色处进行涂抹，如图3-23所示，结果如图3-24所示。

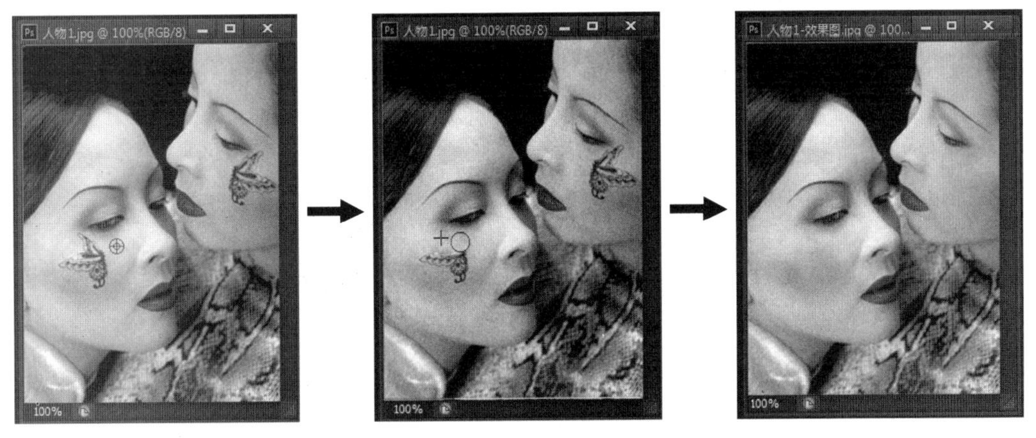

人物1.jpg @ 100%(RGB/8)
100%

图3-22 设置参考点

人物1.jpg @ 100%(RGB/8)
100%

图3-23 在杂色处进行涂抹

100%

图3-24 最终效果图

> **注意**
>
> 利用修复画笔工具可以在不改变原图像的形状、纹理等属性的前提下，清除图像中的杂色、斑点、刮痕等，使图像变得更完美。

> **信息卡**
>
> 使用污点修复画笔工具可以快速地修复照片中的污点，其工作方式与修复画笔工具类似，不同之处是它不需要定义取样点，自动从图像的区域周围进行取样。

子任务 3　去除图像的污点

本案例主要结合修补工具去除图像中的污点。

步骤:

步骤 1 打开上一个例子中的素材文件“人物 1. jpg”，选择工具箱中的修补工具，然后在其工具属性栏中选择一种合适的画笔并选中“源”单选按钮，如图 3-25 所示。

图 3-25　修补工具属性栏

源：源区域的图像被目标区域的图像覆盖。
目标：将选定的区域作为目标区，覆盖其他的区域。
使用图案：使用图案覆盖选定的区域。

利用修补工具可以用其他区域的图案修复选定的区域，修补工具会将样本像素的纹理、光照和阴影与源像素进行匹配。

注 意

步骤 2 用鼠标选中准备修复的区域，如图 3-26 所示。

步骤 3 将选中的图像拖至无污点处，如图 3-27 所示。

图 3-26　选中准备修复的区域

图 3-27　修复污点

信息卡

使用红眼工具可以修复用闪光灯拍摄的人物或动物照片中的红眼，也可以修复用闪光灯拍摄的动物中的白色或绿色反光（瞳孔的大小：增大或减小红眼工具影响的区域；变暗量：设置校正的暗度）。

任务三　认识修饰工具

子任务1　使用模糊、锐化和涂抹工具编辑图像

本任务主要介绍结合模糊工具、锐化工具和涂抹工具制作图像特效的方法。

| 信息卡 |

模糊工具将图像的颜色过渡的更自然，起到一种模糊的效果；锐化工具将图像的颜色变得更强烈，将模糊的图像变得清晰；涂抹工具可以产生水彩画一样的效果。

步骤:

步骤1 执行【文件】→【打开】命令，打开素材文件“卡通脸.jpg”，如图3-28所示。

步骤2 选择工具箱中的模糊工具，然后在其工具属性栏中选择一种合适的画笔，并且设置强度为“100%”，如图3-29所示。

步骤3 按住鼠标左键在图像中来回拖动，可以看到图像逐渐变得模糊，如图3-30所示。

步骤4 返回到步骤2中分别选择锐化工具和涂抹工具，产生的效果如图3-31和图3-32所示。

图3-28　卡通脸.jpg

图3-29　模糊工具属性栏

图3-30　使用模糊工具后的效果

图3-31　使用锐化工具后的效果

图3-32　使用涂抹工具后的效果

子任务 2　使用减淡、加深与海绵工具编辑图像

本案例主要介绍结合减淡工具、加深工具和海绵工具制作图像特效的方法。

图 3-33　人物 2. bmp

步骤:

步骤 1　执行【文件】→【打开】命令，打开素材文件“人物 2. bmp”，如图 3-33 所示。

步骤 2　在工具箱中选择减淡工具，在其工具属性栏中设置属性，如图 3-34 所示。

图 3-34　减淡工具属性栏

范围：设置操作区域的色调范围。
曝光度：设置减淡效果的程度。

步骤 3　按住鼠标左键在图像中反复拖动，可以看到图像颜色逐渐变浅，效果如图 3-35 所示。

步骤 4　返回到步骤 2 中分别选择加深工具与海绵工具，产生的效果如图 3-36 与图 3-37 所示。

图 3-35　使用减淡工具后的效果

图 3-36　使用加深工具后的效果

图 3-37　使用海绵工具后的效果

海绵工具有两种绘画模式：去色与加色。其中，去色模式可以降低图像色彩的饱和度，增加灰度模式；加色模式可以提高图像色彩的饱和度。

注 意

信息卡

选择减淡工具或加深工具，可以使图像变得更亮或更暗。使用海绵工具可以调整图像色彩的饱和度。

任务四　认识填充工具

子任务　制作彩虹效果

本任务主要介绍结合渐变工具制作彩虹效果的方法。

步骤：

步骤1 执行【文件】→【打开】命令，打开素材文件“风景4. jpg”，如图3-38所示。

步骤2 选择工具箱中的渐变工具，其工具属性栏中的参数设置如图3-39所示。

信息卡

使用“渐变编辑器”对话框可以选择或编辑渐变效果，还可以载入或存储渐变效果。

渐变工具提供了5种渐变效果，分别是线性渐变、径向渐变、角度渐变、对称渐变和菱形渐变。

在“渐变拾色器”下拉调板中可以选择、删除和重命名渐变效果，设置调板的视图方式还可以载入更多的渐变效果。

图3-38　风景4. jpg

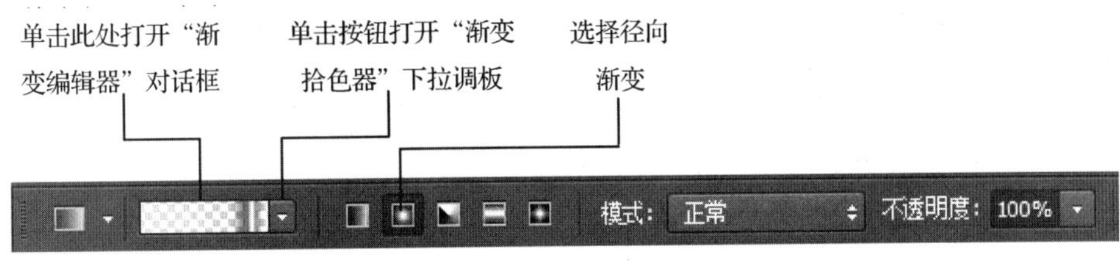

图3-39　渐变工具属性栏

步骤 3 打开“渐变拾色器”下拉调板，单击右上角的按钮，在弹出的命令菜单中选择【特殊效果】命令，将特殊渐变效果载入到下拉调板中，如图 3-40 所示。再选择“罗素彩虹”效果，将渐变模式设置成“径向渐变”。

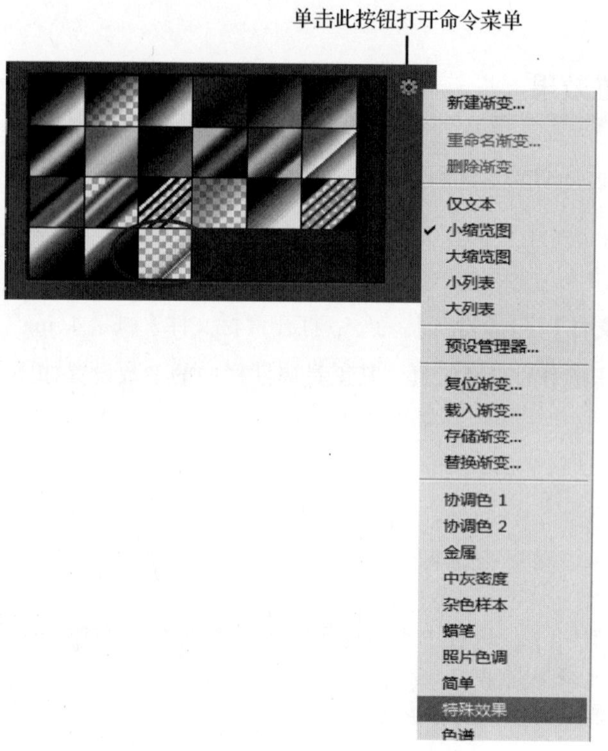

图 3-40　“渐变拾色器”调板及命令菜单

步骤 4 新建图层，调整图层的透明度为 30%，在图像中从下向上按住鼠标左键拖动，绘制出彩虹的效果。

步骤 5 执行【编辑】→【自由变换】命令，调整彩虹的位置及大小，最终效果如图 3-41 所示。

图 3-41　最终效果图

信息卡

油漆桶工具也是经常使用的渐变工具，它可以对指定的容差范围内的区域进行填充。执行【编辑】→【填充】命令可以完全填充图像或选区。

如果图像中没有选区，渐变将填充整幅图案。按住【Shift】键拖动鼠标将以45度、水平或垂直方向进行填充，拖动的距离越长填充的效果越明显。

注意

学材小结

本模块主要介绍了绘画与修饰工具的使用方法。掌握这些工具可以进一步对图像的细节进行处理，达到更完美的效果。

理论知识

1. 填空题

(1) 画笔工具能够创建边缘________的线条，使用铅笔工具可以创建________的线条。

(2) 渐变工具根据产生的效果不同，可以分为线性渐变、径向渐变、角度渐变、________渐变和________渐变。

(3) 使用背景橡皮擦工具擦除图像后，其背景色将变为________。

(4) 仿制图章工具组中共有两种图章工具，第1种是仿制图章工具，用于________图像，第2种是________工具，可用一种图案进行绘图。

(5) 选择绘画工具后，可通过________和________来设置工具的混合模式。

2. 单选题

(1) 下列工具中，不属于绘图工具的是（　　）。

A. 画笔工具　B. 橡皮擦工具　C. 图章工具　D. 文本工具

(2) 使用背景色橡皮擦擦除图像后，其背景色将变为（　　）。

A. 透明色　B. 白色

C. 与当前所设的背景色颜色相同　D. 以上都不对

(3) 下列的工具中，不能设置不透明度的是（　　）。

A. 铅笔工具　B. 画笔工具　C. 橡皮擦工具　D. 涂抹工具

(4) 下列工具中可用于调整图像饱和度的是（　　）。

A. 涂抹工具　B. 加深工具　C. 海绵工具　D. 减淡工具

(5) 要显示“画笔”调板，可以按（　　）。

A.【F5】键　B.【Shift + F5】组合键

C.【F1】键　D.【Ctrl + D】组合键

(6) 下列工具中可以模拟用手指搅拌绘制的效果的是（　　）。

A. 模糊工具　B. 锐化工具　C. 涂抹工具　D. 橡皮擦工具

实训任务

任务 1 制作瓢虫

本任务主要结合铅笔工具、画笔工具、渐变工具、油漆桶工具以及图层的相关命令来制作一只瓢虫，如图 3-42 所示。

步骤:

步骤 1 执行【文件】→【新建】命令，新建一个空白文件，设置参数如图 3-43 所示。

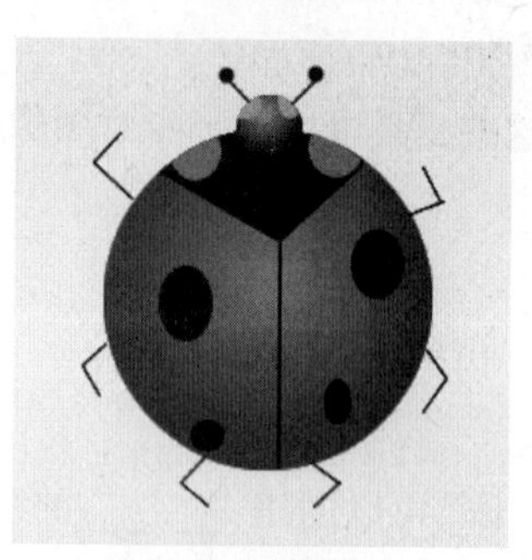

图 3-42 瓢虫效果图

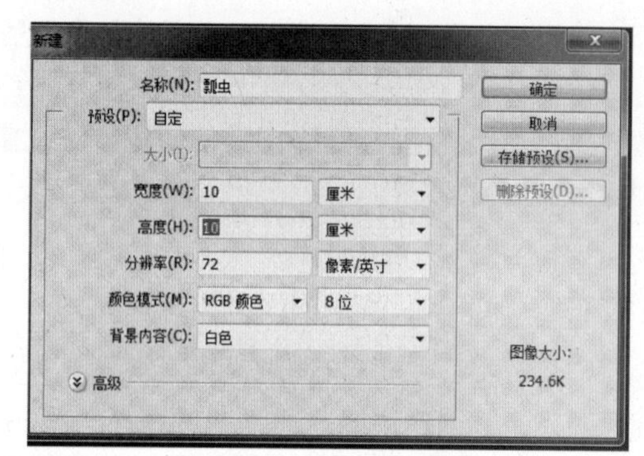

图 3-43 “新建”对话框

步骤 2 在图层调板中单击“新建图层”按钮，新建图层 1，选择工具箱中的椭圆工具，画一个正圆。

步骤 3 设置背景色（R：182，G：10，B：10）、前景色（R：245，G：100，B：100），选择__________工具设置参数，如图 3-44 所示。

图 3-44 渐变工具属性栏

> **注 意**
>
> 单击“渐变拾色器”按钮，打开“渐变拾色器”下拉调板，选择“前景到背景”的渐变效果。

步骤 4 按住鼠标左键在正圆中心位置向外拖动，绘制瓢虫的身体，如图 3-45 所示。

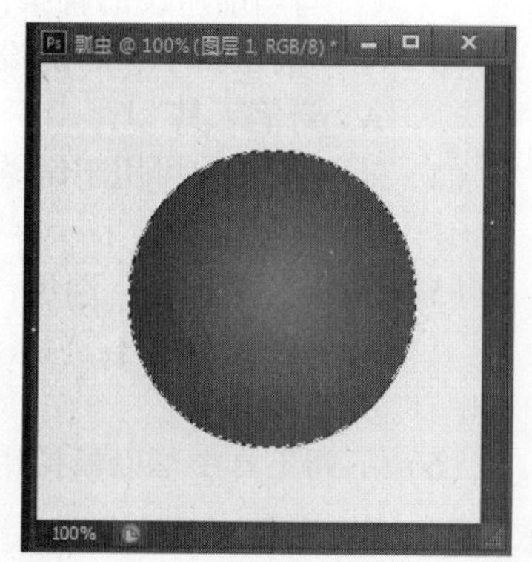

图 3-45 绘制瓢虫的身体

步骤 5 新建图层 2，选择__________工具，参数设置如图 3-46 所示。在图层 2 中绘制扇形，如图 3-47 所示。

图 3-46　多边形套索工具属性栏

步骤 6 选择__________工具，将前景色设置成黑色，在选区内进行填充，取消当前选区，效果如图 3-48 所示。

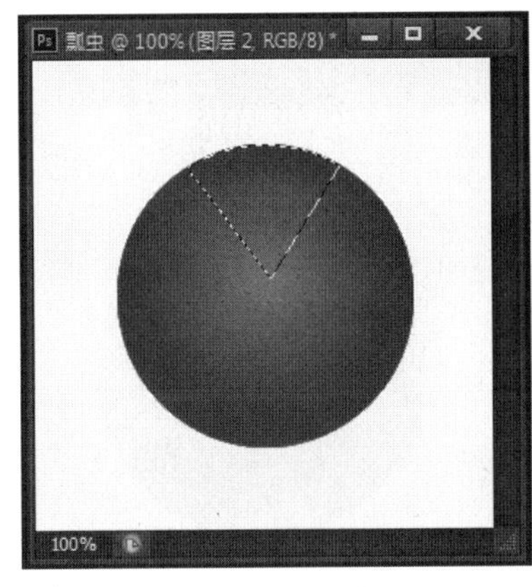

图 3-47　绘制扇形

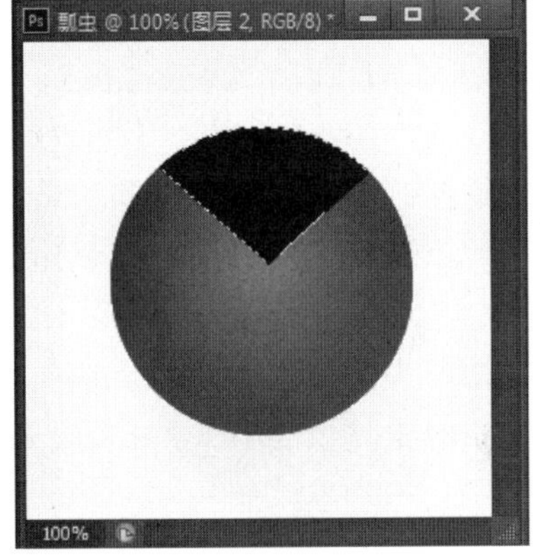

图 3-48　身体部分填充效果

步骤 7 新建图层 3，使用椭圆选框工具绘制一个正圆。

步骤 8 设置背景色为黑色，前景色为灰色，选择________工具进行填充，效果如图 3-49 所示。

步骤 9 使用快捷键________取消选区，新建图层 4，将前景色设置成黑色，再利用椭圆选框工具画几个椭圆。

步骤 10 选择________ 工具，在选区内进行填充，如图 3-50 所示。

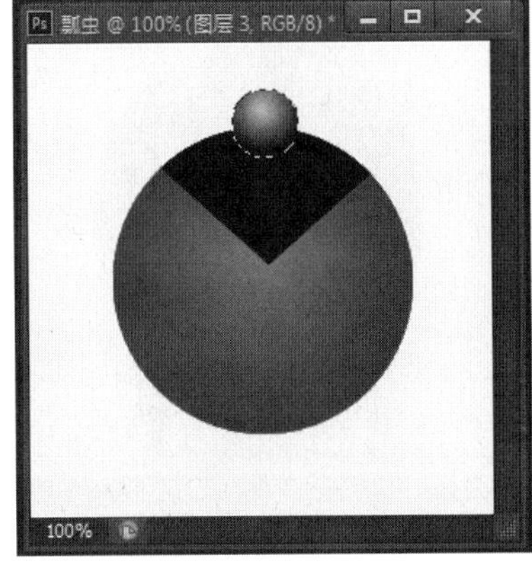

图 3-49　头部填充效果

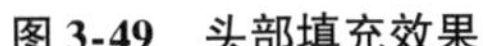

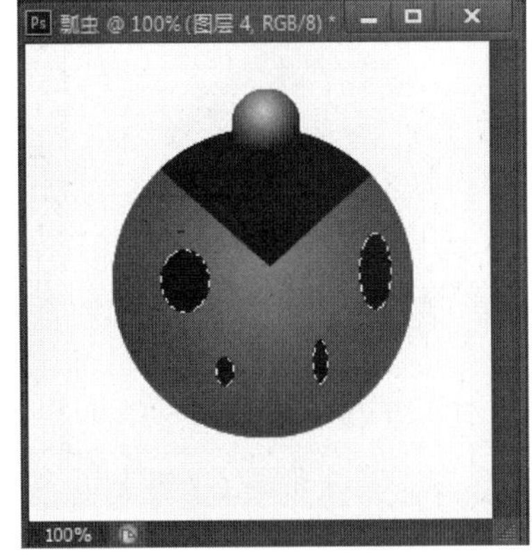

图 3-50　身体部分填充效果

步骤 11 新建图层 5，选择________工具，设置适当的笔刷大小，在瓢虫身上画一条直线，如图 3-51 所示。

按住【Shift】键可以画一条直线。

步骤 12 按住【Ctrl】键在图层 3 上单击，激活图层 3 的选区。

步骤 13 新建图层 6，选择椭圆选框工具，设置“与选区交叉”模式，绘制眼睛部分，如图 3-52 所示。

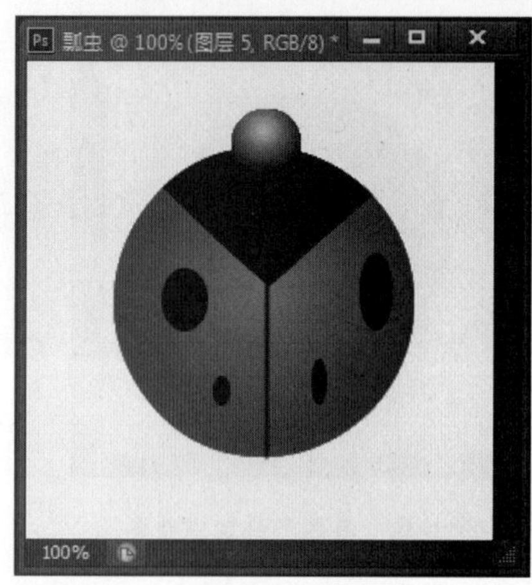

图 3-51　使用画笔工具绘制直线

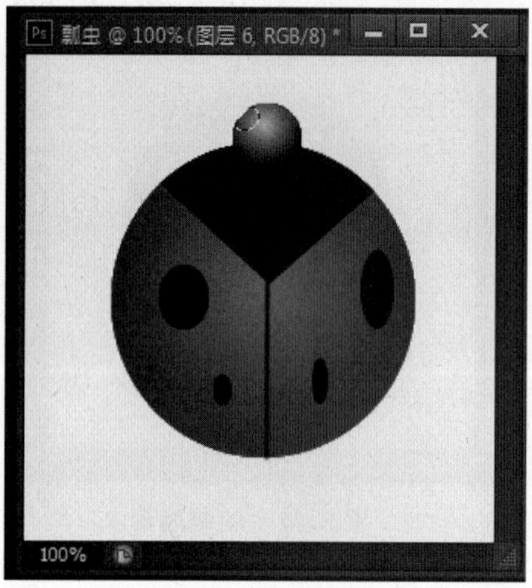

图 3-52　绘制眼睛部分

步骤 14 将前景色设置成浅灰色，选择油漆桶工具填充选区，如图 3-53 所示。

步骤 15 用同样的方法绘制另一个眼睛以及身体的其他部分，如图 3-54 所示。

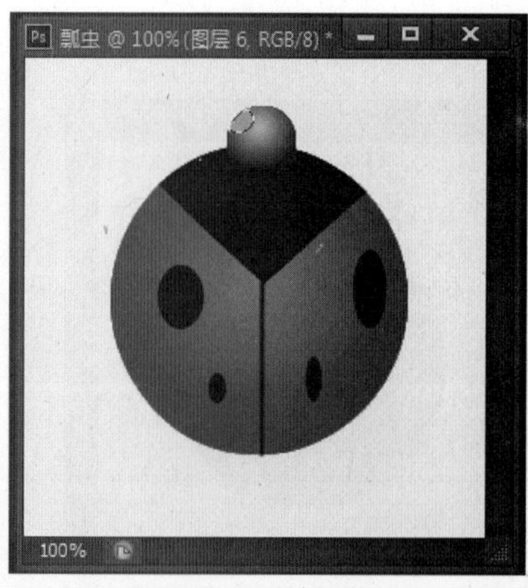

图 3-53　填充眼睛部分

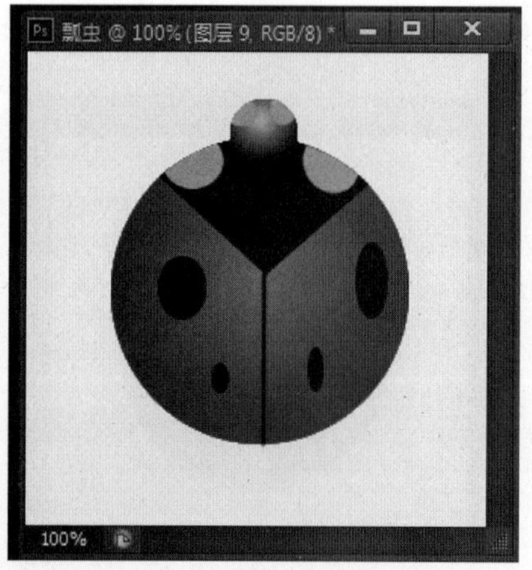

图 3-54　绘制其他部分

步骤 16 选择________工具，设置笔尖的大小为 8，点出触角的头，如图 3-55 所示。

步骤 17 选择直线工具，画出触角和腿，完成图像，如图 3-56 所示。

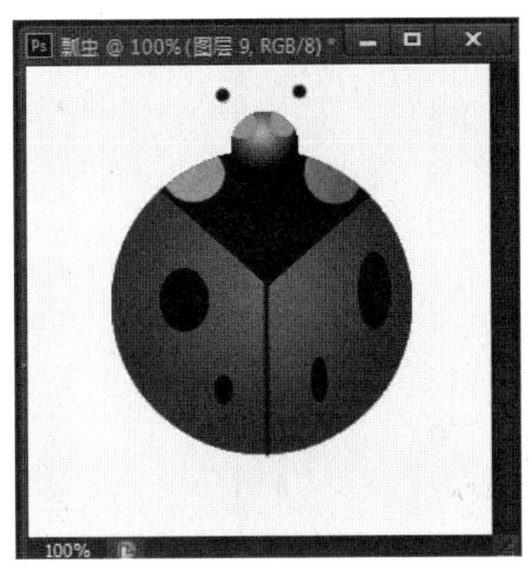

图 3-55　绘制触角部分

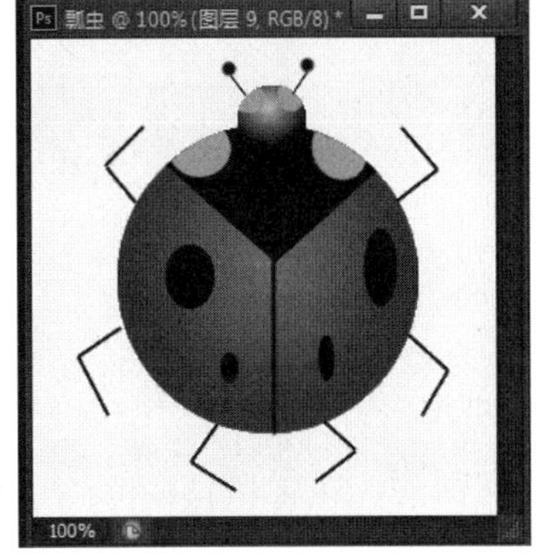

图 3-56　最终效果图

任务 2　制作金色渐变效果

本任务主要结合渐变工具以及渐变编辑器制作特殊的渐变效果。

步骤：

步骤 1 执行【文件】→【打开】命令，打开素材文件“风景 4. jpg”，如图 3-57 所示。

步骤 2 在工具箱中选择________工具，单击其工具属性栏中的“渐变编辑器”按钮，打开“渐变编辑器”对话框，如图 3-58 所示。

图 3-57　风景 4. jpg

图 3-58　“渐变编辑器”对话框

步骤 3 从系统预设的渐变颜色中选择________渐变，如图 3-59 所示。

步骤 4 双击中间的黄色色标，打开“拾色器”对话框，选择较浅的蓝色，也可以使用颜色按钮进行设置，如图 3-60 所示。

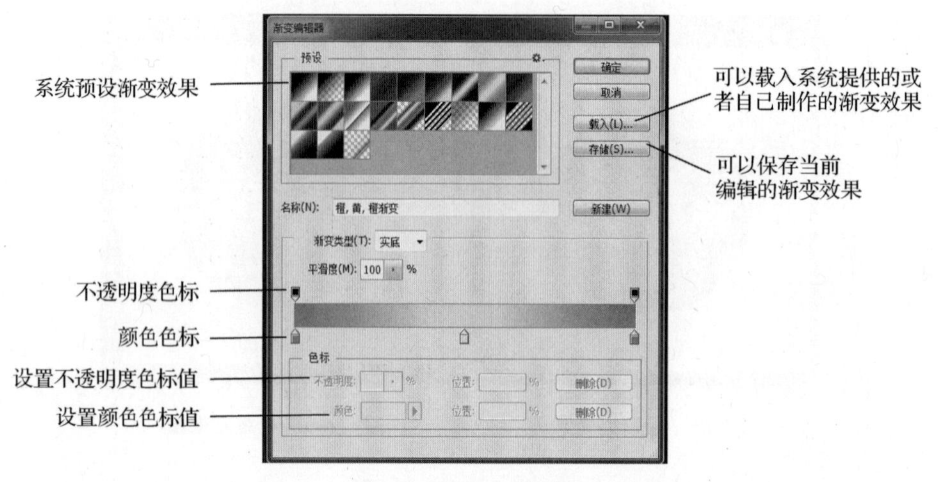

图 3-59　选择渐变效果

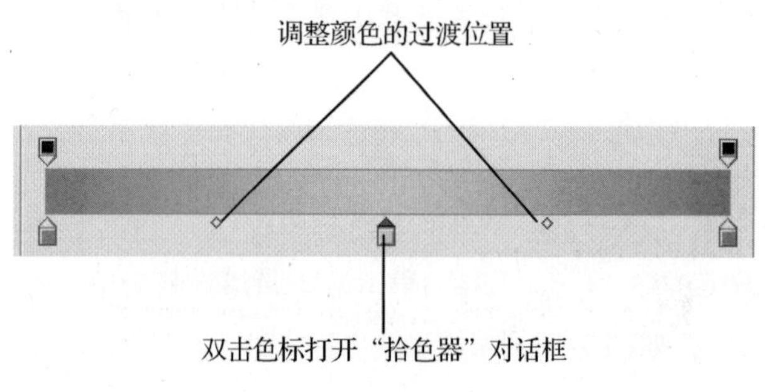

图 3-60　设置渐变颜色

选择某个色标时，在各色标之间将显示过渡颜色标志“◇”，左右拖动可以调整颜色的过渡位置。

步骤 5 在本任务中将增加一个不透明度色标，只需将鼠标移到渐变颜色编辑条上方，当光标变为手形时单击，如图 3-61 所示。

步骤 6 单击不透明度右边的小按钮，将________值设为 20%，如图 3-62 所示。

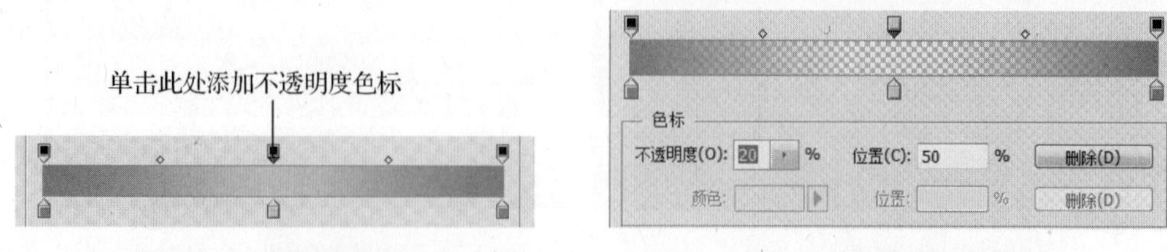

图 3-61　编辑渐变条　　**图 3-62　编辑不透明度**

步骤 7 设置完毕后回到图像窗口中，在渐变工具属性栏上选择“径向”渐变，然后按住鼠标左键由图像的中心向外拖动，结果如图 3-63 所示。

图 3-63　最终效果图

拓展练习

1. 使用椭圆、矩形等选区工具以及渐变、油漆桶等绘画工具制作如图 3-64 所示的形状。

图 3-64　形状

2. 打开素材文件“水果 . jpg”，如图 3-65 所示，使用本模块中所学的修复工具，对其进行处理，处理后的效果如图 3-66 所示。

图 3-65　水果 . jpg

图 3-66　水果 End. jpg

模块四 调整图像的色调与色彩

本模块导读

Photoshop 提供很多种调整图像的色调与色彩的方法，利用这些方法可以很轻松地调整图像的颜色与明暗度，如处理曝光过度的照片、恢复旧照片、给黑白图像上色等。通过本模块学习，学生应掌握图像色调与色彩的调整方法以及特殊色彩调整方法。

本模块要点

- 调整图像色调的方法
- 调整图像色彩的方法

任务一　调整色调

子任务 1　使用亮度/对比度命令调整图像的色调

本任务主要结合【亮度/对比度】命令调整图像的明暗度和颜色的对比度。

步骤：

步骤 1 执行【文件】→【打开】命令，打开素材文件“花朵 1. jpg”，如图 4-1 所示。

图 4-1　花朵 1. jpg

步骤 2 执行【图像】→【调整】→【亮度/对比度】命令，弹出“亮度/对比度”对话框，参数设置如图 4-2 所示。

步骤 3 调整之后的图像效果，如图 4-3 所示。

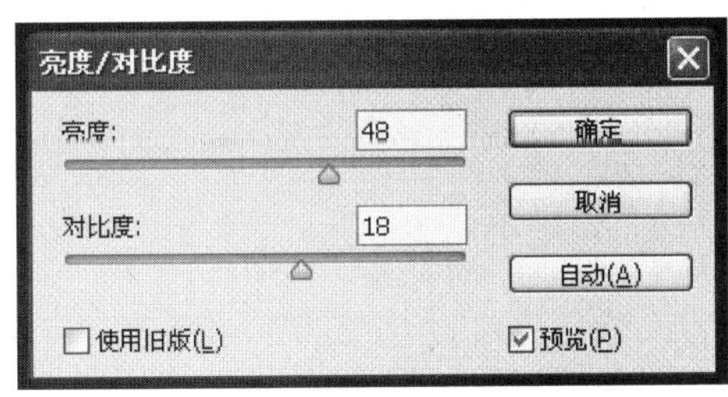

图 4-2　“亮度/对比度”对话框

图 4-3　调整后的效果图

步骤 4 返回到步骤 2 中，降低亮度及对比度，如图 4-4 所示。

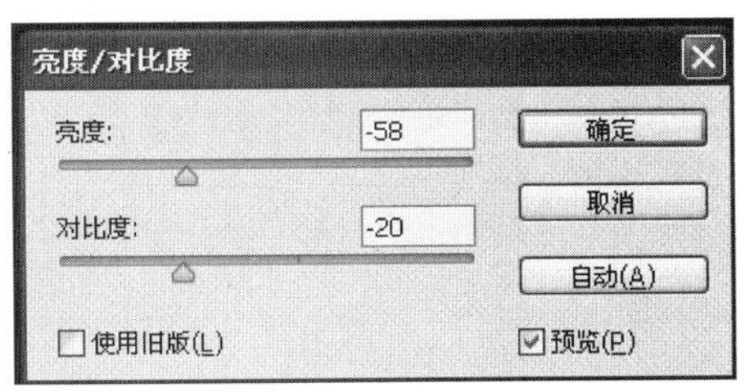

图 4-4　降低亮度操作及效果图

| 信息卡 |

调整图像色调与色彩命令全部位于【图像】→【调整】菜单下。

调整亮度/对比度的操作，如果图像中没有选区，则对整幅图像进行调整。反之如果图像有选区，则对选区内的图像进行调整。

子任务 2 使用色阶命令调整图像的色调

本任务主要结合【色阶】命令调整图像的明暗度。

步骤:

步骤 1 执行【文件】→【打开】命令，打开素材文件“风景 1. jpg”，如图 4-5 所示。

步骤 2 执行【图像】→【调整】→【色阶】命令，弹出“色阶”对话框，如图 4-6 所示。

图 4-5 风景 1. jpg

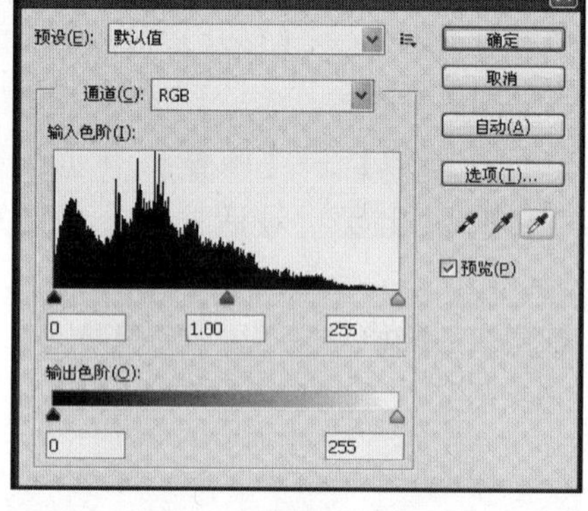

图 4-6 “色阶”对话框

单击“自动”按钮，可以快速地调整图像的色阶。
单击“选项”按钮，可以打开“自动颜色校正”对话框。

步骤 3 对图像进行如下的操作：首先调整输入色阶的暗部色调、亮部色调，如图 4-7 和图 4-8 所示；然后调整输出色阶的暗部色调、亮部色调，如图 4-9 和图 4-10 所示。

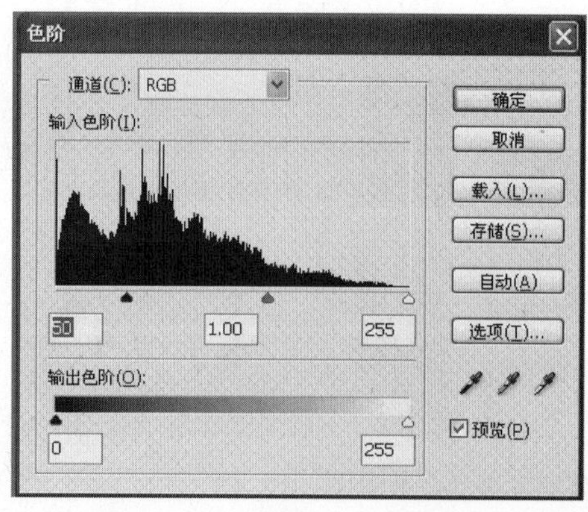

图 4-7 调整输入色阶的暗部色调及效果图

调整图像输入色阶的暗部色调的时候，小于该值的像素会变暗。
如果按住【Alt】键，“取消”按钮变成“复位”按钮，单击可以恢复原来的图像。

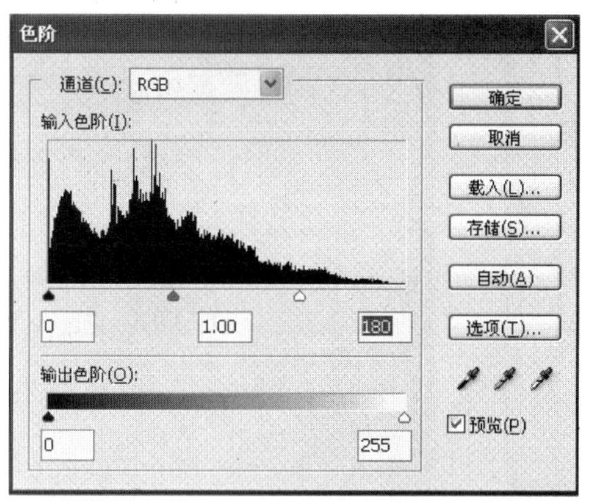

图 4-8　调整输入色阶的亮部色调及效果图

调整图像输入色阶的亮部色调的时候，大于该值的像素会变亮。

信息卡

输入色阶：该选项包含了 3 个输入框，其中最左边的输入框可以设置图像暗部色调（低于该值的像素变为黑色），中间的输入框可以设置图像中间色调，最右边的输入框可以设置图像的亮部色调（高于该值的像素变为白色）。

输出色阶：左边的输入框可以调整图像的暗部色调，右边的输入框可以调整图像的亮部色调。

“存储”和“载入”按钮：保存或载入“色阶”对话框的设置。

黑色吸管：设置图像变暗；灰色吸管：设置中间色调；白色吸管：设置图像变亮。

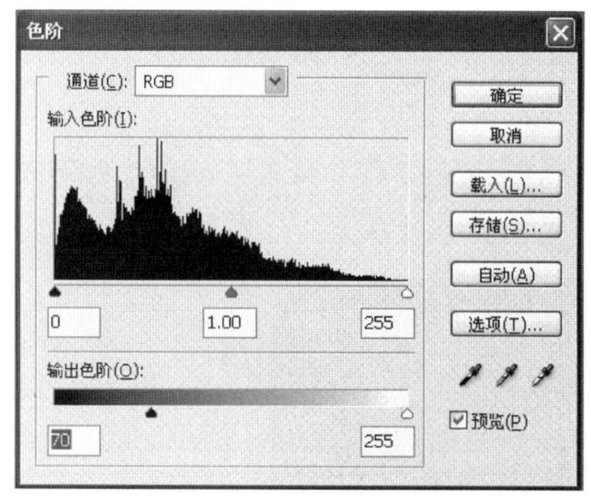

图 4-9　调整输出色阶暗部色调及效果图

调整图像输出色阶的暗部色调的时候，图像整体会变亮。

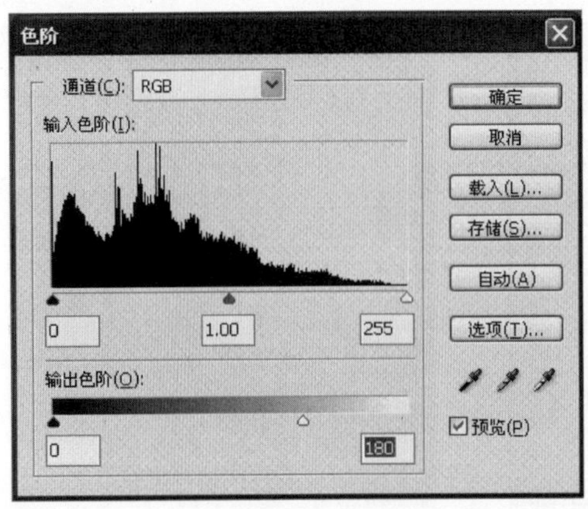

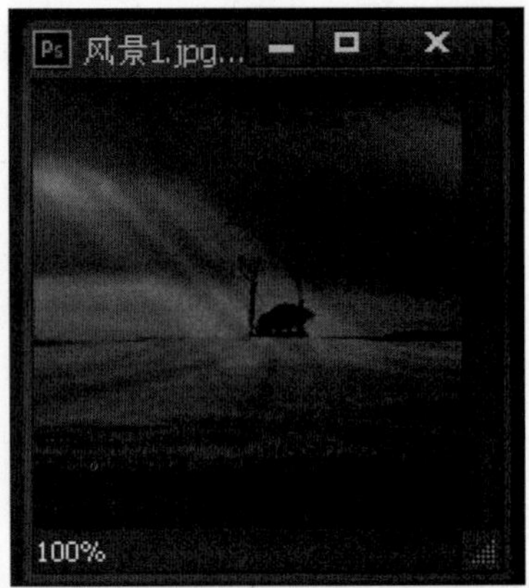

图 4-10　调整输出色阶的亮部色调及效果图

调整图像输出色阶的亮部色调的时候，图像整体会变暗。

子任务 3　使用曲线命令调整图像的亮度

本任务主要结合【曲线】命令调整图像的明暗度。

信息卡

执行【曲线】命令，调节“曲线”窗口中曲线的形状即可调整图像的亮色调、中间色调和暗色调。此命令的优点在于，它不只使用 3 个变量（高亮、中间调、暗调）来调整，还可以调整 0～255 范围内的任意一点，并且还可以调整某个范围之内的色调而不会影响其他色调区域的图像。

步骤:

步骤 1　执行【文件】→【打开】命令，打开素材文件“风景 2. bmp”，如图 4-11 所示。如果需要还可以设置调整区域。

图 4-11　风景 2. bmp

步骤 2 执行【图像】→【调整】→【曲线】命令，弹出“曲线”对话框，如图 4-12 所示。

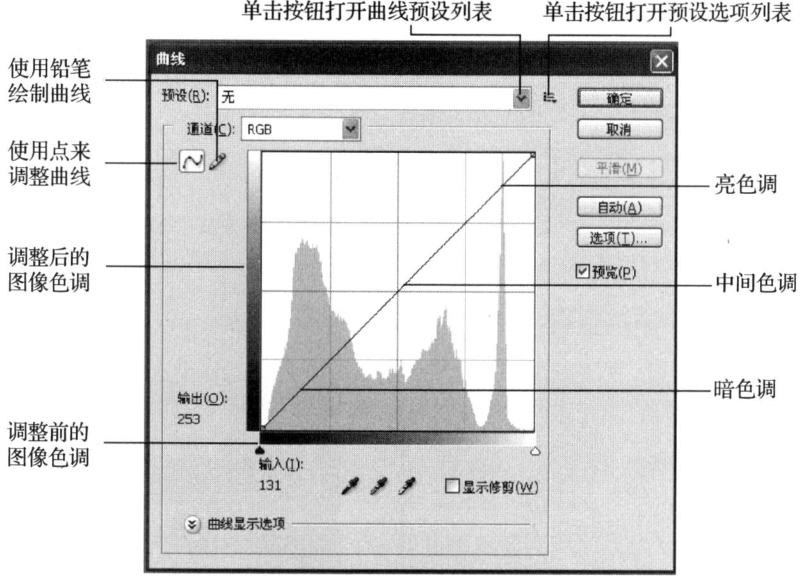

图 4-12　“曲线”对话框

信息卡

使用“点”来调整曲线的时候，最多可以在曲线上添加 14 个点。

“曲线预设”列表中添加了很多预设好的效果，可以直接在图像中使用。

通过预设选项列表，可以创建自己的预设曲线效果。

步骤 3 向上和向下调整曲线的形状，如图 4-13 和图 4-14 所示。

信息卡

利用【图像】→【自动色阶】/【自动对比度】/【自动颜色】命令可以快速地调整图像的色调和色彩，其缺点是调整的不够精确。

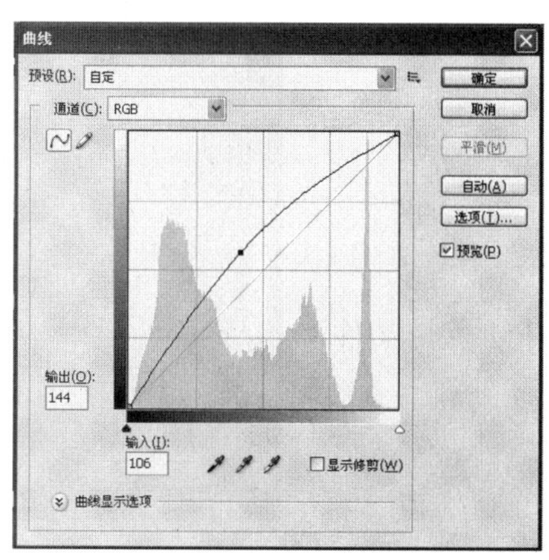

图 4-13　向上调整曲线的形状及效果图

> 将曲线的形状向上调整的时候图像会变亮。在曲线上单击可以添加点，按住【Ctrl】键单击点可以将其删除。
>
> 注意

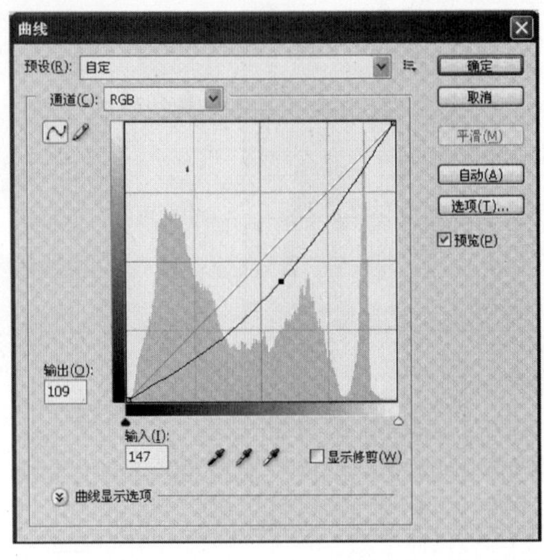

图 4-14　向下调整曲线的形状及效果图

> 将曲线的形状向下调整的时候图像会变暗。
>
> 
>

任务二　调整图像的色彩

子任务 1　更换裙子的颜色

本任务主要结合【色相/饱和度】命令更换图像中人物的裙子的颜色。

步骤:

步骤 1　执行【文件】→【打开】命令，打开素材文件“人物 1. jpg”，如图 4-15 所示。

图 4-15　人物 1. jpg

步骤 2　执行【图像】→【调整】→【色相/饱和度】命令，弹出“色相/饱和度”对话框，如图 4-16 所示。

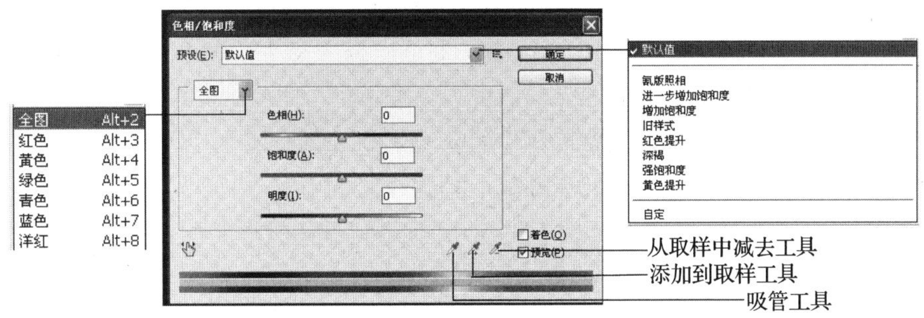

图 4-16　“色相/饱和度”对话框

使用【色相/饱和度】命令不仅能够整体调整图像的色相、饱和度和明暗度，还可以调整图像中某个固定颜色的色相、饱和度和明暗度。

注　意

信息卡

通过“预设”下拉列表可以将系统已经设置好的颜色效果应用在图像上。

通过“全图”下拉列表可以选择其他固定颜色，然后分别对它们的色相、饱和度和明暗度进行调整。

使用吸管工具在图像窗口中单击，可以将单击处的颜色设为当前要调整的颜色。

使用添加到取样工具在图像窗口中单击，可以在原有颜色的基础上增加当前单击处的颜色。

使用从取样处减去工具在图像窗口中单击，可以在原有颜色的基础上减去当前单击处的颜色。

步骤 3　本任务要更换裙子的颜色，因此在“全图”下拉列表中选择红色作为调整的颜色，再选择吸管工具，在图像中单击，设置要调整的基本颜色，然后分别调整色相、饱和度和明暗度，参数的设置以及效果图如图 4-17 所示。

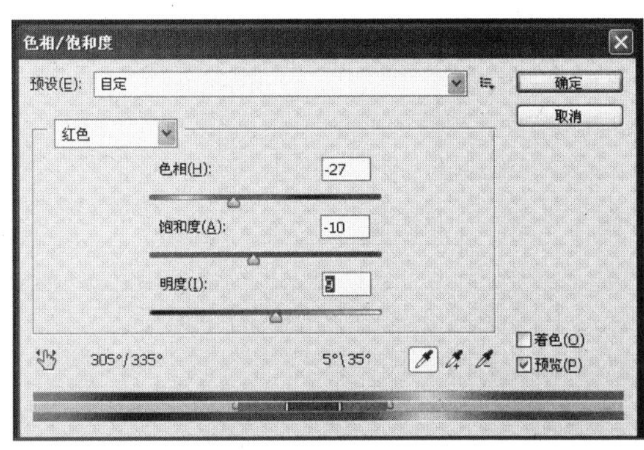

图 4-17　参数设置及效果图

信息卡

【替换颜色】命令类似于【色相/饱和度】命令，用于改变指定的颜色。
【变化】命令用于直观的调整图像的颜色、明暗度等。
【色彩平衡】命令用于整体调整图像的混合效果。
【照片滤镜】命令用于调整图像的色彩平衡。

子任务 2 给黑白照片上色

本任务主要结合【黑白】命令先将彩色图像调整成黑白色，再对灰色图像进行着色。

图 4-18 人物 2. bmp

步骤：

步骤 1 执行【文件】→【打开】命令，打开素材文件“人物 2. bmp”，如图 4-18 所示。

步骤 2 执行【图像】→【调整】→【黑白】命令，弹出“黑白”对话框，设置参数如图 4-19 所示。

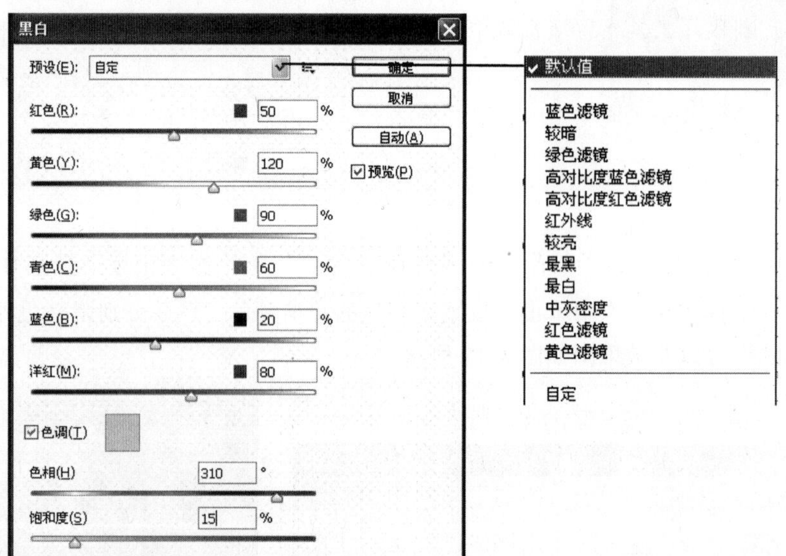

图 4-19 “黑白”对话框

注意

在“预设”列表中可以选择定义好的灰度模式或者自定义灰度模式。
利用“自动”按钮可以自动调整图像的灰色调。
利用颜色滑块可以调整图像中特定颜色的灰度模式，使图像灰色调变亮或变暗。
勾选“色调”复选框可以调整灰色调的色相和饱和度（是否给黑白图像着色）。

步骤 3 设置好相关参数后，最终的效果如图 4-20 所示。

> 利用【去色】命令可以去除图像中选定区域或整幅图像的颜色，直接将图像变成灰度图像。
>
> 利用【阈值】命令可以根据图像亮度值的范围将图像转换成不同效果的黑白图像。
>
> 注　意

图 4-20　最终效果图

任务三　特殊色彩调整

子任务 1　使用反相命令调整图像的色调

本任务主要结合【反相】命令制作图像特效。

步骤:

步骤 1 执行【文件】→【打开】命令，打开素材文件“人物 3. jpg”，如图 4-21 所示。

> **信息卡**
>
> 利用【反相】命令可以反转图像中的颜色，如白色变黑色、黑色变白色等。

步骤 2 执行【图像】→【调整】→【反相】命令，调整图像后得到的效果如图 4-22 所示。

图 4-21　人物 3. jpg

图 4-22　最终效果图

子任务 2　使用色调分离命令调整图像的色调

本任务主要结合【色调分离】命令，制作图像特效。

步骤：

步骤 1　执行【文件】→【打开】命令，打开素材文件“水果 1. jpg”，如图 4-23 所示。

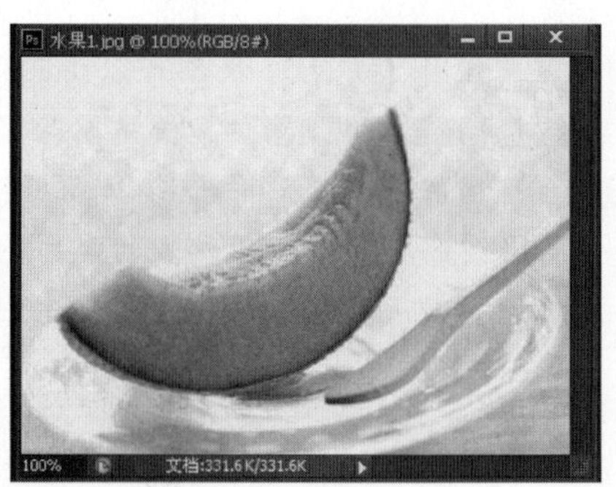

图 4-23　水果 1. jpg

步骤 2　执行【图像】→【调整】→【色调分离】命令，弹出“色调分离”对话框，将色阶值分别设置成 4 和 10，效果如图 4-24 和图 4-25 所示。

图 4-24　设置“色阶”为 4 及效果图

图 4-25　设置“色阶”为 10 及效果图

色阶值决定了图像变化的程度，值越小变化越明显，色调分离越清楚。

信息卡

利用【色调分离】命令可以减少图像中的色调，通过设置色阶值，将图像的像素映射为最接近的颜色。

子任务3　使用色调均化命令调整图像的色调

本任务主要结合【色调均化】命令调整图像的色调，将图像中最亮的颜色转换为白色，将最暗的颜色转换为黑色。

步骤：

步骤1 执行【文件】→【打开】命令，打开素材文件“风景3. jpg”，如图4-26所示。

步骤2 执行【图像】→【调整】→【色调均化】命令，效果如图4-27所示。

使用【渐变映射】命令可以将渐变颜色应用到图像中相等的灰度范围内的颜色上。

图4-26　风景3. jpg

图4-27　最终效果图

学材小结

本模块主要介绍了调整图像色调与色彩的方法，学生在上机的时候应多做调整图像颜色的练习，以达到灵活运用的目的。

理论知识

1. 填空题

（1）在“色阶”对话框中，输入色阶最左侧的“黑色”滑块表示________，向右拖动滑块可使图像变________；输入色阶最右侧的“白色”滑块表示________，向左拖动滑块可使图像变________；输入色阶中间的“灰色”滑块表示________，向左拖动滑块，可使图像变________，向右拖动没滑块，可使图像变________。

（2）利用【曲线】命令调整图像时，在“曲线”对话框中，将曲线向上或向下弯曲可使图像________或________。

（3）对图像的色调范围进行主调整的最简单方法是________。

(4) ________命令能够将彩色图像变成灰度图像。

2. 选择题

(1) 下列命令中用来调节色偏的是（　　）。

A. 色调均化　　B. 阈值　　C. 色彩平衡　　D. 亮度/对比度

(2) 下列色彩调整命令中可以提供最精确调整的是（　　）。

A. 色阶　　B. 亮度/对比度　　C. 曲线　　D. 色彩平衡

(3) 当图像偏蓝时，可使用【变化】命令给图像增加（　　）。

A. 黄色　　B. 洋红　　C. 绿色　　D. 蓝色

(4) 以下操作中用于设定图像的白场的是（　　）。

A. 选择工具箱中的吸管工具，在图像的高光处单击

B. 选择工具箱中的颜色取样器工具，在图像的高光处单击

C. 在“色相/饱和度”对话框中选择白色吸管工具，在图像的高光处单击

D. 在“色阶”对话框中选择白色吸管工具在图像的高光处单击

(5) 可以将黑白图像变成彩色图像的命令是（　　）。

A. 色彩范围　　B. 亮度/对比度　　C. 色相/饱和度　　D. 可选颜色

实训任务

任务1　换装

本任务主要结合【色阶】、【曲线】和【色彩平衡】等命令给图像中的人物更换衣服的颜色，如图4-28所示。

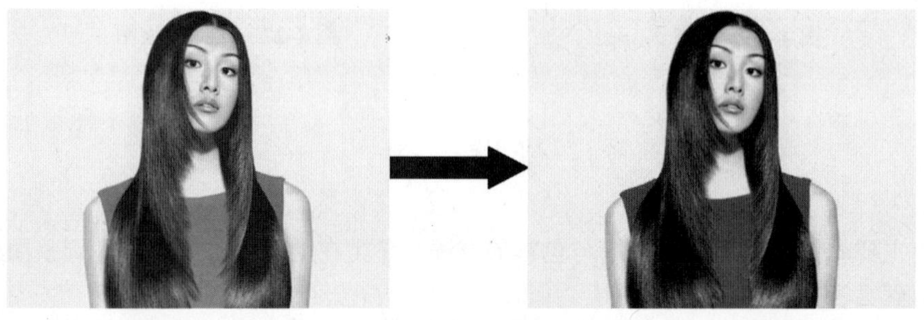

图4-28　效果图

步骤：

步骤1 执行【文件】→【打开】命令，打开素材文件“人物.jpg”，如图4-29所示。

步骤2 选择工具箱中的选取工具或钢笔工具，选出人物衣服的选区，如图4-30所示。

步骤3 执行【图像】→【调整】→________命令，弹出“色阶”对话框，参数如图4-31所示。

步骤4 执行【图像】→【调整】→________命令，弹出“曲线”对话框，参数如图4-32所示。

图 4-29　人物 . jpg

图 4-30　选择衣服选区

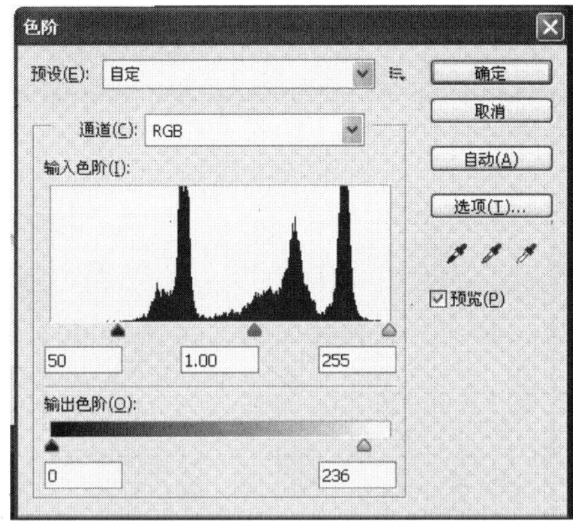

图 4-31　“色阶”对话框

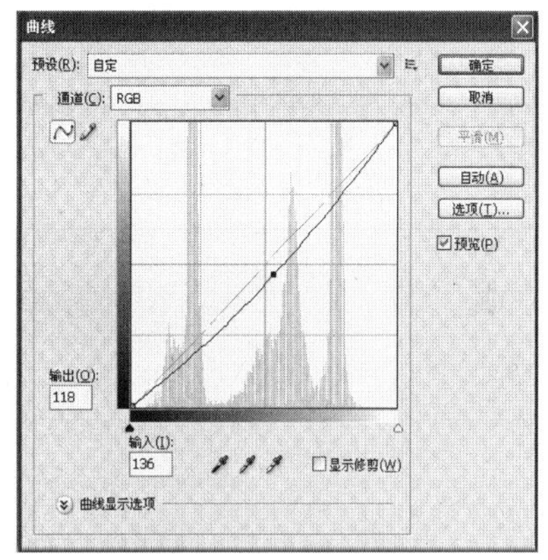

图 4-32　“曲线”对话框

步骤 5 执行【图像】→【调整】→________命令，弹出“色彩平衡”对话框，参数设置如图 3-33 所示。

> 使用【色彩平衡】命令可以整体的调整图像中某个指定的颜色，通过调整可以整体改变图像的色彩。
>
> 注　意

步骤 6 单击“确定”按钮，最终效果如图 4-34 所示。

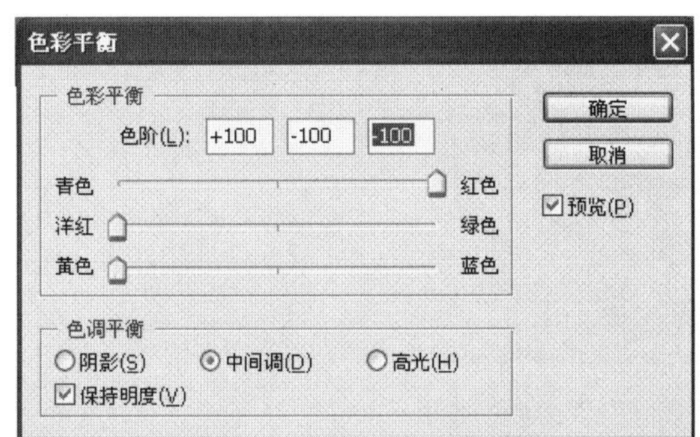

图 4-33　“色彩平衡”对话框

图 4-34　最终效果图

任务 2　美女与蝴蝶

本任务主要结合【色彩平衡】、【色相/饱和度】、【模糊】、【亮度/对比度】和【描边】等命令制作一张电影海报，最终效果如图 4-35 所示。

步骤：

图 4-35　效果图

步骤 1 执行【文件】→【打开】命令，打开背景图片，如图 4-36 所示。

步骤 2 执行【文件】→【打开】菜单，打开素材文件“花朵 3. jpg”。

步骤 3 将“花朵 3. jpg”图片复制到背景图中，生成“图层 1”，调整图层中图像的大小和位置，如图 4-37 所示。

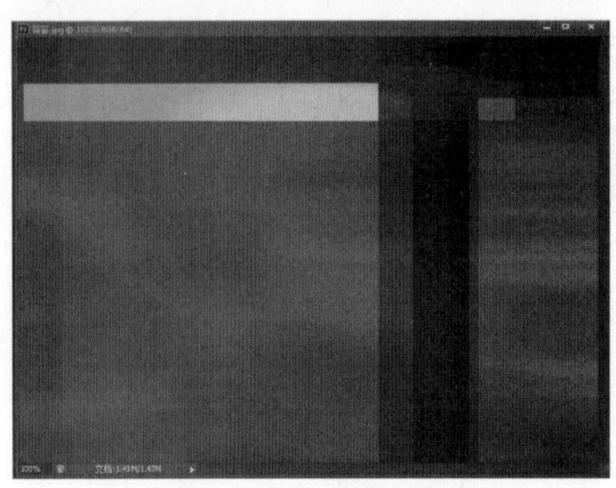

图 4-36　背景图片

图 4-37　调整后的效果

步骤 4 编辑“图层 1”，单击图层调板下方的“添加蒙版”按钮，为“图层 1”添加蒙版。选择工具箱中的渐变工具，设置渐变类型为线性渐变，颜色由黑色到白色，从图像的右侧向左侧拉渐变，如图 4-38 所示。

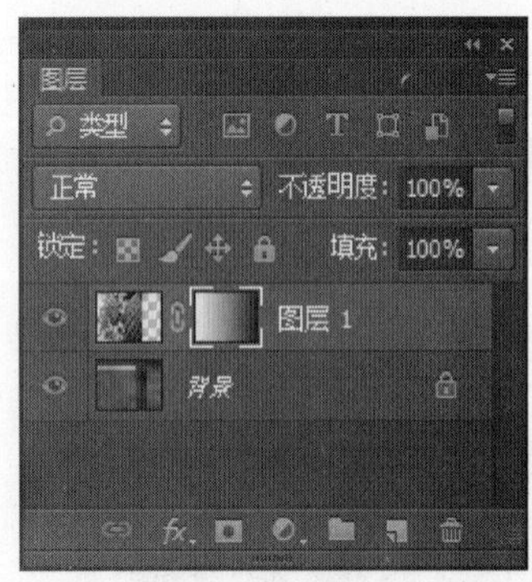

图 4-38　图层调板及调整后的效果

步骤 5 打开素材文件“花朵 4. jpg”，将图片复制到背景图中，生成“图层 3”，调整图片位置，如图 4-39 所示。

图 4-39　添加花朵文件后的效果

步骤 6　执行【滤镜】→【模糊】→【径向模糊】命令，弹出“径向模糊”对话框，参数设置及调整后的效果，如图 4-40 所示。

图 4-40　制作径向模糊及其效果

步骤 7　单击图层调板下方的“添加蒙版”按钮，为“图层 2”添加蒙版。选择工具箱中的渐变工具，设置渐变类型为线性渐变，颜色由黑色到白色，从图像的左侧向右侧拉渐变。图层调板以及图像效果如图 4-41 所示。

图 4-41　图层调板及图像效果

步骤 8　分别执行【图像】→【调整】菜单下的________和________命令，参数设置如图 4-42 和图 4-43 所示。

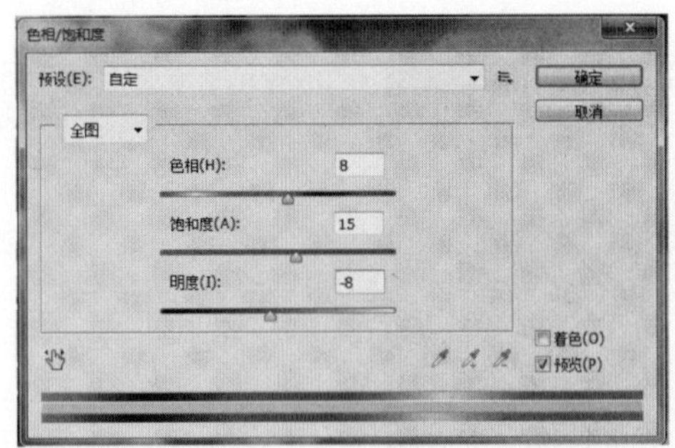

图 4-42　“色相/饱和度”对话框

图 4-43　“色彩平衡”对话框

步骤 9 执行【图像】→【调整】→________命令，参数设置如图 4-44 所示。

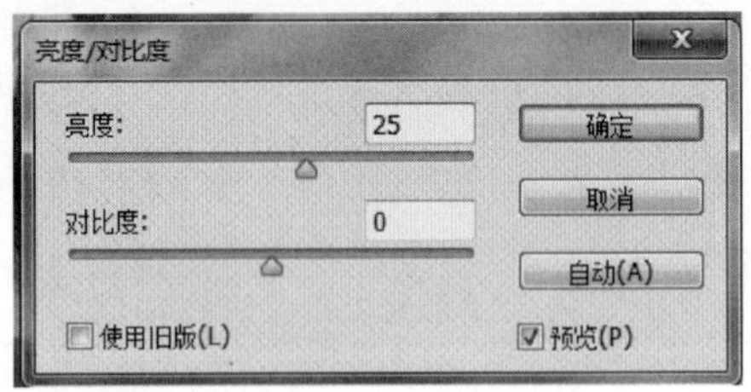

图 4-44　“亮度/对比度”对话框

步骤 10 选择工具箱中的椭圆选框工具，按住【Shift】键绘制正圆选区，如图 4-45 所示。

步骤 11 打开素材文件“美女 . jpg”，按【Ctrl + A】组合键全选图像，然后按【Ctrl + C】组合键复制图片，切换到背景图中，按【Ctrl + Shift + V】组合键将图片粘贴到正圆选区内，此时生成“图层 3”，可按【Ctrl + T】组合键调整图片大小，如图 4-46 所示。

图 4-45　绘制正圆选区

图 4-46　粘贴图片

步骤 12 执行【图像】→【调整】→________命令，进行参数设置，效果如图 4-47 所示。

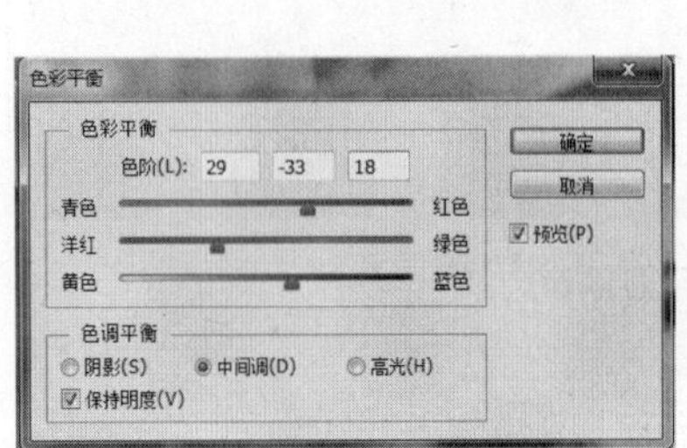

图 4-47　调整色彩平衡及效果

步骤 13 按住【Ctrl】键的同时单击“图层 3”的蒙版缩略图，调出正圆选区。

步骤 14 单击图层调板下方的“创建新图层”按钮，新建“图层 4”，设置前景色为黑色。执行【编辑】→【描边】命令，进行参数，设置结果如图 4-48 所示。

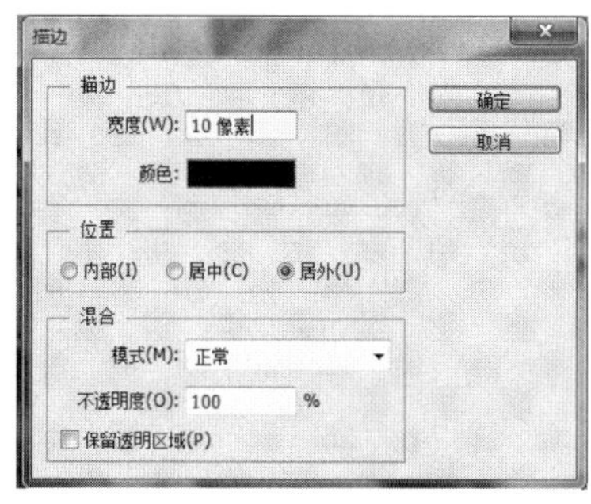

图 4-48　图层 4 描边参数设置及效果

步骤 15 新建“图层 5”，选择工具箱中的椭圆选框工具，按住【Shift】键的同时在画面上拖出一个正圆选区。

步骤 16 设置前景色为白色，执行【编辑】→【描边】命令，进行参数设置，效果如图 4-49 所示。

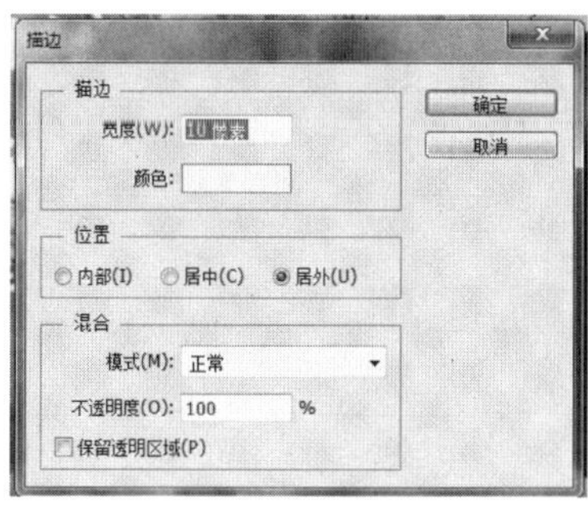

图 4-49　图层 5 描边参数设置及效果

步骤 17 执行【滤镜】→【风格化】→【风】命令，这时效果并不明显，按【Ctrl + F】组合键三次，效果如图 4-50 所示。

步骤 18 打开素材文件“蝴蝶.jpg”，利用选择工具选中图中的蝴蝶，然后将选区图像复制到主图中，生成“图层 7”，按【Ctrl + T】组合键变换图像的大小，如图 4-51 所示。

图 4-50　“风格化”效果

图 4-51　添加蝴蝶后效果

步骤 19 执行【图像】→【调整】→ ________命令，进行参数设置，如图 4-52 所示。

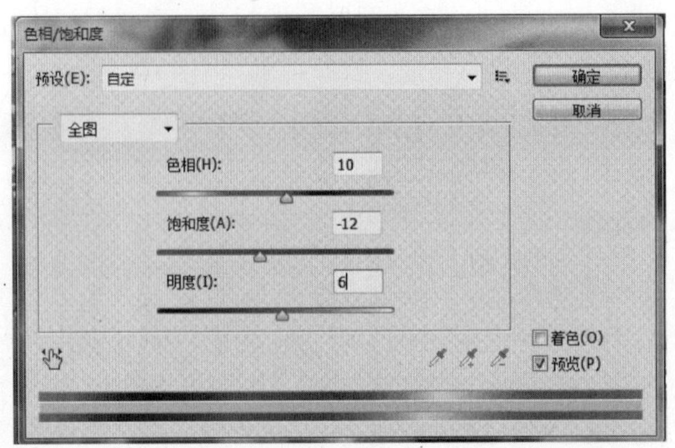

图 4-52　"色相/饱和度"对话框

步骤 20 选择工具箱中的直排文字工具，在其工具属性栏中设置字体、大小和颜色（黄），输入文字"美女与蝴蝶"，如图 4-53 所示。

步骤 21 单击图层调板下方的"添加图层样式"按钮，打开"图层样式"对话框，选择"描边"和"斜面与浮雕"效果，设置相关参数，最终效果如图 4-54 所示。

图 4-53　加入文字效果

图 4-54　最终效果图

拓展练习

打开素材文件"沙发 . jpg"，如图 4-55 所示，利用图像的色彩与色调调整命令生成文件"沙发 End. jpg"，如图 4-56 所示。

图4-55　沙发.jpg

图4-56　沙发End.jpg

模块五 图层的应用

本模块导读

在使用 Photoshop 进行图像处理的过程中，图层具有十分重要的地位，也是最常用到的功能之一。图层功能被誉为 Photoshop 的灵魂，巧妙的构思加上灵活地使用图层，能够产生出很多神奇的图像效果。通过本模块的学习，学生应掌握图层的相关概念以及基本操作。

本模块要点

- 图层的概念
- Photoshop CS6 中图层的操作
- 图层样式的应用
- 填充图层与调整图层的使用
- 图层蒙版与矢量蒙版的应用

任务一 了解图层的基本概念与操作

知识导读

在 Photoshop 中，一幅图像通常是由多个不同类型的图层通过一定的组合方式自下而上叠放在一起组成的。所谓图层就好比一层透明纸，透过这层纸，可以看到下一层纸上的内容，而且各层纸上的内容相互独立，无论在这层纸上如何涂画，都不会影响到其他层中的内容，方便用户对每一层图像进行独立地管理和操作。而各层纸的叠放顺序以及混合方式直接影响着整幅图像的显示效果，因此巧妙的创意可以产生出许多意想不到的效果。

下面介绍如何通过图层菜单和图层调板对图层进行相关的管理和操作。

子任务 掌握图层的基本操作

本任务通过制作一幅名为“花影.jpg”的图像文件，介绍图层的概念及基本操作，包括新建图层、重命名图层、移动图层、复制图层、删除图层以及图层的链接与合并等。

步骤：

步骤 1 新建一个大小为 400×600 像素、色彩模式为 RGB、背景颜色为白色的文件，命名为“花影”。打开素材文件“sc511.jpg”，将这幅图像全选并复制到“花影”图像中，这时将自动生成一个名为“图层 1”的图层。

步骤 2 利用选择工具选中蓝色背景以及较大的绿叶，将它们删除，得到如图 5-1 所示效果。此时图层调板如图 5-2 所示。

> 如果图层调板没有打开，可以选择【窗口】菜单，勾选其中的“图层”项，打开图层调板。或者按快捷键【F7】，也可以打开图层调板。
>
> **注 意**

图 5-1 花朵

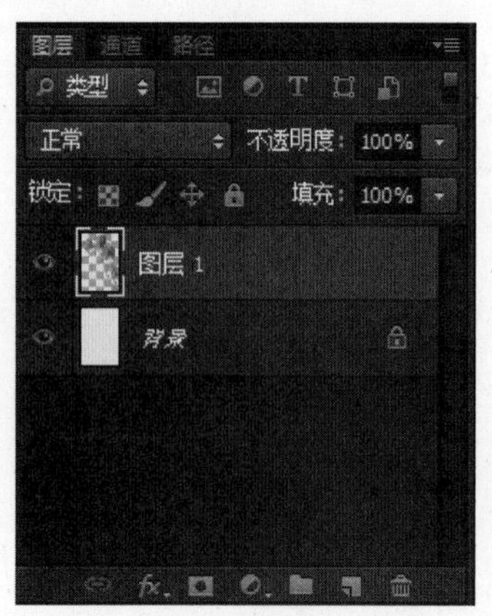

图 5-2 图层调板

步骤3 在图层调板上选中“图层1”，执行右键菜单中的【复制图层】命令，或者执行【图层】→【复制图层】命令，得到一个名为“图层1副本”的新图层，内容与“图层1”一样。

信息卡

使用白色背景或彩色背景创建新图像时，图层调板中最下面的图像为背景图层，指示为锁定状态。一幅图像只能有一个背景图层，其他图层为普通图层。不能更改背景图层的堆栈顺序、混合模式或不透明度。创建包含透明内容的新图像时，图像没有背景图层。在当前图层上执行【图层】→【新建】→【背景图层】命令，可以进行背景图层和普通图层的转换。在图层调板的背景图层上双击也可以将背景图层转换为普通图层。

步骤4 在图层调板上双击“图层1”的名称，当文字处于选中状态时，对图层重命名为“花”；同样，双击“图层1副本”的名称，当文字处于选中状态时，对图层重命名为“花影”。此时，图层调板如图5-3所示。

步骤5 在图层调板中单击“花影”图层，使其成为当前工作图层。使用选择工具选中图案，执行【编辑】→【变换】→【扭曲】命令，将“花影”图层中的花朵变形，成为影子的形状。

图5-3　重命名图层

当前工作图层（也称之为操作层）是指选定可以对其进行操作的层，（在没有链接的情况下）这时的操作只对当前层有效。当想要对某一层的内容进行操作时，一定要在图层调板中选中它，使它成为当前工作图层。

注　意

步骤6 在图层调板中选中“花影”图层，使其成为当前工作图层，使用减淡工具将花影颜色减淡，效果如图5-4所示。

步骤7 执行【图层】→【新建】→【图层】命令，在弹出的“新建图层”对话框中，将名称命名为“光晕”，颜色选择“无”，模式选择“正常”，单击“确定”按钮。或者单击图层调板中的“创建新图层”按钮（如图5-3中红圈所示）也可以新建图层。

步骤8 在图层调板中选中“光晕”图层，并将此图层拖动到最上层（如果该图层已经在最上方，则不用执行此步骤）。

图5-4　淡化效果

在以上过程中，如果由于误操作出现了不需要的图层，可以选中该图层，在右键菜单中执行【删除图层】命令，或者单击图层调板中的“删除图层”按钮（如图 5-3 蓝圈所示），还可以将该图层直接拖动到“垃圾桶”中。

注　意

步骤 9　在图层调板中单击“光晕”图层，使其成为当前工作图层。选择渐变工具，设定为透明彩虹渐变，采用径向渐变在“光晕”图层上拖动绘制渐变，如图 5-5 所示。

步骤 10　在图层调板中将“光晕”图层的不透明度设为 30%，如图 5-6 所示。此时产生的图像效果如图 5-7 所示。

步骤 11　执行【图层】→【合并可见图层】命令，将图层合并，合并后图层调板如图 5-8 所示。此时就完成了文件“花影 . jpg”的制作，可以保存文件。

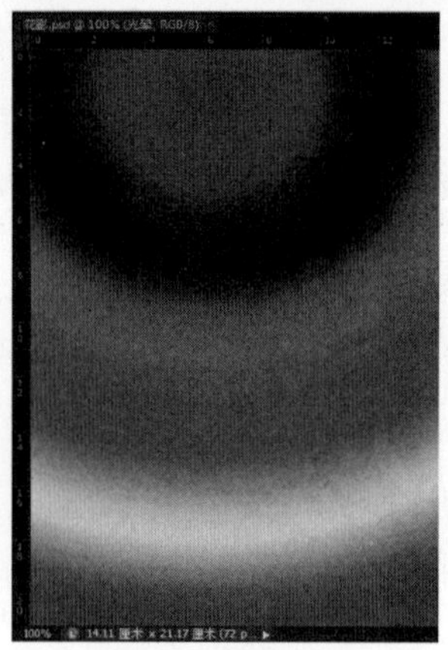

图 5-5　光晕图层

图 5-6　调整图层透明度

图 5-7　最终效果图

图 5-8　合并图层

信息卡

如果仅想合并上下两个图层，选中上一个图层，执行【图层】→【向下合并】命令，或者按【Ctrl + E】组合键。

任务二　了解图层的样式

知识导读

图层样式是应用于一个图层或图层组的效果。Photoshop 提供了多种效果（如阴影、发光和斜面等）来更改图层内容的外观。图层效果图标将出现在图层调板中的图层名称的右侧。图层效果与图层内容相链接，移动或编辑图层的内容时，修改的内容中会应用相同的效果。例如，如果对文本图层应用“阴影”样式，然后又添加新的文本，则将自动为新文本添加阴影。

可以应用 Photoshop 附带提供的某一种预设样式，或者使用“图层样式”对话框来创建的自定样式，自定样式也可以保存为预设样式。

子任务 1　创建自定样式——“外发光”

本任务应用“外发光”图层样式制作图像文件“发光彩蝶 . jpg”。

信息卡

Photoshop 提供了以下几种样式。

投影：在图层内容的后面添加阴影。

内阴影：紧靠在图层内容的边缘内添加阴影，使图层具有凹陷外观。

外发光和内发光：添加从图层内容的外边缘或内边缘发光的效果。

斜面和浮雕：对图层添加高光与阴影的各种组合。

光泽：应用创建光滑光泽的内部阴影。

颜色、渐变和图案叠加：用颜色、渐变或图案填充图层内容。

描边：使用颜色、渐变或图案在当前图层上描画对象的轮廓，它对于硬边形状（如文字）特别有用。

步骤：

步骤 1　打开素材文件“sc521. jpg”和“sc522. jpg”。使用移动工具将“sc521. jpg”中的图像拖动到“sc522. jpg”上，形成一个新图层“图层 1”，将文件“sc521. jpg”关闭。

步骤 2　选择“图层 1”，执行【编辑】→【变换】→【旋转】命令，调整蝴蝶的方向。

步骤 3　选择魔棒工具，在“图层 1”中白色区域单击，选择所有白色区域并删除，然后按【Ctrl + D】组合键取消选区。此时图像以及图层调板如图 5-9 所示。

步骤 4　选择“图层 1”，执行【图像】→【调整】→【去色】命令，再执行【图像】→【调整】→【色阶】命令，“色阶”对话框中参数设定以及执行后效果如图 5-10 所示。

步骤 5　选择魔棒工具，参数设置如图 5-11 所示，在“图层 1”上灰白色区域单击，选择所有灰白色区域并删除，然后按【Ctrl + D】组合键取消选区。

图 5-9　去掉背景图像及图层调板

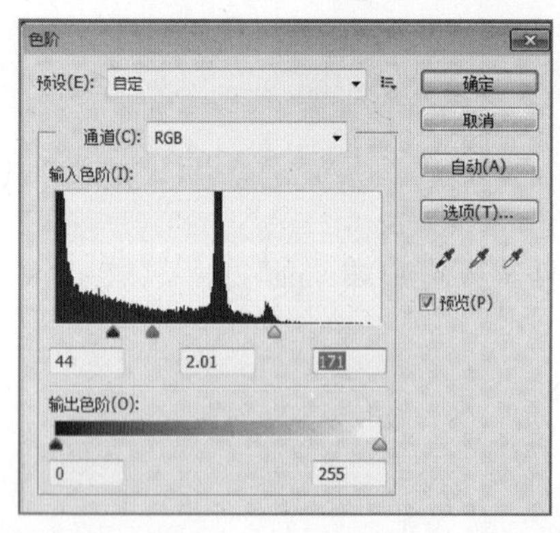

图 5-10　色阶参数设定及执行后效果

图 5-11　魔棒工具参数设置

步骤 6 设置前景色为紫色。

步骤 7 在图层调板中，单击“锁定透明像素”按钮，如图 5-12 所示，将“图层 1”中的透明像素锁定。然后按【Alt + Delete】组合键，给蝴蝶填入前景色，效果如图 5-13 所示。

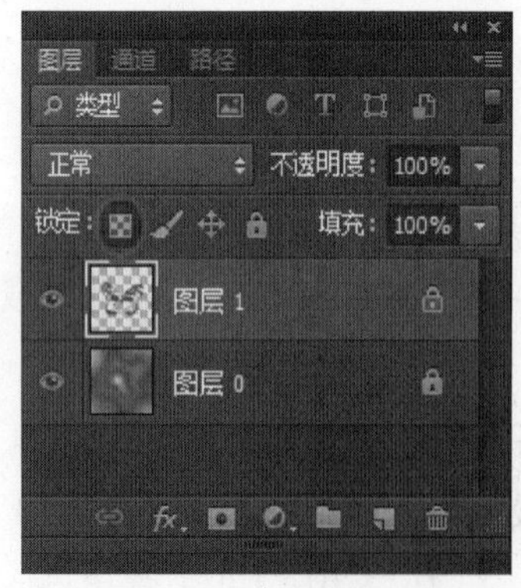

图 5-12　锁定透明像素

图 5-13　给蝴蝶填充前景色

步骤 8 执行【图层】→【图层样式】→【外发光】命令，在“图层样式”对话框中设定参数，如图 5-14 所示。单击“确定”按钮后，即可完成制作，将文件另存为“发光彩蝶.jpg”，最终效果如图 5-15 所示。

不能将图层效果应用于背景、锁定的图层或组。

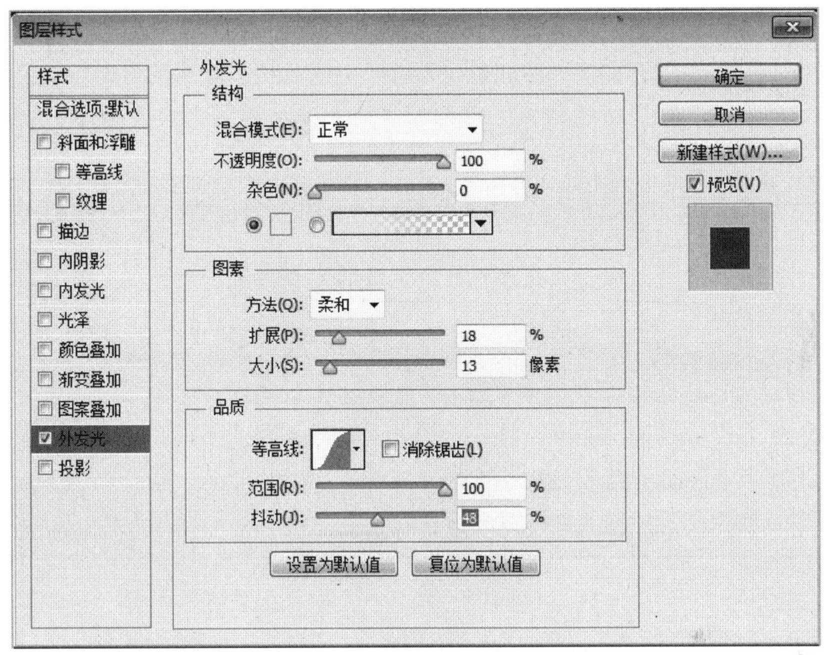

图 5-14　“图层样式”对话框

| 信息卡 |

如果图层具有样式，图层调板中的图层名称右侧将显示“fx”图标。在其右键菜单中包括【拷贝图层样式】、【粘贴图层样式】、【清除图层样式】、【隐藏所有效果】、【显示所有效果】等命令，在编辑图层样式时，可以便于编辑与管理。

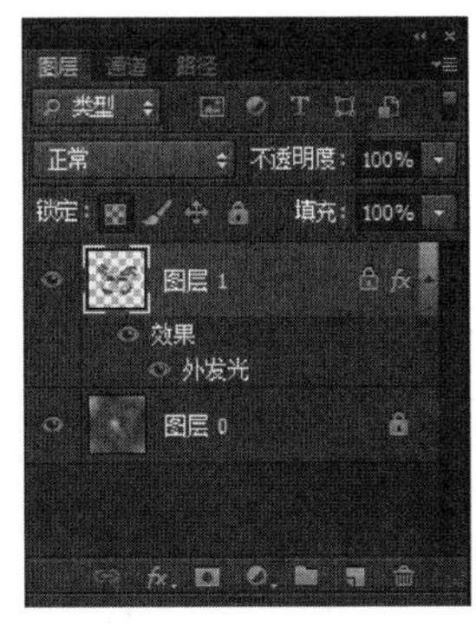

图 5-15　最终效果

信息卡

下面对“外发光”样式包含的各参数进行简单的介绍。

混合模式：确定图层样式与下层图层（可以包括也可以不包括现用图层）的混合方式。例如，内阴影与现用图层混合，因为此效果绘制在该图层的上部，而投影只与现用图层下的图层混合。在大多数情况下，每种效果的默认模式都会产生最佳结果。

不透明度：设置图层效果的不透明度。输入值或拖动滑块进行设置。

杂色：指定发光或阴影的不透明度中随机元素的数量。输入值或拖动滑块进行设置。

颜色：指定阴影、发光或高光的颜色。可以单击颜色框并选取颜色进行设置。

方法：“平滑”“雕刻清晰”和“雕刻柔和”可用于斜面和浮雕效果；“柔和”与“精确”应用于内发光和外发光效果。

扩展：模糊之前扩大杂边边界。

大小：指定模糊的数量或阴影大小。

等高线：使用纯色发光时，等高线允许创建透明光环；使用渐变填充发光时，等高线允许创建渐变颜色和不透明度的重复变化。在斜面和浮雕中，可以使用“等高线”勾画在浮雕处理中被遮住的起伏、凹陷和凸起。使用阴影时，可以使用“等高线”指定渐隐。

消除锯齿：混合等高线或光泽等高线的边缘像素。此选项对尺寸小且具有复杂等高线的阴影最有用。

范围：控制发光中作为等高线目标的部分或范围。

抖动：改变渐变的颜色和不透明度的应用。

子任务2 创建自定样式——“斜面和浮雕”

在上一个任务的“步骤8”中，可以尝试选择其他的图层样式和不同的参数设定，变换最终的效果。下面再使用“斜面和浮雕”效果制作一幅图像“浮雕彩蝶.jpg”。

步骤:

步骤1 至 **步骤7** 同子任务1。

步骤8 选择魔棒工具，在紫色蝴蝶上单击选中蝴蝶。在图层调板上将“图层1”的“眼睛”关闭，使其不可见，此时图层调板以及图像效果如图5-16所示。

信息卡

单击“指示图层可见性”按钮可以使图层可见或不可见。

步骤9 在图层调板上单击“图层0”，使其成为当前工作图层。在图层调板中，单击“锁定全部”按钮，将“图层0”解除锁定。执行【图层】→【新建】→【通过拷贝的图层】命令，此时新增一个“图层2”。将“图层1”删除。使“图层0”不可见，此时图像与图层调板如图5-17所示。

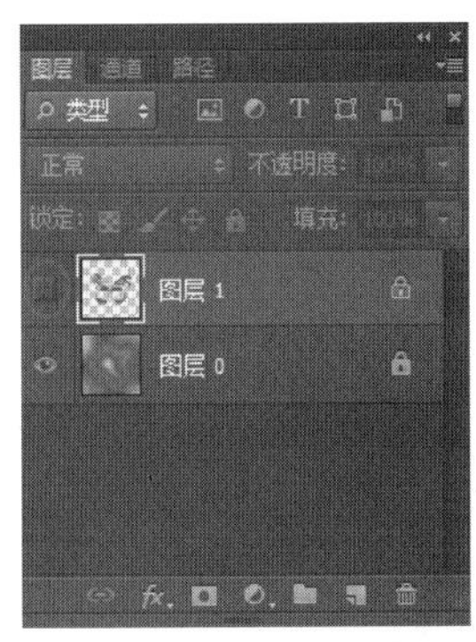

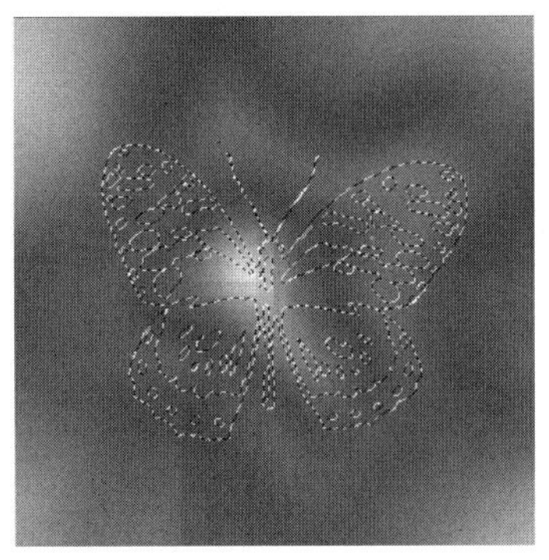

图 5-16　建立选区

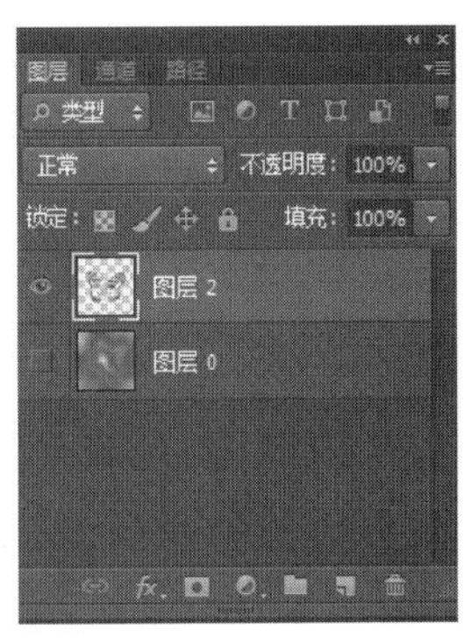

图 5-17　新建拷贝图层

步骤 10 在图层调板上打开“图层 0”的“眼睛”，使其可见；单击“图层 2”，使其成为当前工作图层。执行【图层】→【图层样式】→【斜面和浮雕】命令，在弹出的“图层样式”对话框中设置参数，如图 5-18 所示，最终效果如图 5-19 所示。

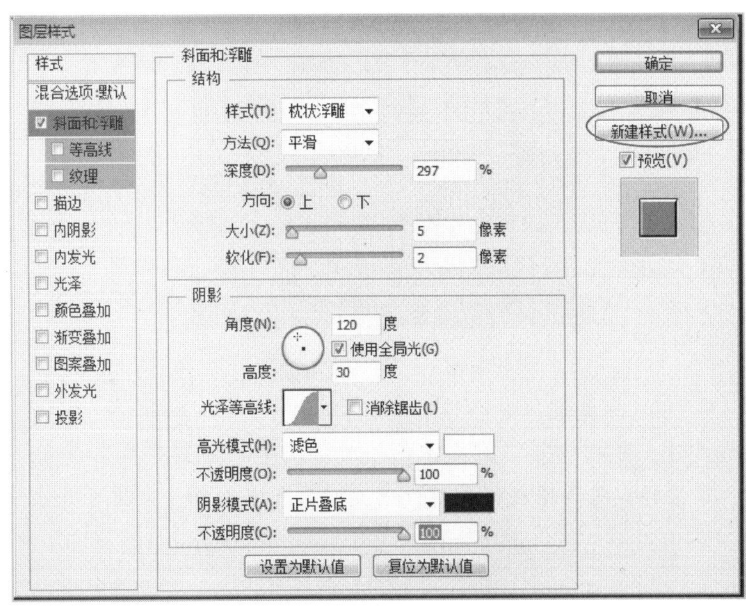

图 5-18　“图层样式”对话框

信息卡

下面对“斜面和浮雕”样式包含的各参数进行简单的介绍。

样式：指定斜面样式，“内斜面”为在图层内容的内边缘上创建斜面；“外斜面”为在图层内容的外边缘上创建斜面；“浮雕效果”模拟使图层内容相对于下层图层呈浮雕状的效果；“枕状浮雕”模拟将图层内容的边缘压入下层图层中的效果；“描边浮雕”将浮雕限于应用于图层的描边效果的边界（如果未将任何描边应用于图层，则“描边浮雕”效果不可见）。

方法：“雕刻清晰”使用距离测量技术，主要用于消除锯齿形状（如文字）的硬边杂边，保留细节特征的能力优于“平滑”技术；“雕刻柔和”使用经过修改的距离测量技术，虽然不如“雕刻清晰”精确，但对较大范围的杂边更有用，保留特征的能力优于“平滑”技术；“柔和”应用模糊，可用于所有类型的杂边，不论其边缘是柔和的还是清晰的，不保留大尺寸的细节特征。

深度：指定斜面深度，还指定图案的深度。

高度：对于斜面和浮雕效果，设置光源的高度，值为 0 表示底边，值为 90 表示图层的正上方。

角度：确定效果应用于图层时所采用的光照角度，可以在文档窗口中拖动以调整“投影”“内阴影”或“光泽”效果的角度。

精确：使用距离测量技术创造发光效果，主要用于消除锯齿形状（如文字）的硬边杂边，保留特写的能力优于“柔和”技术。

图 5-19　最终效果图

创建自定样式时，可以单击“图层样式”对话框中“新建样式”按钮，将该样式保存成预设样式。预设样式将出现在样式调板中，以后只需单击一次便可将该样使其应用于其他图层或组。

注 意

子任务 3　应用预设图层样式

本任务应用预设样式制作发光文字。

信息卡

Photoshop 随附的预设图层样式按功能分别存放在不同的库中。可以从样式调板中应用预设样式。

步骤:

步骤 1　打开素材文件"sc523. jpg"。

步骤 2　选择文字工具，设定参数如图 5-20 所示，输入文字"彩蝶"。此时新增一个文字图层如图 5-21 所示。

信息卡

在 PhotoShop 中使用文字工具输入文字时会自动新增一个独立的文字图层。

图 5-20　文字工具属性栏

注意

在单击或拖动样式的同时按住【Shift】键，可将样式添加到（而不是替换）目标图层上的任何现有效果中。

步骤 3　执行【窗口】→【样式】命令，打开样式调板，如图 5-22 所示。使文字图层为当前工作图层，在样式调板中单击"基本投影"样式以将其应用于当前选定的图层，或将样式从样式调板拖动到图层调板中的图层上，最终效果如图 5-23 所示。

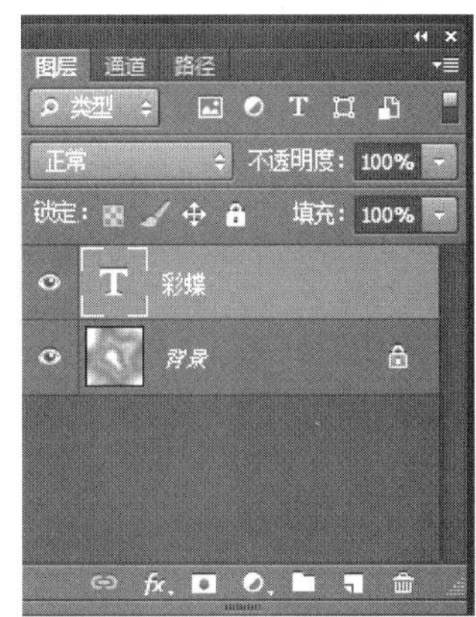

图 5-21　文字图层

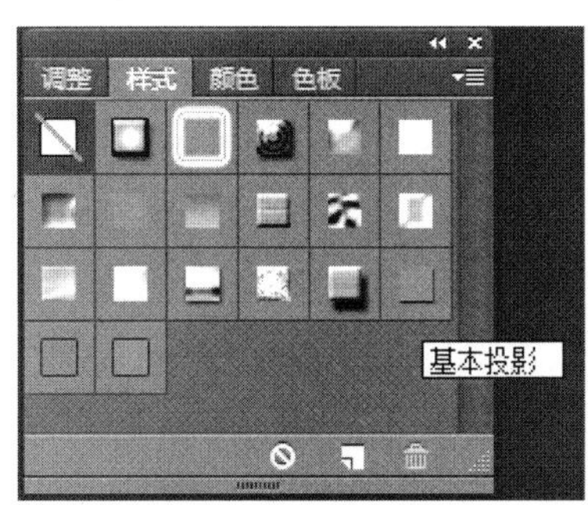

图 5-22　样式调板

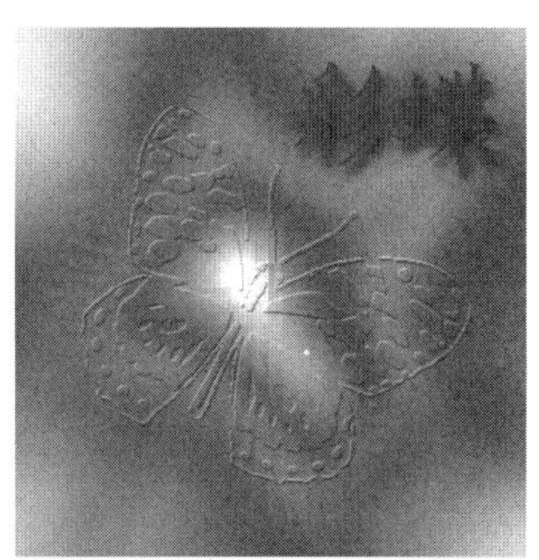

图 5-23　最终效果图

任务三　认识填充图层与调整图层

知识导读

填充图层与调整图层是两种不同的特殊图层，自动带有图层蒙版。巧妙地运用填充图层与调整图层可以创造出奇妙的图像效果，而且它们的非破坏性可以保证图像编辑过程中各图层中图像的独立性，避免相互之间的干扰。

子任务 1　创建图案填充图层

信息卡

填充图层是一种带有蒙版的图层，可以使用纯色、渐变、图案 3 种类型进行填充。

本任务通过创建图案填充图层，完成以下实例。

图 5-24　绘制图案

步骤：

步骤 1 新建一个大小为 100 × 150 像素、色彩模式为 RGB、背景颜色为白色的文件。将前景色设为黑色，选择圆角矩形工具，绘制一个圆角矩形，如图 5-24 所示。

步骤 2 执行【编辑】→【定义图案】命令，在弹出的对话框中将图案名称命名为“圆角矩形”。将该文件关闭，不用保存。

步骤 3 打开素材文件“sc531. jpg”。

步骤 4 执行【图层】→【新建填充图层】→【图案】命令，在弹出的“新建图层”对话框中设置参数，如图 5-25 所示，特别注意的是其中的“模式”选择的是“叠加”，然后单击“确定”按钮。或者单击图层调板底部的“创建新的调整或填充图层”按钮 ◐，然后执行【图案填充】命令。

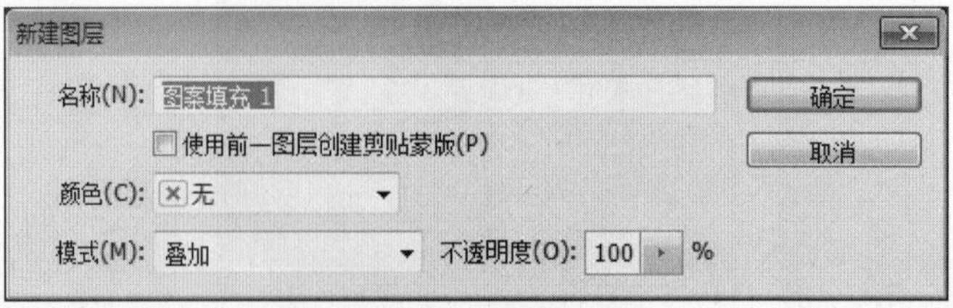

图 5-25　新建填充图层

步骤 5 在弹出的“图案填充”对话框中，单击图案右侧的倒三角形按钮，选择填充图案为“圆角矩形”，设定缩放为“50%”，如图5-26所示，单击“确定”按钮。此时图像效果及图层调板如图5-27所示。

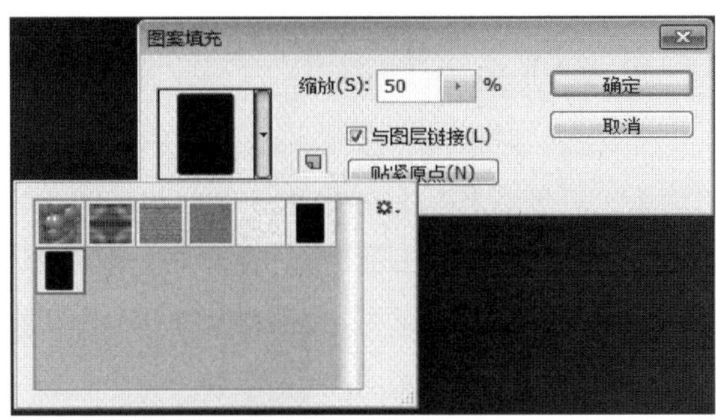

图5-26　选择填充

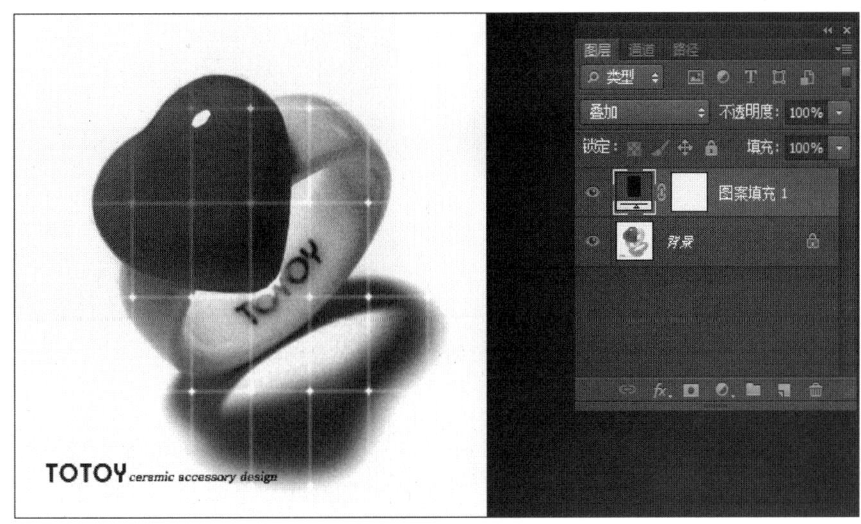

图5-27　最终效果

> 填充图层和调整图层具有与图像图层相同的不透明度和混合模式选项。改变其模式和不透明度可以与其下面的图层混合出不同的效果。
>
> 注意

子任务2　创建调整图层

信息卡

调整图层用于对图像的颜色和色调进行调整工作，相当于把当前图层复制了一层，然后运用所选择的调整方式进行各种调节。如果对调整的内容不满意，可以像删除图层一样，将调整图层删去，而不会影响到当前图层的内容。如果对调节的结果表示接受，即调整了当前层的效果。调整图层的调整方式与【图像】菜单中的【调整】命令非常相像，其实就是【调整】命令的运用，只不过所调整的对象是调节图层，而不是图像本身。

接下来在上一个任务的基础上添加调整图层，进一步调整图像效果。

步骤 1 执行【图层】→【新建调整图层】→【可选颜色】命令，在弹出的“新建图层”对话框中使用默认值，单击“确定”按钮。或者单击图层调板底部的“创建新的调整或填充图层”按钮 ◐，然后执行【可选颜色】命令。

步骤 2 在弹出的“可选颜色”对话框中选定颜色为红色，表示针对图层中红色部分进行编辑，拖动下面各选项的滑块，调整各种颜色的数量，最后单击“确定”按钮。本例设定参数如图 5-28 所示，读者可以根据自己的喜好调整参数，观察指环颜色的神奇变化。

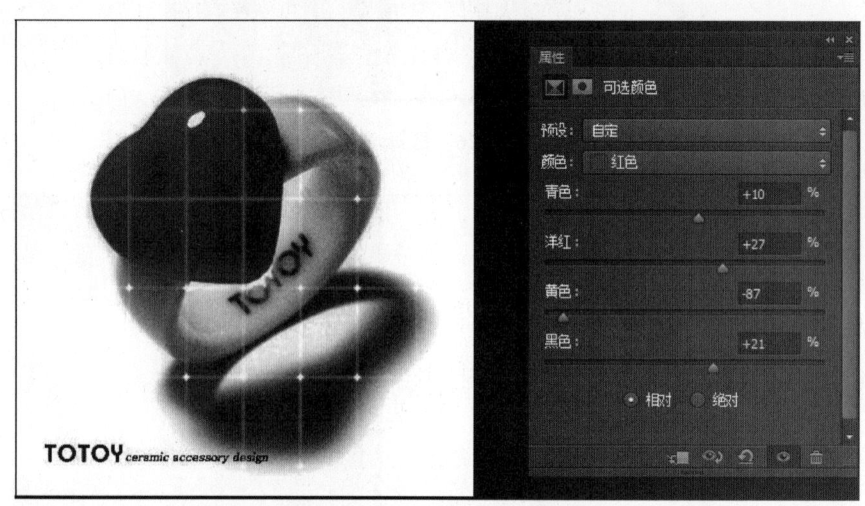

图 5-28　新建调整图层及图像效果

| 信息卡 |

默认情况下，调整图层和填充图层有图层蒙版，由图层缩略图左边的蒙版图标表示。可以编辑调整图层或填充图层的蒙版以控制图层在图像上具有的效果。关于图层蒙版的内容请参阅下一个任务。

任务四　认识图层蒙版与矢量蒙版

知识导读

为了在简单合成分层图像的同时又能保持各图层内容编辑的灵活性，其关键在于图层蒙版的应用。蒙版用来隐藏当前图层的部分内容并显示下面图层的部分内容。蒙版是非破坏性的，不会实际影响该图层上的像素，因此可以应用蒙版使某种更改永久生效，也可以删除蒙版，放弃更改。可以创建两种类型的蒙版：图层蒙版和矢量蒙版。在图层调板中，图层蒙版和矢量蒙版都显示为图层缩略图右边的附加缩略图。

要在背景图层中创建图层或矢量蒙版，首先需要将此背景图层转换为普通图层。

子任务1　创建显示全部的图层蒙版

信息卡

图层蒙版是一种与分辨率相关的灰度位图图像，用黑色绘制的区域将被隐藏，用白色绘制的区域是可见的，而用灰度梯度绘制的区域则会出现在不同层次的透明区域中。可使用绘画工具或选择工具对图层蒙版进行编辑，其缩略图代表添加图层蒙版时创建的灰度通道。

本任务创建显示全部的图层蒙板，在图层蒙板上绘制由灰色在到黑色的渐变，使两个图层上拼合的图像完美的融合，完成一幅名为“烟火倒影 . jpg”的图像文件的制作。

当蒙版处于使用状态时，前景色和背景色均采用默认灰度值。

步骤：

步骤1 打开素材文件“sc541. jpg”和“sc542. jpg”。选择套索工具，将“sc541. jpg”中的文字部分选中（选择区域如图5-29所示）并复制。在“sc542. jpg”文件中，执行【图层】→【新建】→【图层】命令，新建一个新图层“图层1”，并将复制的内容粘贴到“图层1”上。将“sc541. jpg”文件关闭。此时，图层调板如图5-30所示。

图5-29　选择区域

图5-30　图层调板

步骤2 在“图层1”中执行【编辑】→【自由变换】命令以及【编辑】→【变换】→【扭曲】命令，调整文字的大小、方向及位置，使文字成为焰火在水中的影子，如图5-31所示。

图 5-31 自由变换

步骤 3 在“图层 1”中执行【图层】→【图层蒙版】→【显示全部】命令，为“图层 1”新建一个蒙版，显示为图层调板中“图层 1”右侧的缩略图，如图 5-32 所示。

图 5-32 新建图层蒙版

步骤 4 单击蒙版缩略图，使其处于编辑状态。在工具栏中选择渐变工具，设置为由灰到黑的渐变，选择径向渐变，在蒙版上绘制渐变，如图 5-33 中的蒙版缩略图所示，从而改变了“图层 1”的显示效果。此时，图像效果如图 5-34所示。

> 要编辑图层蒙版时，单击图层调板中的图层蒙版缩略图，使之成为使用状态，此时蒙版缩略图的周围将出现一个边框；否则编辑区域在图层本身上，将会修改图层本身的像素。
>
> 注 意

图 5-33 在蒙版上编辑渐变

图 5-34 最终效果

步骤 5 在蒙版缩略图上单击鼠标右键，打开其右键菜单，执行相应命令可以停用、启用、删除图层蒙版。如图 5-35 所示，使图层蒙版处于停用状态，当蒙版处于停用状态时，图层调板中的蒙版缩览图上会出现一个红色的 X，并且会显示出不带蒙版效果的图层内容。可以对比

图 5-34 和图 5-36 的异同，图 5-34 中的文字相对模糊一些，边缘与下一图层更好地融合，更加像水中倒影的效果。

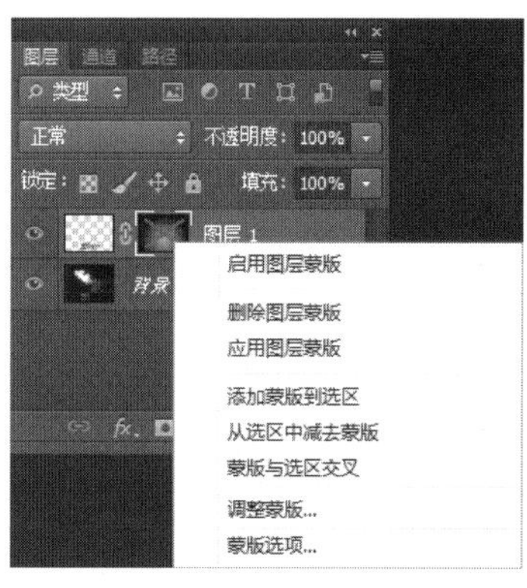

图 5-35　新建填充图层

图 5-36　停用图层蒙版

子任务 2　创建隐藏选区的图层蒙版

信息卡

除了绘画工具外，蒙版也可由当前选区创建。当图像中有活动区域存在时，添加图层蒙版有“显示选区”和“隐藏选区”两个选项。“显示选区”是在蒙版内用白色填充选区，使其内容可见，而选区外则用黑色填充，使其内容隐藏；“隐藏选区”则刚好相反，是在蒙版内用黑色填充选区，使其内容隐藏，而选区外则用白色填充，使其内容可见。

本任务通过创建隐藏选区的图层蒙版，隐藏图像原有背景，为图像添加新的画框，以完成作品。

步骤：

步骤 1　打开素材文件“sc543. jpg”和“sc544. jpg”。将“sc543. jpg”图像拖动到“sc544. jpg”中，生成“图层 1”，将“sc543. jpg”文件关闭。

步骤 2　选择魔棒工具，在“图层 1”空白处单击，建立选区，如图 5-37 所示。

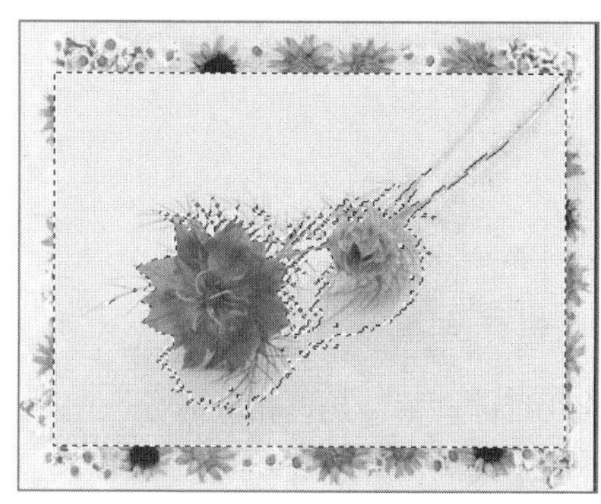
图 5-37　建立选区

图 5-38　新建图层蒙版

步骤 3 执行【图层】→【图层蒙版】→【隐藏选区】命令，此时图像效果如图 5-38 所示，图层调板如图 5-39 所示。在“图层 1”右侧蒙版缩略图中可以看到，黑色区域为原来魔棒工具选中的区域，即原图像的背景被隐藏起来；白色区域为选区外区域，被显示出来。

步骤 4 为了进一步完善图像，可以给图片增加“照片滤镜”的调整图层。单击图层调板下方“创建新的填充或调整图层”按钮，如图 5-39 所示，并在其属性板中设置参数，如图 5-40 所示，可以观察到照片效果的变化。

图 5-39 图层调板

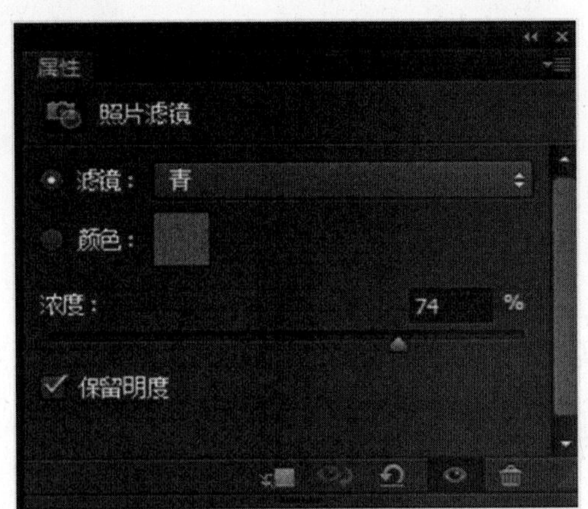

图 5-40 照片滤镜参数设置

子任务 3 创建矢量蒙版

信息卡

利用矢量蒙版可以在图层上创建锐边形状。无论何时需要添加边缘清晰分明的设计元素时，矢量蒙版都非常有用。矢量蒙版与分辨率无关，可使用钢笔或形状工具创建，其缩略图代表从图层内容中剪下来的路径。

本任务利用自选图形工具绘制图形，并创建矢量蒙版完成图像文件“小熊的梦想 . jpg”的制作。

步骤：

步骤 1 打开素材文件“sc545. jpg”和“sc546. jpg”。将“sc546. jpg”图像拖动到“sc545. jpg”中，生成“图层 1”。选择移动工具移动“图层 1”的位置，如图 5-41 所示。

图 5-41 新建图层

步骤 2 选择自定形状工具，参数设定如图 5-42 所示，在“图层 1”上绘制路径，如图 5-43 所示。

图 5-42　自定形状工具属性栏

步骤 3 执行【图层】→【矢量蒙版】→【当前路径】命令，图层调板设置如图 5-44 所示。“图层 1”缩略图右侧矢量蒙版的缩略图显示的就是图层内容中剪下来的路径。

图 5-43　绘制路径　　　　图 5-44　添加矢量蒙版

步骤 4 在图层调板上将“图层 1”的不透明度设置为“65%”，如图 5-45 所示，图像效果如图 5-46 所示。

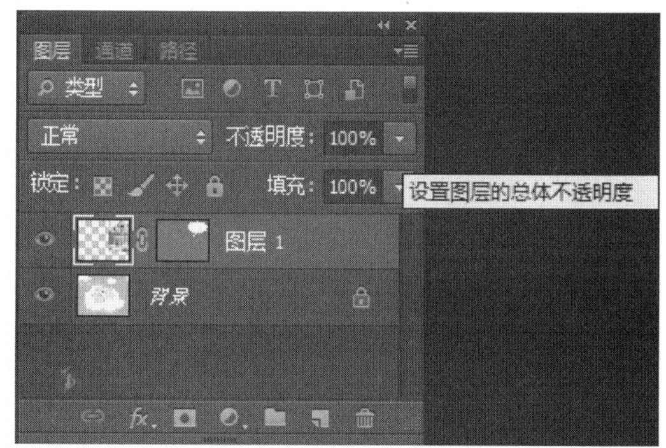

图 5-45　改变图层不透明度　　　　图 5-46　最终效果

子任务 4　使用剪贴蒙版

信息卡

剪贴蒙版可以使用某个图层的内容来遮盖其上方的图层。遮盖效果由底部图层的内容决定。基底图层的非透明内容将在剪贴蒙版中裁剪（显示）它上方的图层的内容。剪贴图层中的所有其他内容将被遮盖掉。

本任务中使用文字图层作为基底图层，裁剪其上方的图层，创建剪贴蒙版，使上方图层只显示文字区域。

步骤:

步骤 1 打开素材文件“sc547. jpg”和“sc548. jpg”。将“sc547. jpg”图像拖动到“sc548. jpg”中，生成“图层 1”。选择移动工具将“图层 1”向右移动，如图 5-47 所示。

步骤 2 选择文字工具，调整字体及大小，输入文字“甜美梦乡”，并对文字应用变形，参数设定如图 5-48 所示。此时图像效果以及图层调板如图 5-49 所示。

图 5-47　新建图层

变形文字
样式(S): 凸起
水平(H)　垂直(V)
弯曲(B): +29 %
水平扭曲(O): -64 %
垂直扭曲(E): -17 %
确定
取消

图 5-48　文字变形

图 5-49　图像效果及图层调板

步骤 3 将文字图层拖动到“图层 1”下面，使“图层 1”成为当前工作图层。执行【图层】→【创建剪贴蒙版】命令，此时图像以及图层调板如图 5-50 所示，“图层 1”中的内容只显示了文字区域，其他部分好像被剪掉了一样，而显得文字似乎是用彩纸剪成的。

图 5-50　创建剪贴蒙版及图像效果

| 信息卡 |

可以在剪贴蒙版中使用多个图层，但它们必须是连续的图层。蒙版中的基底图层名称带下划线，上层图层的缩览图是缩进的。叠加图层将显示一个剪贴蒙版图标 。

步骤 4 为了进一步完善图像效果，在文字图层上单击，使其成为工作图层，执行【图层】→【图层样式】→【外发光】命令，参数设置如图 5-51 所示，也可以根据自己的喜好随心设置。最终效果如图 5-52。

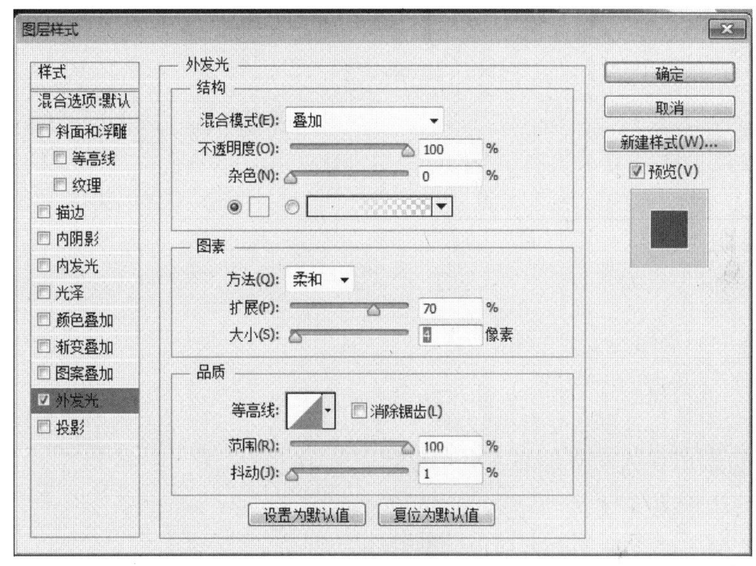

图 5-51　添加图层样式

图 5-52　最终效果

| 信息卡 |

在默认情况下，图层和图层蒙版是被链接在一起的，在图层缩略图和图层蒙版缩略图之间有一个链接符号，如果移动或变化了图层，蒙版和图像都会被相应的改变；单击这个符号会取消蒙版和图层之间的链接状态，这样它们的变化和重置就可以单独进行，比如将图层蒙版拖动到另一个图层上，使其对另一个图层产生作用。

学材小结

本模块主要介绍了 Photoshop CS6 中有关图层的基本内容与基本操作，包括图层、图层样式、图层蒙版、矢量蒙版以及剪贴蒙版的概念和相关的操作。通过相关任务的操作，希望能够帮助读者加深对相关概念的理解，在以后的应用中发挥创意，完成更多更奇妙的效果。

理论知识

1. 填空题

（1）要使某图层与其下面的图层合并可按快捷键________。

（2）填充图层包括________、________、________3 种类型。

（3）图层蒙版是一种与分辨率相关的灰度位图图像，用________色绘制的区域将被隐藏，用________色绘制的区域是可见的，而用________度梯度绘制的区域则会出现在不同层次的透明区域中。

2. 选择题

（1）下列方法中不能够建立新图层的是（　　）。

A. 双击图层调板的空白处

B. 使用文字工具在图像中添加文字

C. 使用鼠标将当前图像拖动到另一张图像上

D. 单击图层调板下方的“创建新图层”按钮

（2）下面是【图层样式】菜单中列出的图层样式的有（　　）。

A. 投影　　B. 内发光　　C. 描边　　D. 镜头光晕

（3）如果某图层存在透明区域，要对其中的不透明区域进行填充操作，正确的做法是（　　）。

A. 直接通过快捷键进行填充

B. 将图层调板中表示锁定透明像素的图标选中后进行填充

C. 透明区域不能被填充，所以对不透明区域的任何操作都不会影响透明区域

D. 执行【编辑】→【填充】命令，在弹出的填充对话框中将“保护透明”选中后，进行填充

（4）在图层上增加了一个蒙版，如果要单独移动该蒙版，正确的操作是（　　）。

A. 首先单击图层上的蒙版，然后选择移动工具即可

B. 首先单击图层上的蒙版，然后全选图层，再用选择工具拖拉

C. 首先要解除图层与蒙版之间的链接，然后选择移动工具就可以了

D. 首先要解除图层与蒙版之间的链接，再选择蒙版，然后选择移动工具进行移动

（5）下面特性是调整图层所具有的是（　　）。

A. 调整图层是用来对图像进行色彩编辑，并不影响图像本身，并可随时将其删除

B. 调整图层除了具有调整色彩的功能之外，还可以通过调整不透明度，选择不同的图层混合模式以及修改图层蒙板来达到特殊的效果

C. 调整图层不能执行【与前一图层编组】命令

D. 执行任何一个【图像】→【调整】命令弹出菜单中的色彩调整命令，都可以生成一个新的调整图层

(6) 以下对调整图层描述错误的是（　　）。

A. 调整图层可以调整不透明度

B. 调整图层带有图层蒙版

C. 调整图层不能调整图层混合模式

D. 调整图层可以选择【与前一图层编组】命令

实训任务

“沐浴阳光.jpg”的制作

本任务是结合图层、图层蒙版、矢量蒙版以及图层样式的运用，给照片添加背景，完成如图 5-53 所示的效果。

步骤:

步骤 1 打开素材文件“sc551. jpg”、“sc552. jpg”、“sc553. jpg”和“sc554. jpg”。执行【文件】→【新建】命令，新建一个大小为 500×438 像素、色彩模式为 RGB、背景颜色为白色的文件，命名为“沐浴阳光.jpg”。将“sc552. jpg”图像拖动到“沐浴阳光.jpg”文件中，生成“图层 1”。将“sc552. jpg”文件关闭。

图 5-53　沐浴阳光.jpg

步骤 2 选择移动工具，将“sc551. jpg”图像拖动到“沐浴阳光.jpg”文件中，生成“图层 2”。将“sc551. jpg”文件关闭。选择魔棒工具，设置容差为 10，不勾选“连续”复选框，在“图层 2”白色部分单击，将白色区域全部选中。执行________________命令，创建图层蒙版，使图像如图 5-54 所示，此时图层调板如图 5-55 所示。

图 5-54　创建隐藏选区的图层蒙版

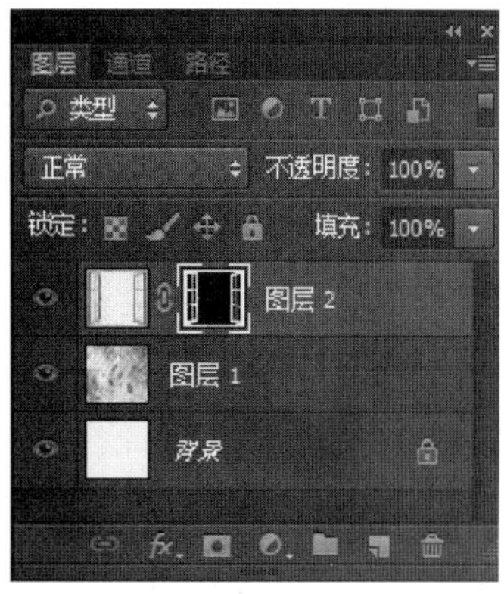

图 5-55　图层蒙版缩略图

步骤 3 选择移动工具，将“sc554. jpg”图像拖动到“沐浴阳光 . jpg”文件中，生成“图层 3”。将“sc554. jpg”文件关闭。选择磁性套索工具，将“图层 4”中的人物背景选中，并按【Delete】键删除。调整人物位置，如图 5-56 所示。按【Ctrl + D】组合键取消选区。

图 5-56 添加人物图层

步骤 4 在图层调板上选择“图层 3”，将其拖动到“图层 2”下方。在“图层 3”上执行______________命令，创建显示全部的图层蒙版。在图层调板上单击图层蒙版缩略图，使图层蒙版处于使用状态，选择渐变工具，编辑由黑到白的渐变，选择线性渐变，在图层蒙版的下半部分绘制渐变，如图 5-57 所示，使人物图像的下部边缘与背景较好的融合。图像效果如图 5-58 所示。

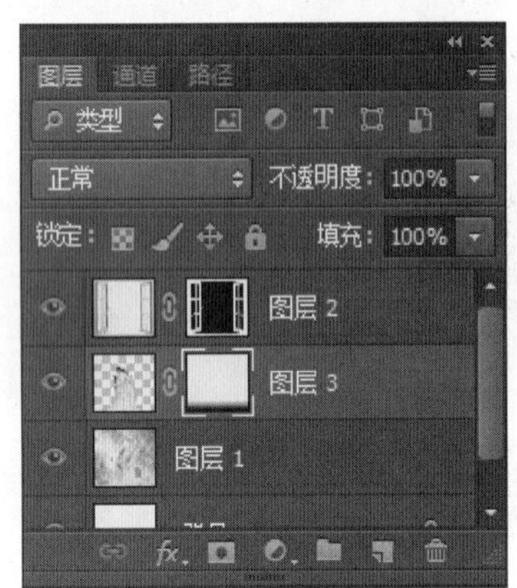

图 5-57 创建显示全部的图层蒙版

图 5-58 添加蒙版后的效果

步骤 5 将“sc553. jpg”图像拖动到“沐浴阳光 . jpg”文件中，生成“图层 4”，使其位于“图层 2”的下方。关闭“sc553. jpg”文件。选择自定形状工具，选择心形图案，在“图层 4”上绘制路径，如图 5-59 所示。

步骤 6 在“图层 4”上执行________命令，创建显示当前路径的矢量蒙版。此时图层调板以及图像如图 5-60 所示。

步骤 7 在“图层 4”上执行________命令，创建“内发光”图层样式。在弹出的“图层样式”对话框中，设定参数如图 6-61 所示。此时完成图像效果如图 5-53 所示。

图 5-59 绘制自定图形

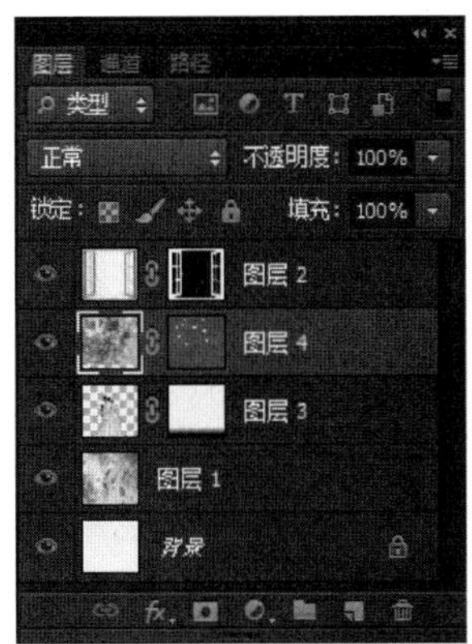

图 5-60　创建矢量蒙版及效果图

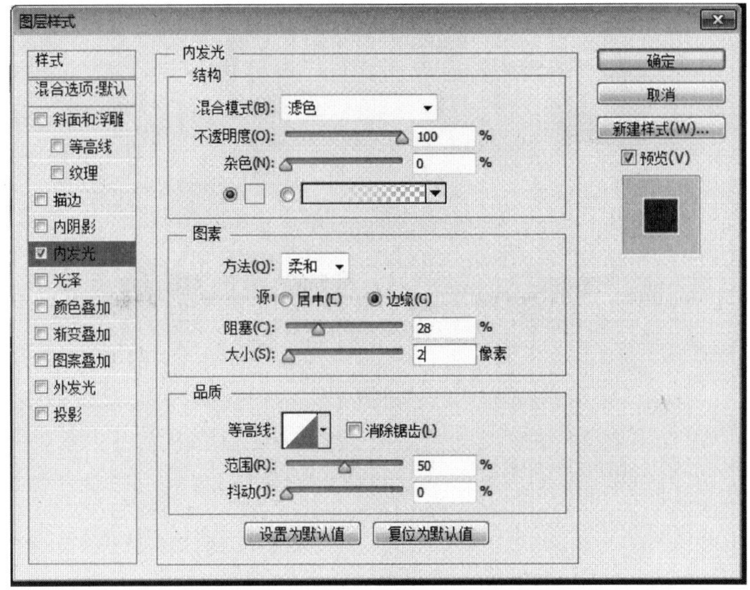

图 5-61　“图层样式”对话框

拓展练习

1. 打开素材文件“Car. jpg”，如图 5-62 所示。应用图层蒙版和调整图层等，生成文件“Car End. jpg”，如图 5-63 所示。

图 5-62　Car. jpg

图 5-63　Car End. jpg

2. 打开素材文件“Boy. jpg”、“Sky. jpg” 和 “Birds. jpg”，如图 5-64 ~ 图 5-66 所示。应用图层蒙版和剪贴蒙版等，生成文件“自由飞翔 . jpg”，如图 5-67 所示。

图 5-64　Sky. jpg

图 5-65　Birds. jpg

图 5-66　Boy. jpg

图 5-67　自由飞翔 . jpg

模块六 路径与形状的使用

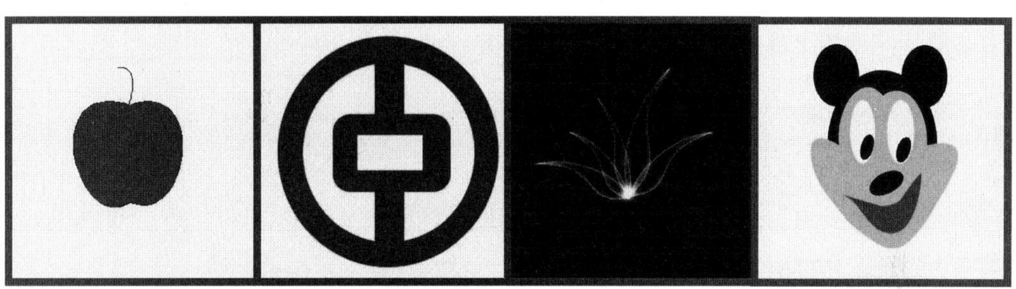

本模块导读

路径是矢量对象，路径工具是 Photoshop 矢量设计功能的充分体现。矢量对象与分辨率无关，因此，在对它们进行缩放、存储为 PDF 文件或导入到基于矢量的图形应用程序时，会保持清晰的边缘，而不会出现锯齿。

本模块主要介绍 Photoshop CS6 中路径和形状操作。

本模块要点

- 折线路径和曲线路径的绘制方法
- 路径工具的使用方法
- 形状工具的使用方法

任务一　创建路径

子任务 1　创建直线路径和折线路径

本任务将使用钢笔工具绘制直线路径和折线路径。

步骤：

步骤 1 执行【文件】→【新建】命令，新建一个大小为 300×300 像素、颜色模式为 RGB、背景为白色、分辨率为 72 像素/英寸的文件。

步骤 2 选择工具箱中的钢笔工具，并单击其工具属性栏中的“选择工具模式”按钮，从中选择“路径”工具模式，如图 6-1 所示。

图 6-1　钢笔工具属性栏

信息卡

通过钢笔工具属性栏的“选择工具模式”按钮可设置以下 3 种工具模式。

形状：包含使用前景色或者所选样式填充的填充图层，以及定义形状轮廓的矢量蒙版，填充图层与蒙版之间为链接状态。

路径：用于定义形状的轮廓。创建工作路径后，可以使用它来创建选区和矢量蒙版，或者使用颜色填充和描边路径以创建栅格化图形。

像素：直接在当前图层上绘制栅格化图形。在此模式中工作时，创建的是栅格化图像，而不是矢量图形，而且不增加图层。可以像处理任何栅格化图像一样来处理绘制的形状，但此模式只能用于形状工具，不能用于钢笔工具。

步骤 3 移动鼠标到图像窗口，在如图 6-2 所示的位置上单击将出现一个锚点。

步骤 4 移动鼠标到如图 6-3 所示的位置上单击，将出现一个新的锚点，同时两个锚点之间画出一条直线路径。作为起点的锚点变成空心点，作为终点的锚点变为实心点，实心的锚点称为当前锚点。

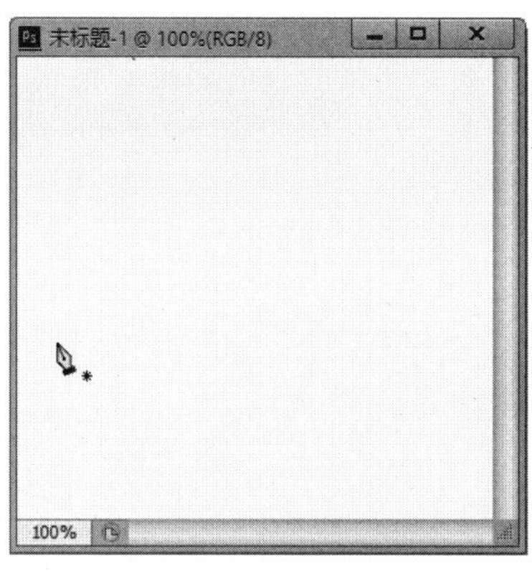

图 6-2　建立起点

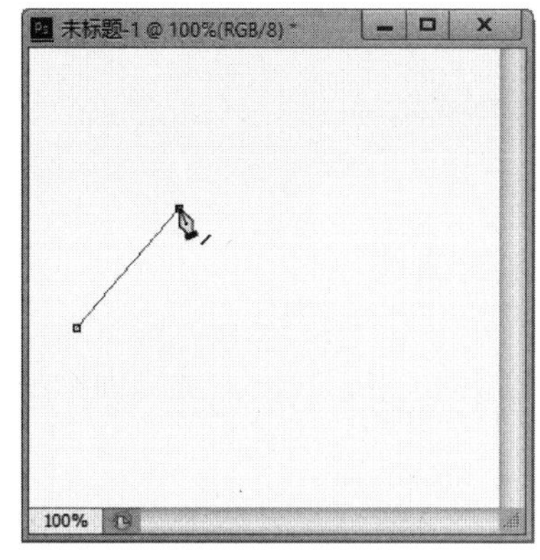

图 6-3　建立直线路径

步骤 5 移动鼠标到如图 6-4 所示的位置上单击，这时将接着当前锚点产生一条直线线段，使两条直线线段连成一条折线路径。

步骤 6 按照上述步骤，继续在其他位置上单击鼠标，绘制如图 6-5 所示的折线路径。

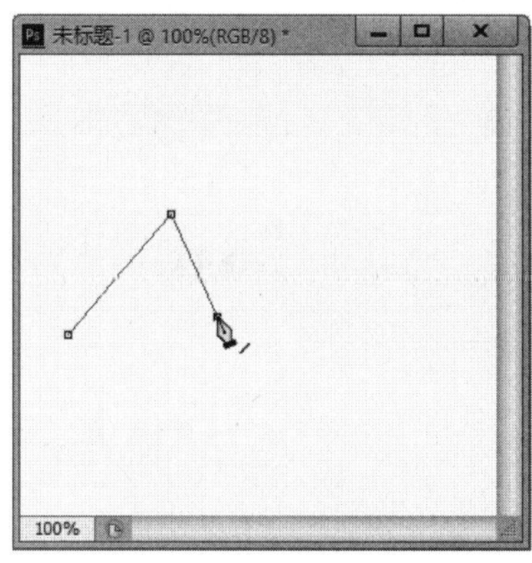

图 6-4　折线路径 1

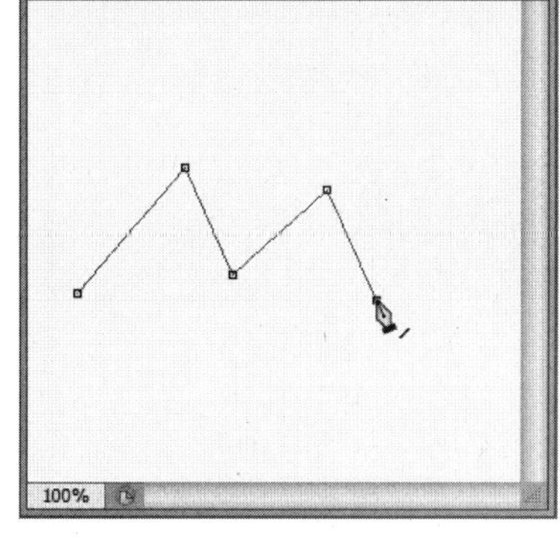

图 6-5　折线路径 2

步骤 7 移动鼠标到起点处，鼠标指针将变成如图 6-6 所示的形状。

步骤 8 单击鼠标，将绘制如图 6-7 所示的闭合路径。

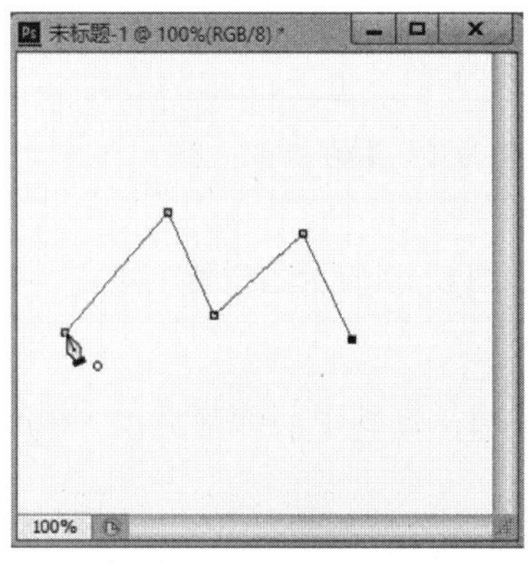

图 6-6　此处单击鼠标

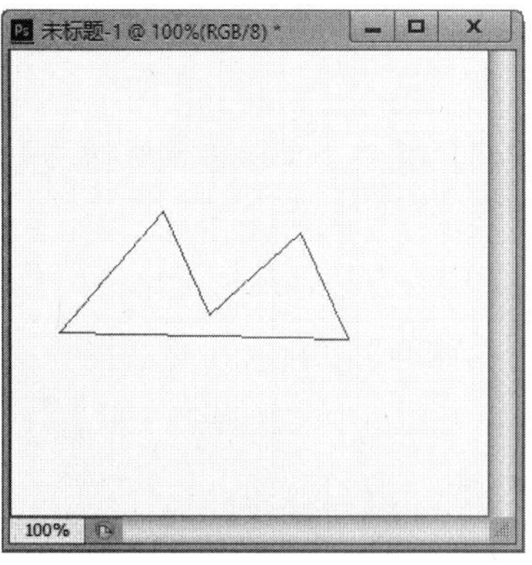

图 6-7　闭合路径

信息卡

路径可以是闭合的，没有起点和终点；也可以是开放的，有起点和终点。

子任务 2　创建曲线路径

本任务结合钢笔工具和转换点工具创建曲线路径。

步骤:

步骤 1 执行【文件】→【新建】命令，新建一个大小为 300 × 300 像素、颜色模式为 RGB、背景为白色、分辨率为 72 像素/英寸的文件。

步骤 2 选择工具箱中的钢笔工具，在其工具属性栏中设置工具模式为“路径”。移动鼠标到图像窗口，在如图 6-8 所示的位置上单击，建立起始锚点。

步骤 3 按住【Shift】键在如图 6-9 所示的位置上单击，绘制一条垂直的直线路径。

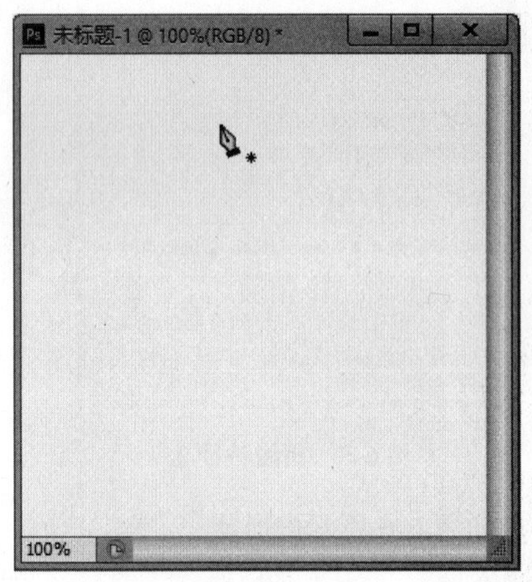

图 6-8　建立起点

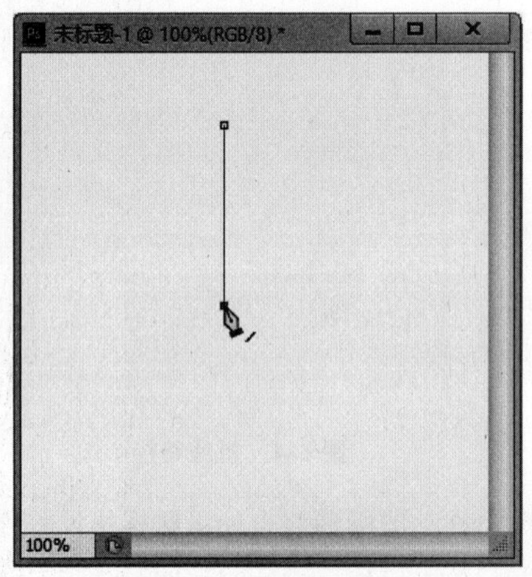

图 6-9　垂直直线路径

按住【Shift】键单击可以将直线的角度限制为 45 度的倍数。

步骤 4 用同样的方法，按住【Shift】键在如图 6-10 所示的位置上单击，绘制一条平行的直线线段，这时绘制的路径是一个折线路径。

步骤 5 选择工具箱中的转换点工具，移动鼠标到中间的锚点上，鼠标指针将变成如图 6-11 所示的形状。

步骤 6 单击该锚点并向外拖动，这时会出现控制柄，而且控制柄的两端各有一个控制点，如图 6-12 所示。这样就把直线锚点转换成了平滑点，路径也变成了平滑曲线路径。

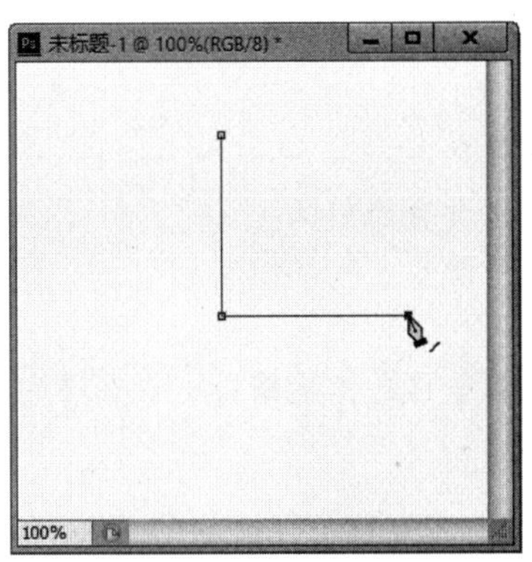

图 6-10　折线路径

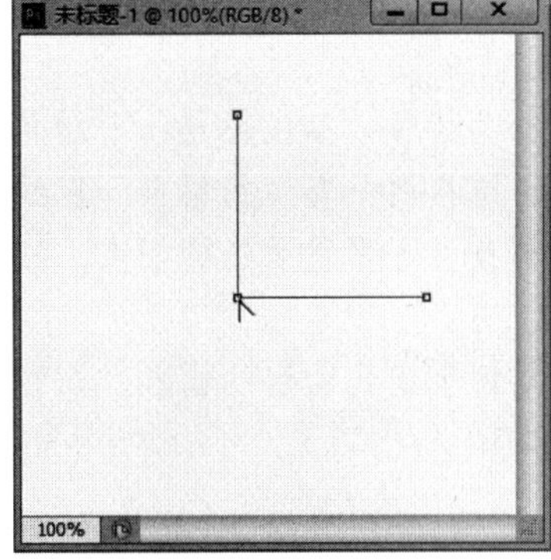

图 6-11　拖动锚点

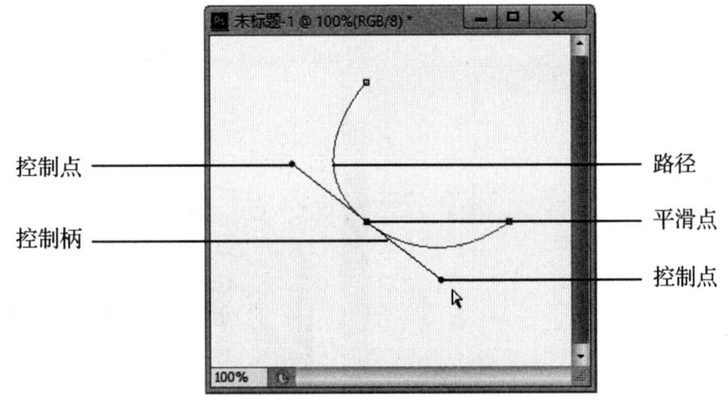

图 6-12　平滑曲线路径

信息卡

在 Photoshop 中，“路径”是指由贝塞尔（Bezier）曲线构成的线条或图形。贝塞尔曲线是指由三点组合定义成的曲线，其中一个点（锚点）在曲线上，另外两个点（控制点）在控制柄上，移动这三个点就可以改变线条的曲率和方向。路径可以是一个点、直线和曲线。

步骤 7　移动鼠标到控制柄的一个控制点上，鼠标指针将变成如图 6-13 所示的形状。

步骤 8　单击该控制点并拖动，如图 6-14 所示。这样就把刚才的平滑点又转换成了角点，路径也变成了连接两个锐化曲线的路径。

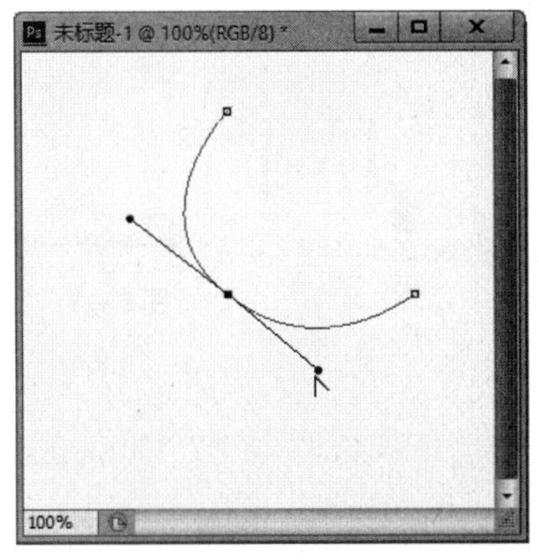

图 6-13　拖动控制点

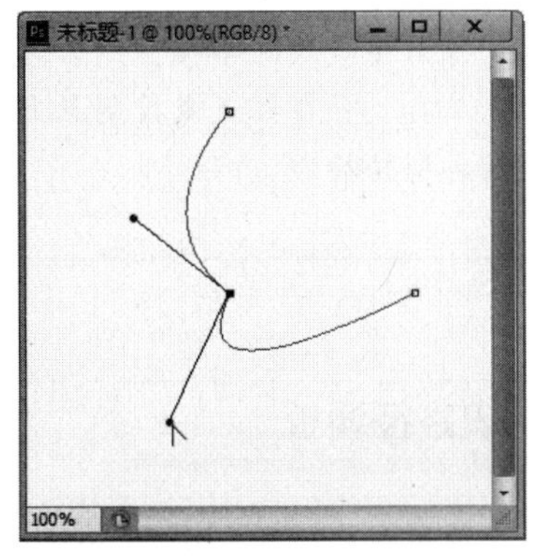

图 6-14　锐化曲线路径 1

信息卡

锚点可以分为 3 种：直线锚点、平滑点和角点。

直线锚点：连接两个直线的锚点。直线锚点没有控制柄。

平滑点：连接两个平滑曲线的锚点。当在平滑点上移动控制柄时，将同时调整平滑点两侧的曲线段。

角点：连接两个锐化曲线的锚点。当在角点上移动控制柄时，只调整与控制柄同侧的曲线段。

步骤 9 用同样的方法拖动另外一个控制点，如图 6-15 所示。执行【窗口】→【路径】命令，打开路径调板，如图 6-16 所示。

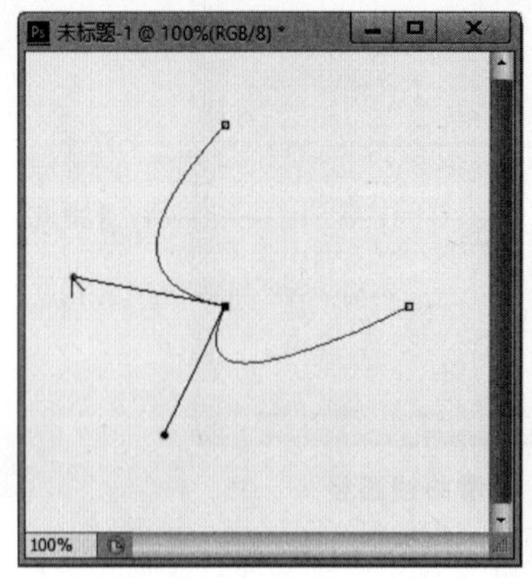

图 6-15　锐化曲线路径 2

图 6-16　路径调板

步骤 10 移动鼠标到中间的锚点上并单击，可以把角点重新转换为直线锚点，如图 6-17 所示。路径也从曲线路径变回了原来的折线路径。

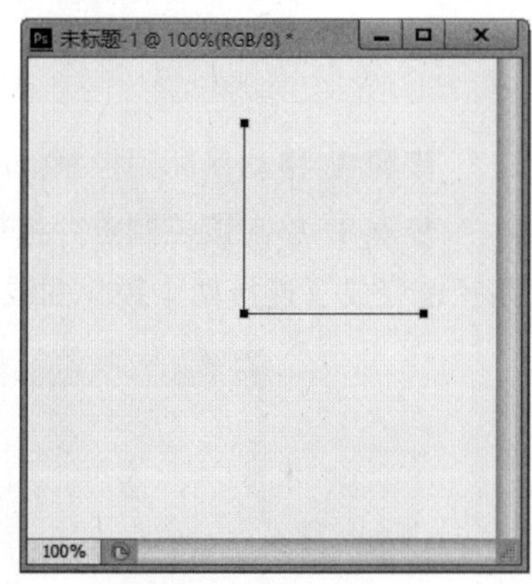

图 6-17　折线路径

注　意

利用转换点工具可以对锚点类型进行转换。在转换锚点时，先选择需要修改的路径，然后选择转换点工具，将转换点工具放置在锚点或控制点上，可以对锚点进行相应的类型转换。

子任务 3　认识路径调板

上一个任务中通过执行【窗口】→【路径】命令，打开了路径调板。路径调板列出了每个已存储的路径、工作路径和矢量蒙版路径的名称和缩览图，如图 6-18 所示。

单击路径调板右上角的按钮，可以打开路径调板快捷菜单，如图 6-19 所示。

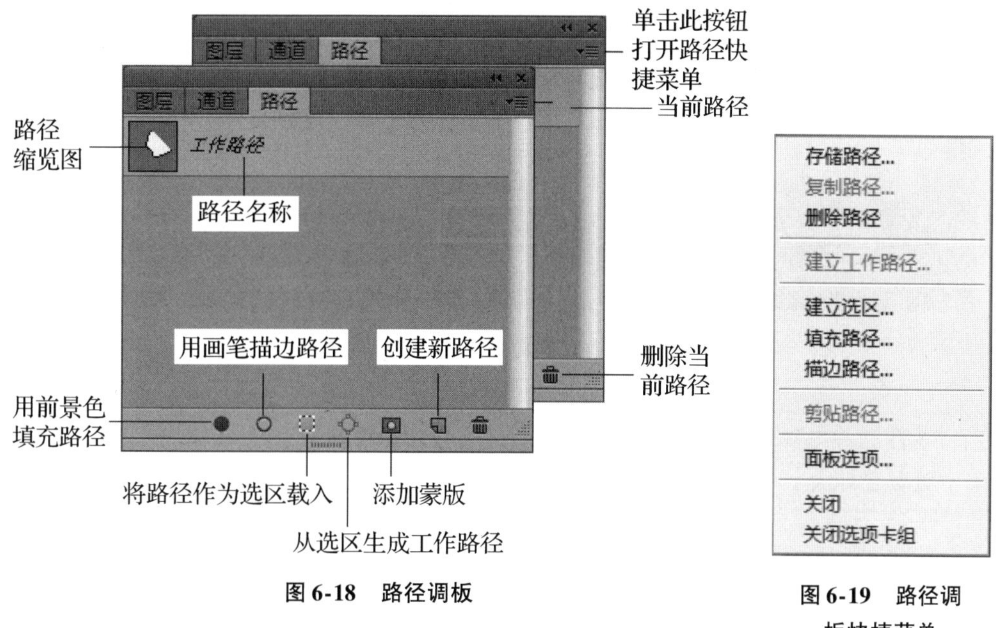

图 6-18　路径调板

图 6-19　路径调板快捷菜单

信息卡

路径层：路径调板中的一行代表一个路径层。

工作路径：出现在路径调板中的临时路径。为了便于以后使用路径，必须存储工作路径。

当前路径：当前可编辑的路径，在路径调板中以蓝色背景显示。当前路径只能有一个，切换路径时只需在路径调板中使用鼠标单击路径缩览图或路径名称即可。

在使用路径的过程中，经常用到路径调板。路径调板的使用方法将在以后的内容中详细介绍。

子任务 4　使用路径工具

路径工具包括钢笔工具、自由钢笔工具、磁性钢笔工具、添加锚点工具、删除锚点工具和转换点工具。前面的子任务 1 和子任务 2 中已经使用了钢笔工具和转换点工具，本任务结合自由钢笔工具、转换点工具、添加锚点工具和删除锚点工具，绘制一个曲线路径。

步骤:

步骤 1　执行【文件】→【新建】命令，新建一个大小为 300 × 300 像素、颜色模式为 RGB、背景为白色、分辨率为 72 像素/英寸的文件。

步骤 2　选择工具箱中的自由钢笔工具，在其工具属性栏中设置工具模式为“路径”，设置曲线拟合为 2 像素，如图 6-20 所示。

图 6-20　自由钢笔工具属性栏

> “曲线拟合”参数用于控制最终路径对鼠标移动的灵敏度，它的取值范围在 0.5 ~ 10 之间，该数值越大，锚点个数越少，曲线就越简单。
>
> 注　意

步骤 3 拖动鼠标绘制一个曲线路径，如图 6-21 所示。

| 信息卡 |

> 自由钢笔工具可以自由地绘制线条或曲线，它将以一种自由手绘的方式在图像中创建路径，就像套索工具一样。在绘图时将自动添加锚点，无须确定锚点的位置。

步骤 4 选择工具箱中的删除锚点工具，在路径上单击可以显示所有锚点。把鼠标移动到一个锚点上，鼠标指针将变成如图 6-22 所示的形状。

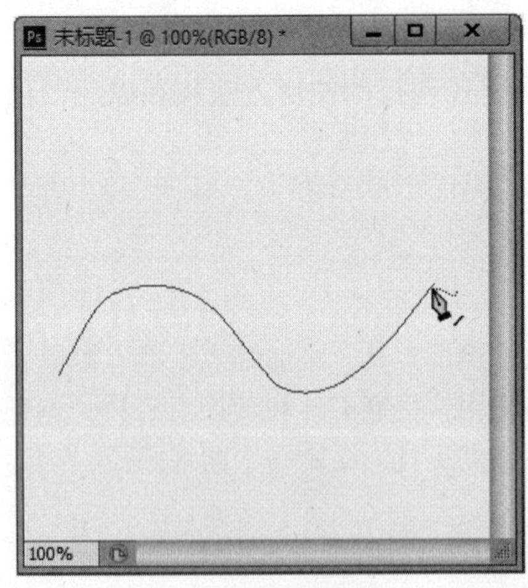

图 6-21　曲线路径

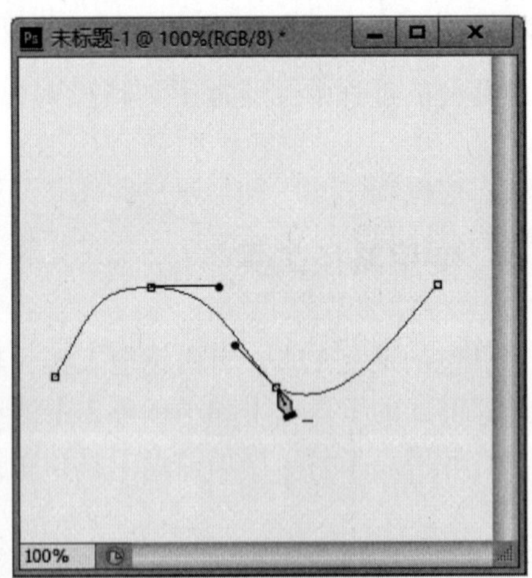

图 6-22　显示锚点

步骤 5 单击鼠标，即可删除该锚点，如图 6-23 所示。

步骤 6 使用“删除锚点工具”继续删除除起点和终点以外的所有锚点，如图 6-24 所示。

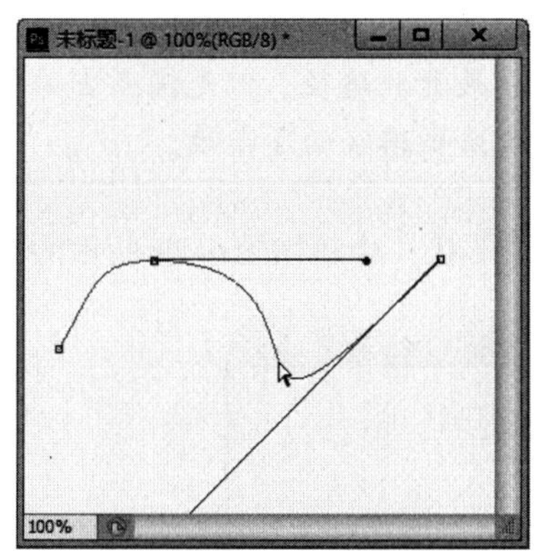

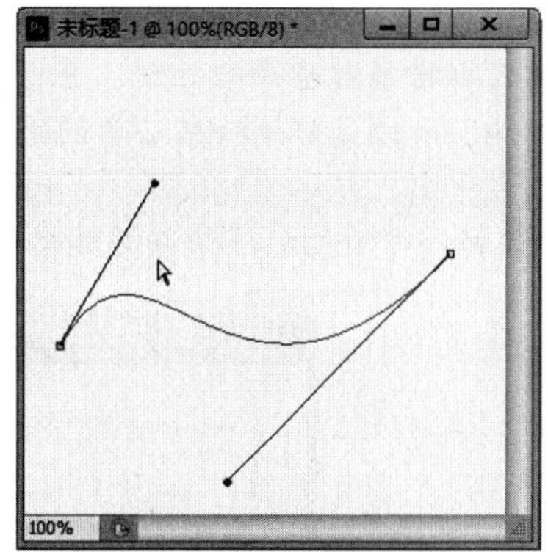

图 6-23　删除锚点 a　　　　**图 6-24　删除锚点 b**

步骤 7 选择工具箱中的转换点工具，在起点和终点上单击，把它们转换为直线锚点，同时路径也变为直线路径，如图 6-25 所示。

步骤 8 选择工具箱中的添加锚点工具，把鼠标移动到路径上，鼠标指针将变成如图 6-26 所示的形状。

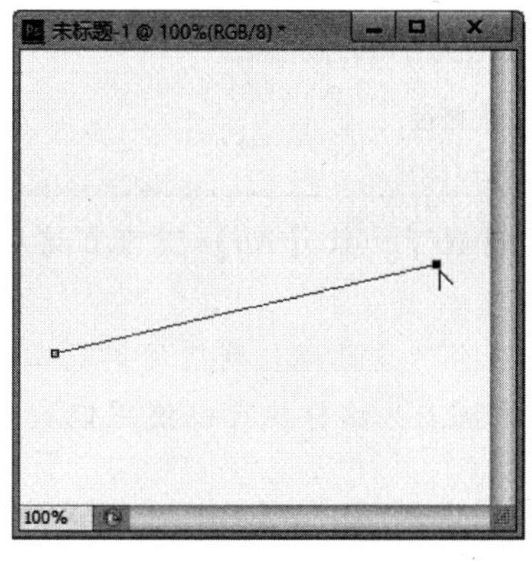

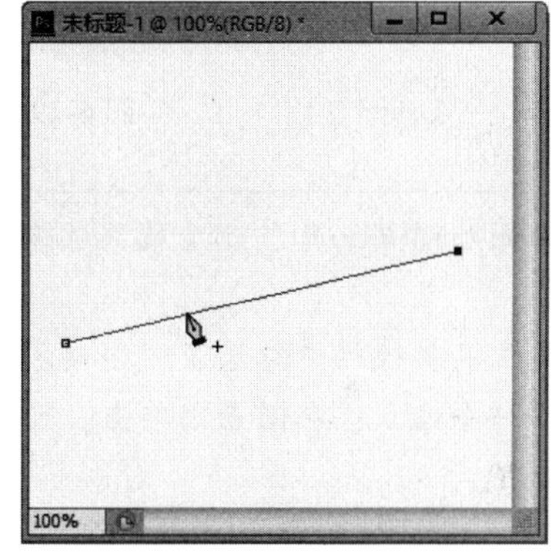

图 6-25　直线路径　　　　**图 6-26　添加锚点 1**

步骤 9 单击鼠标，即可添加一个锚点，如图 6-27 所示。

步骤 10 选择工具箱中的转换点工具，利用该工具调整路径形状，如图 6-28 所示。

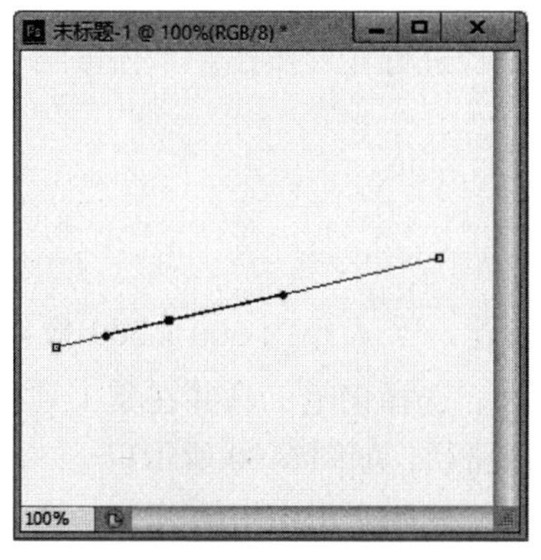

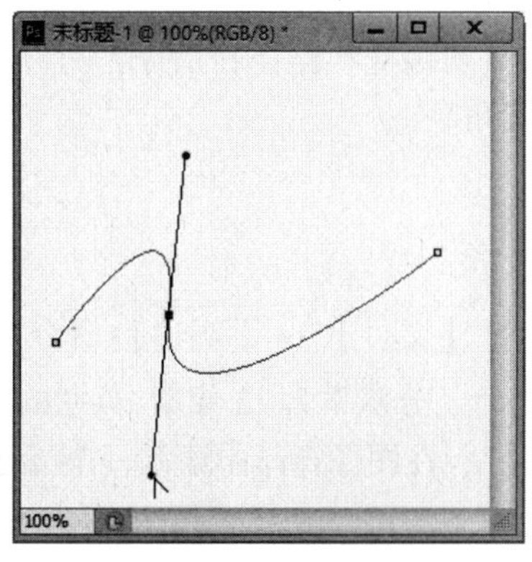

图 6-27　添加锚点 2　　　　**图 6-28　调整路径形状**

添加锚点可以增强对路径的控制，也可以扩展开放路径，但是锚点少的路径更易于编辑、显示和打印，所以最好删除不必要的锚点来降低路径的复杂性。

注 意

步骤 11 在路径上再添加一个锚点并调整路径形状，绘制如图 6-29 所示的曲线路径。

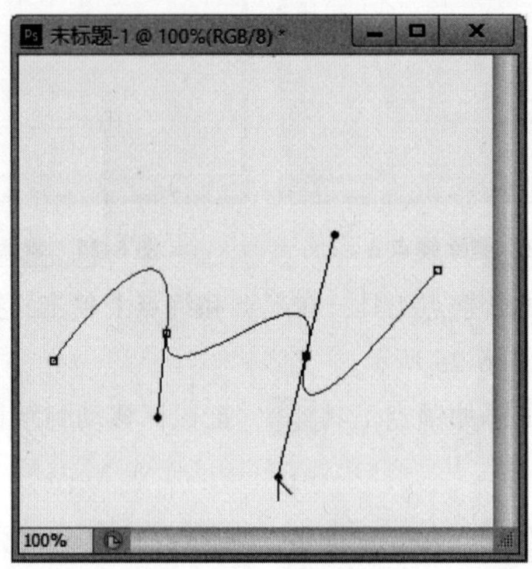

图 6-29 曲线路径

若在选择添加锚点工具或删除锚点工具的情况下，按【Alt】键可在这两个工具之间切换。

若在钢笔工具属性栏中勾选了“自动添加删除”复选框，则使用钢笔工具在路径上单击，可以添加一个锚点；在锚点上单击，可删除锚点。这样就可以使用钢笔工具快速地添加和删除锚点了。

注 意

子任务 5 调整路径形状

利用转换点工具、路径选择工具和直接选择工具可以调整路径的形状；执行【编辑】→【变换路径】和【自由变换路径】命令，可以对路径进行变形操作。本任务结合以上工具和命令绘制一个“五角星”。

步骤：

步骤 1 执行【文件】→【新建】命令，新建一个大小为 300 × 300 像素、颜色模式为 RGB、背景为白色、分辨率为 72 像素/英寸的文件。选择钢笔工具并在其工具属性栏中设置工具模式为“路径”，在图像窗口中绘制一个五边形路径，如图 6-30 所示。

步骤 2 选择工具箱中的添加锚点工具，在五边形的每个边上添加一个锚点，这时添加的锚点是平滑点，如图 6-31 所示。

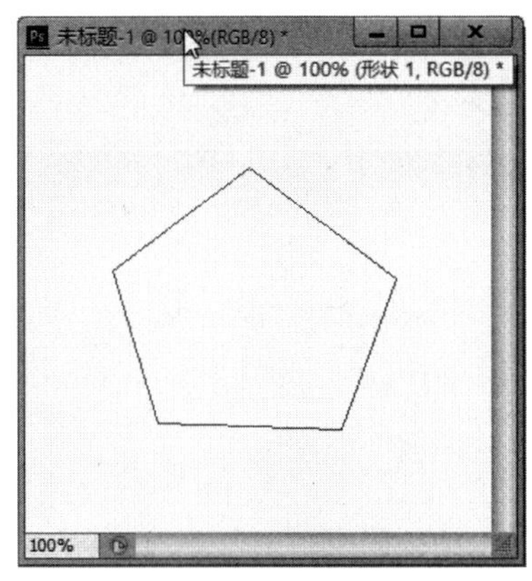

图 6-30　五边形路径

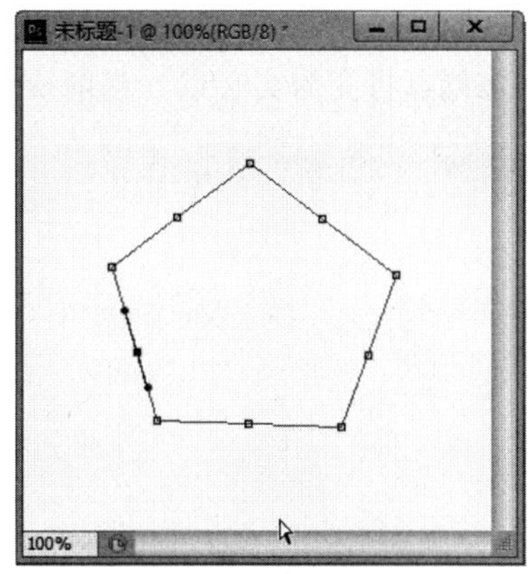

图 6-31　添加锚点

步骤 3 选择工具箱中的转换点工具，把添加的五个锚点转换为直线锚点，如图 6-32 所示。

步骤 4 选择工具箱中的路径选择工具，在路径上单击选择路径，拖动鼠标把路径移动到窗口的中央，如图 6-33 所示。

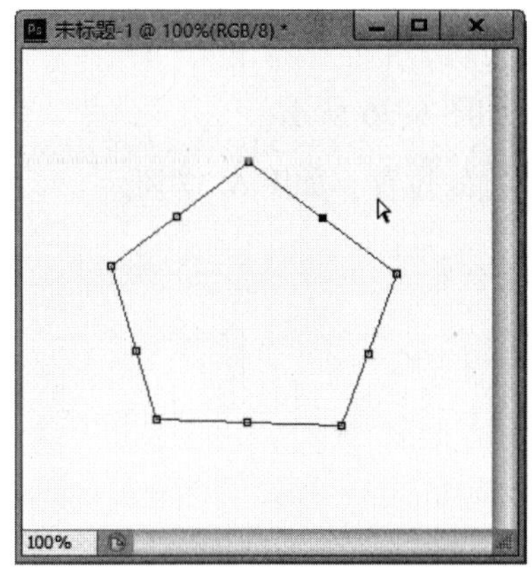

图 6-32　转换锚点类型

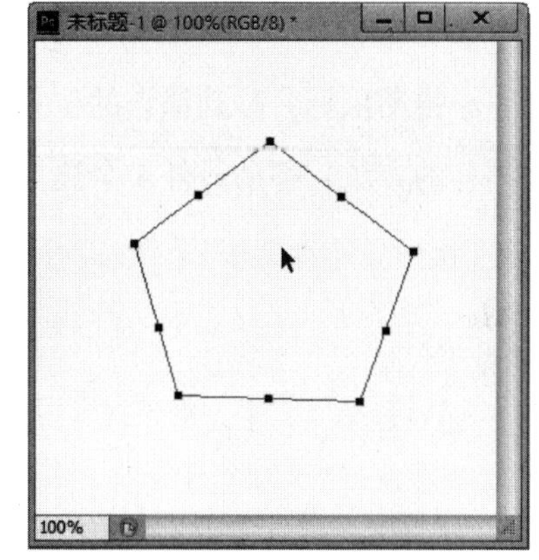

图 6-33　移动路径

信息卡

路径选择工具用于选择单条路径，按住【Shift】键或利用选择框可以同时选择多条路径。利用路径选择工具选择一条路径，拖动鼠标，即可在不改变路径形状和大小的情况下整体移动路径。

步骤 5 在路径外单击鼠标隐藏所有锚点，如图 6-34 所示。

信息卡

利用路径选择工具选择路径将显示路径上的锚点，在路径外单击任一点，即可隐藏路径上的锚点。

步骤 6 选择工具箱中的直接选择工具，移动鼠标到如图 6-35 所示的锚点上单击，选择该锚点。这时该锚点将变为实心点（当前锚点）。

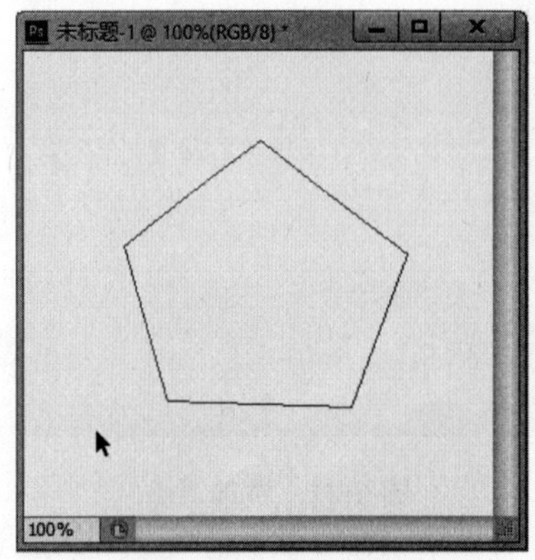

图 6-34 隐藏锚点

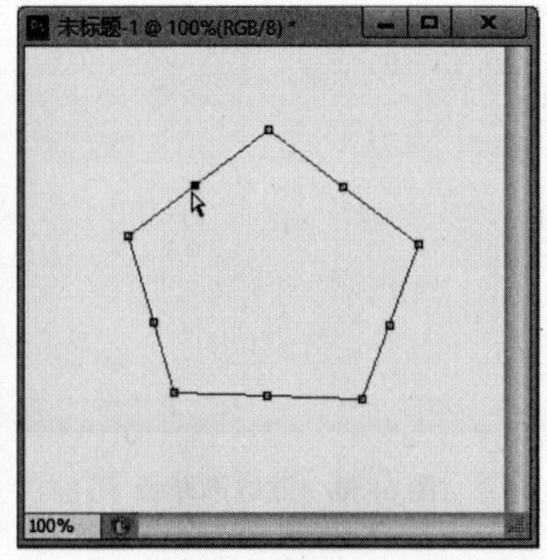

图 6-35 选择锚点

| 信息卡 |

使用直接选择工具单击一个锚点可以选择此锚点，选中的锚点显示为实心点，而未选中的锚点则显示为空心点。如果选择多个锚点，可以按住【Shift】键单击其他锚点。

步骤 7 向中心拖动鼠标，移动锚点的位置，如图 6-36 所示。

步骤 8 用同样的方法，移动另外 4 个边上锚点的位置，如图 6-37 所示。

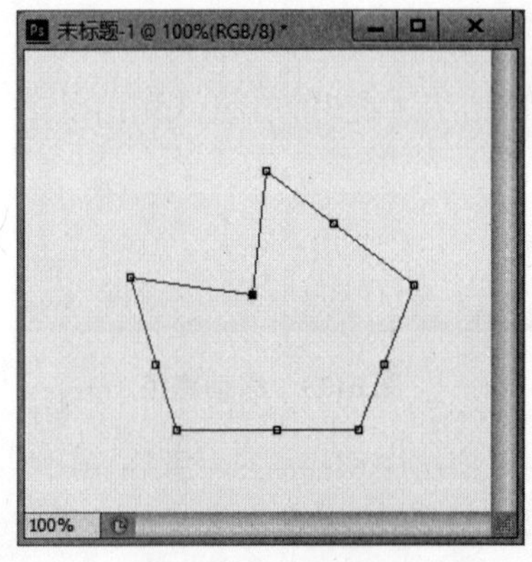

图 6-36 移动锚点

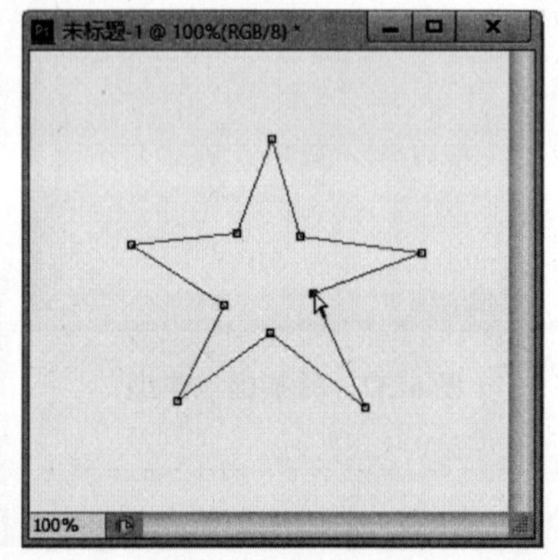

图 6-37 移动锚点

步骤 9 利用直接选择工具继续对路径进行调整，效果如图 6-38 所示。

| 信息卡 |

利用直接选择工具可以调整路径的形状，方法如下：

1）用鼠标拖动选中的平滑点（角点）或控制点，可改变路径的曲线形状。

2）用鼠标拖动选中的直线锚点，可改变路径的直线形状。

3）按住【Shift】键拖动鼠标，可以在 45°整数倍方向上移动控制点或锚点。

步骤 10 选择工具箱中的直接选择工具，按住【Alt】键单击路径可以选择整条路径，如图 6-39 所示。

图 6-38 调整路径形状

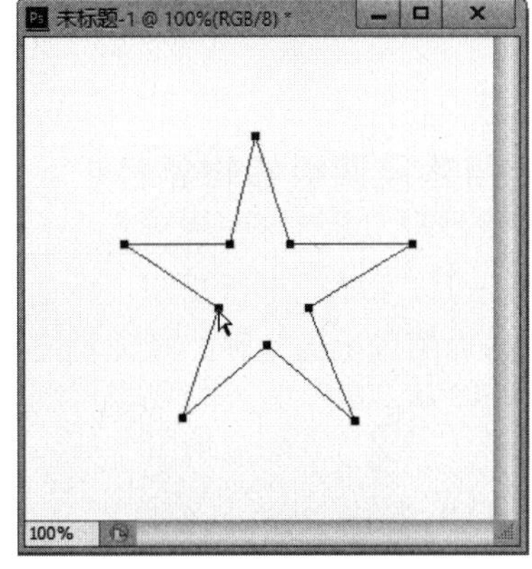

图 6-39 选择路径

步骤 11 执行【编辑】→【自由变换路径】命令，这时路径将处于被编辑状态，该路径被一个矩形包围，在矩形的 4 个顶点和 4 条边上各有一个正方形框（句柄），如图 6-40 所示。此时能对其进行任意倍数的缩小和放大、任意角度的旋转和任意角度的翻转等操作。

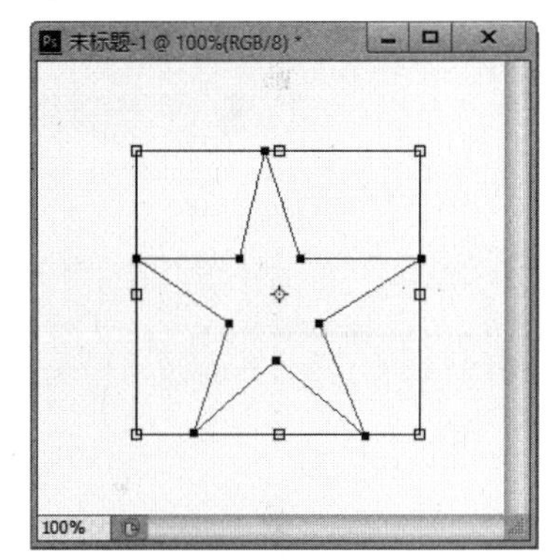

图 6-40 自由变换路径

步骤 12 旋转路径，如图 6-41 所示。

步骤 13 按【Enter】键结束变换，效果如图 6-42 所示。

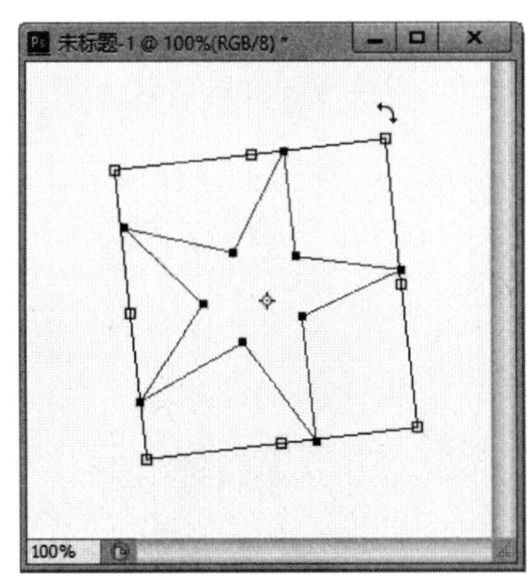

图 6-41 旋转路径

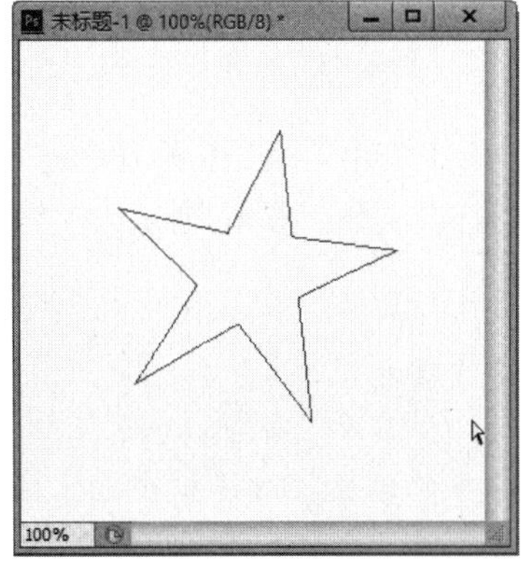

图 6-42 旋转后的路径

> 执行【编辑】→【变换路径】菜单下的各种命令，也可以对当前路径进行旋转、缩放等变换操作。
>
> 注 意

任务二　编辑路径

子任务 1　使用路径调板编辑路径

利用路径调板可以对路径进行复制、显示与隐藏路径、存储路径和删除路径等操作。本任务结合路径调板，介绍以上的几种路径编辑操作。

步骤：

步骤 1 执行【文件】→【新建】命令，新建一个大小为 300 × 300 像素、颜色模式为 RGB、背景为白色、分辨率为 72 像素/英寸的文件。选择工具箱中的钢笔工具，绘制一条三角形的路径，如图 6-43 所示，路径调板如图 6-44 所示。

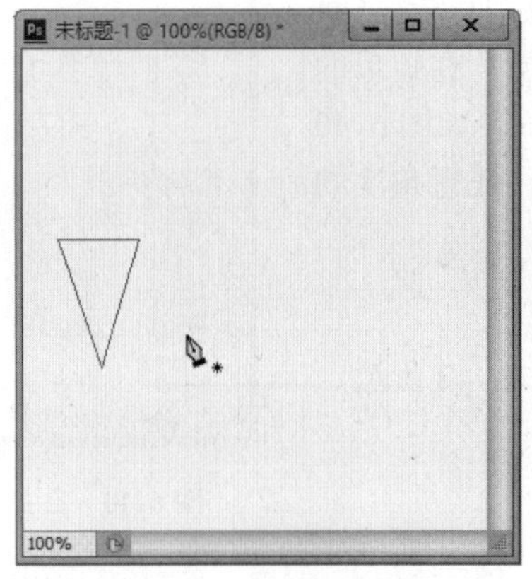

图 6-43　三角形路径

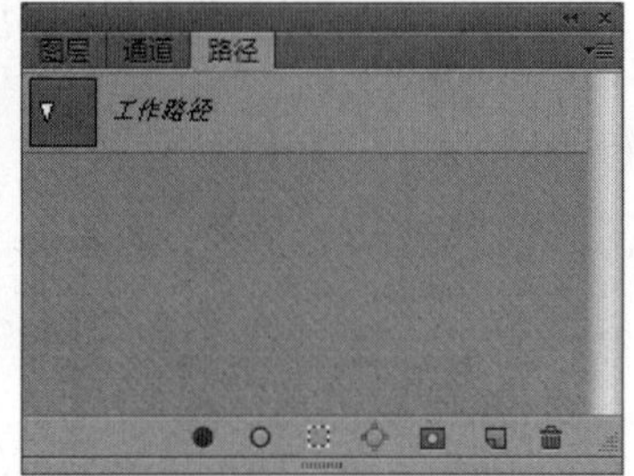

图 6-44　路径调板

步骤 2 把“工作路径”路径层拖动到“创建新路径”按钮上，存储工作路径，路径名为“路径 1”，这时路径调板如图 6-45 所示。

信息卡

保存工作路径时，可以从路径调板中拖动工作路径到路径调板底部的“创建新路径”按钮上，可以直接存储工作路径；也可以执行路径调板快捷菜单中的【存储路径】命令，然后在弹出的“存储路径”对话框中输入新的路径名，再单击“确定”按钮，存储并重命名路径。

步骤 3 把“路径 1”路径层拖动到“创建新路径”按钮上，复制“路径 1”，新复制出来的路径名为“路径 1 副本”，路径调板如图 6-46 所示。这时当前路径是“路径 1 副本”。

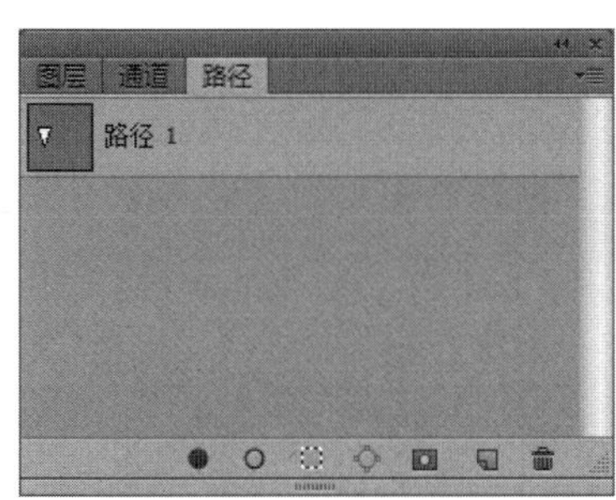

图 6-45　保存路径

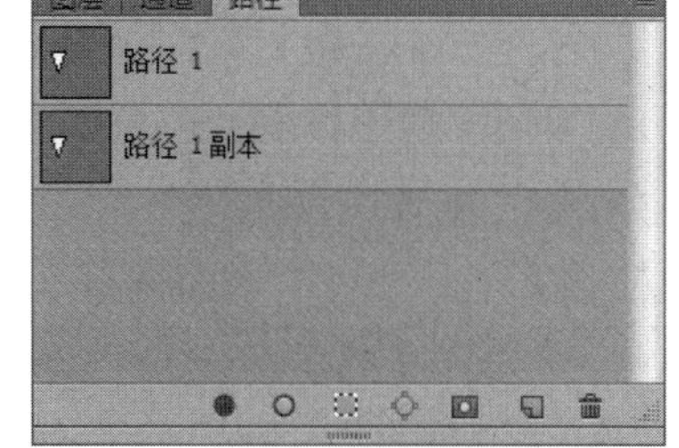

图 6-46　复制路径

信息卡

如果要复制路径层，但不重命名路径层，可将路径层拖动到“创建新路径”按钮上。

如果要复制并重命名路径层，可按住【Alt】键将路径层拖动到“创建新路径”按钮上；或者选择要复制的路径层，然后在路径调板快捷菜单中执行【复制路径】命令，在弹出的“复制路径”对话框中输入路径的新名称，并单击“确定”按钮。

步骤 4 选择工具箱中的路径选择工具，将路径移动到如图 6-47 所示的位置。

步骤 5 在路径调板中单击“路径 1”，可切换到“路径 1”，这时“路径 1 副本”被隐藏，如图 6-48 所示。

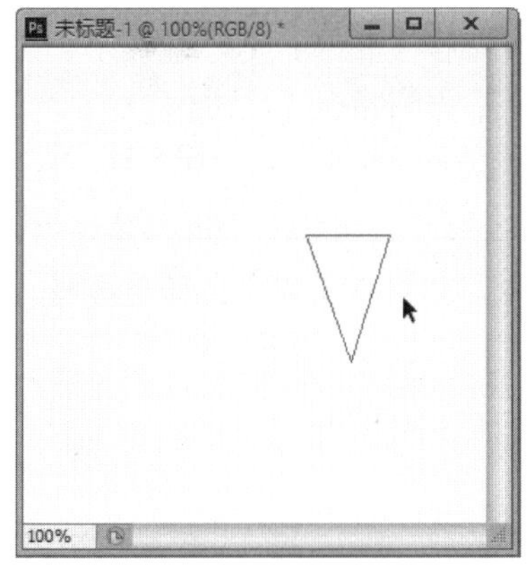

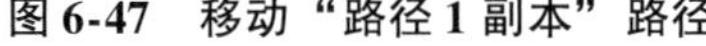

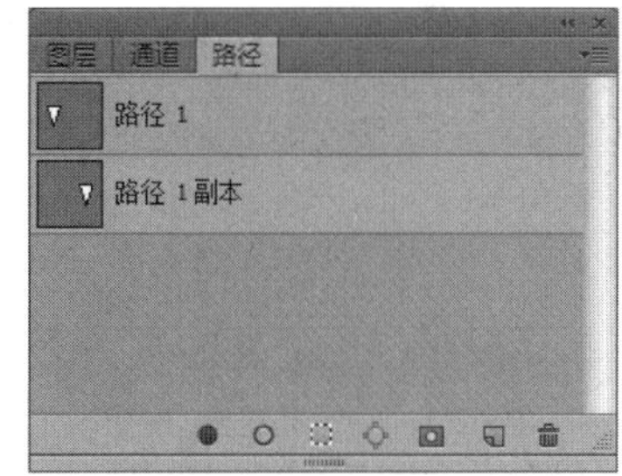

图 6-47　移动“路径 1 副本”路径　　　图 6-48　切换路径

信息卡

使用路径调板可以显示和隐藏路径，方法如下：

1）用鼠标在路径调板中的空白区域单击，可隐藏所有路径。

2）按住【Shift】键单击路径调板中的路径层可隐藏当前路径。

3）用鼠标单击路径调板中的路径层，可以显示该路径。

步骤 6 在路径调板里，把“路径 1 副本”拖动到“删除当前路径”按钮上，删除“路径 1 副本”路径层，这时路径调板里只剩下“路径 1”。

信息卡

可以通过以下方法删除路径：

1）使用直接选择工具或路径选择工具选择路径后，按【Delete】键或【Backspace】键。

2）在路径调板中选择要删除的路径层，然后将路径层拖动到“删除当前路径”按钮上。

3）在路径调板中选择要删除的路径层，然后执行路径调板快捷菜单中的【删除路径】命令。

步骤 7 选择工具箱中的路径选择工具，按住【Alt】键单击路径并拖动鼠标，可在当前路径上复制路径，如图 6-49 所示，路径调板如图 6-50 所示。

步骤 8 用同样的方法，可以多次复制路径，结果如图 6-51 所示。

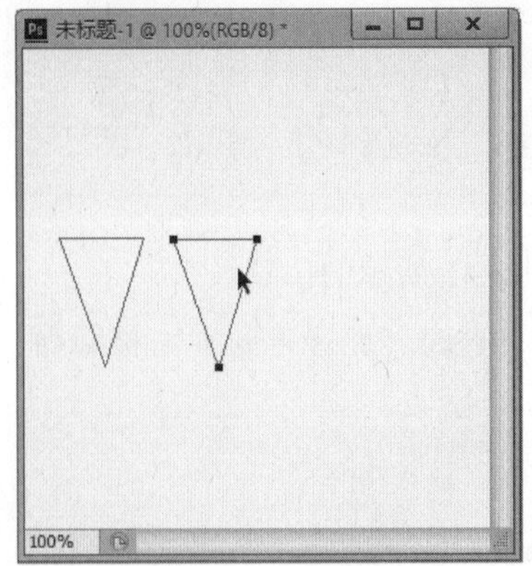

图 6-49 复制路径

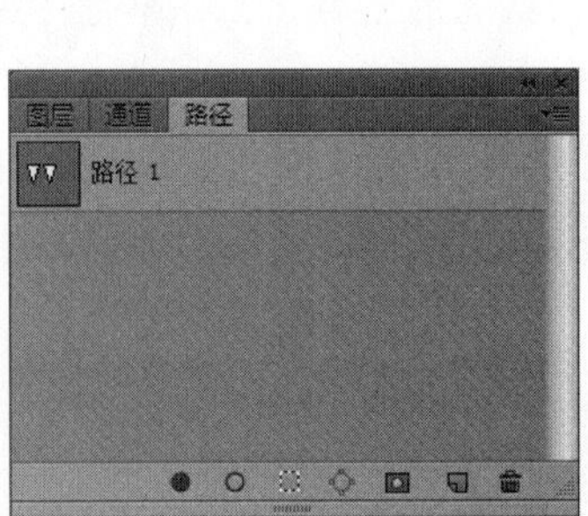

图 6-50 复制后的路径调板

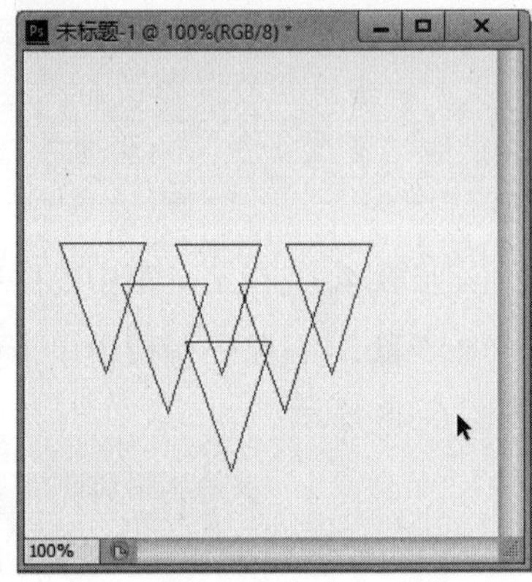

图 6-51 多次复制后的路径

选择路径并按住【Alt】键拖动鼠标，可在当前路径上复制选择的路径

子任务 2 描边路径与填充路径

使用钢笔工具绘制路径与使用画笔工具或铅笔工具绘制元素所不同的是，路径没有与它关联的像素，因此必须对它进行描边或填充，才能使它成为图像的一部分。本任务结合描边路径与填充路径，制作一个“苹果”。

步骤：

步骤 1 执行【文件】→【新建】命令，新建一个大小为 300 × 300 像素、颜色模式为 RGB、背景为白色、分辨率为 72 像素/英寸的文件。选择工具箱中的钢笔工具，绘制如图 6-52 所示的苹果形状。

步骤 2 利用钢笔工具，在苹果的上面绘制苹果的果柄，如图 6-53 所示。

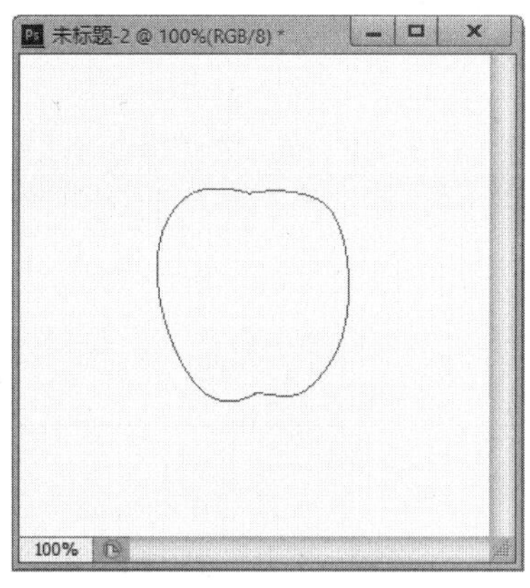

图 6-52　绘制苹果

图 6-53　绘制果柄

步骤 3 选择工具箱中的路径选择工具，选择所有路径，包括苹果的果柄，单击路径调板中的“用画笔描边路径”按钮，这时将使用画笔工具的当前设置对选择的路径进行描边，如图 6-54 所示。

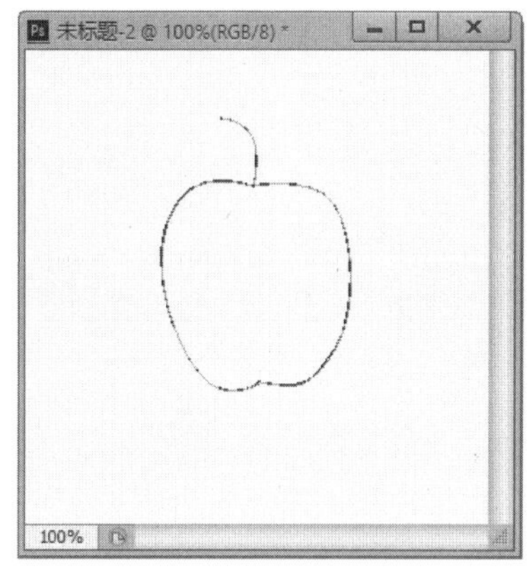

图 6-54　描边路径

信息卡

描边路径还有一个方法，在路径调板中选择路径后，执行路径调板快捷菜单中的【描边路径】命令，或者按住【Alt】键单击路径调板底部的“用画笔描边路径”按钮，可打开“描边路径”对话框，单击“确定”按钮即可使用选择的工具的当前设置对路径进行描边。

步骤 4 使用路径选择工具选择苹果果身，不选择果柄，并把前景色设置为红色，单击“用前景色填充路径”按钮，这时将使用前景色对路径进行填充，如图 6-55 所示。

信息卡

填充路径还有一个方法，在路径调板中选择路径，执行路径调板快捷菜单的【填充路径】命令，或按住【Alt】键单击路径调板底部的“用前景色填充路径”按钮，可打开“填充路径”对话框，设置好参数，单击“确定”按钮，可使用指定的颜色、模式、图案来填充路径。

步骤 5 用鼠标在路径调板中的空白区域单击，隐藏所有路径，效果如图 6-56 所示。这时路径调板和图层调板如图 6-57 和图 6-58 所示。

图 6-55　填充路径

图 6-56　隐藏路径

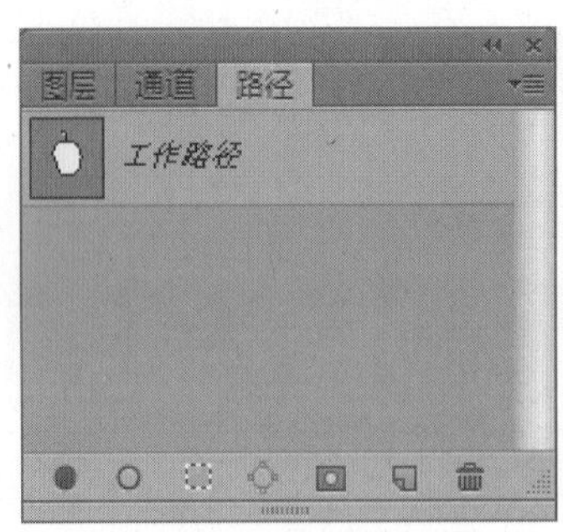

图 6-57　路径调板

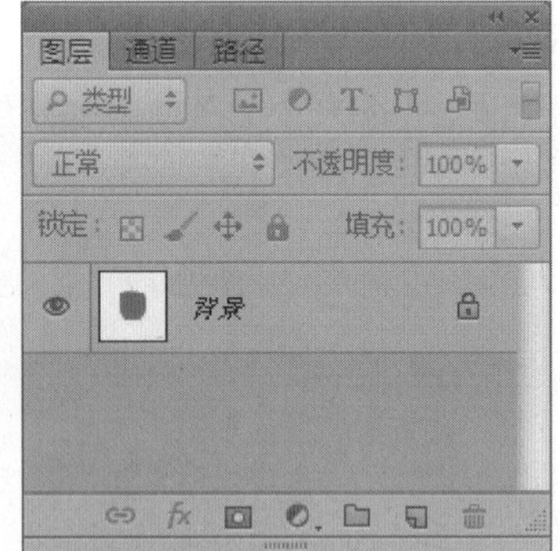

图 6-58　图层调板

子任务 3　将路径转换为选区

在进行具体的图像处理工作时，经常需要在路径和选区之间相互转换。Photoshop 允许把任何闭合的路径轮廓转换成选区，如果当前路径是开放的路径，则转换的选区将是路径起点与终点连接后形成的封闭区域。本任务结合磁性钢笔工具和路径转换为选区命令，制作一只“飞翔的鹰”。

步骤 1 执行【文件】→【打开】命令，打开素材文件“鹰 . jpg”，如图 6-59 所示。

图 6-59　鹰 . jpg

步骤 2 选择工具箱中的自由钢笔工具，在其工具属性栏中勾选“磁性的”复选框，并设置相应的参数，如图 6-60 所示。

图 6-60　自由钢笔工具属性栏

信息卡

使用磁性钢笔工具可以绘制与图像中定义区域的边缘对齐的路径。它的磁性特点与磁性套索工具基本一样。使用磁性钢笔工具绘图时，系统会自动将鼠标指针移动的路径定位在图像的边缘上。要使用磁性钢笔工具，首先选择自由钢笔工具，然后在其工具属性栏中勾选“磁性的”复选框即可。

步骤 3 在如图 6-61 所示的位置上单击，建立起始锚点。

步骤 4 继续沿图像中鹰的轮廓绘制路径，绘制出它的轮廓线的路径，如图 6-62 所示。

图 6-61　建立起点

图 6-62　绘制后的路径

步骤 5 在路径调板中单击“将路径作为选区载入”按钮，将路径转换为选区，如图 6-63 所示。执行【编辑】→【拷贝】命令将选区复制。

图 6-63　路径转换为选区

【信息卡】

要把路径转换为选区，可以使用以下两种方法来进行操作：

1）在路径调板中选择路径后，单击调板底部的“将路径作为选区载入”按钮，或者按住【Ctrl】键单击路径调板的路径缩览图，可以将路径转换为选区。

2）在路径调板中选择路径后，按住【Alt】键单击调板底部的“将路径作为选区载入”按钮，或者执行路径调板快捷菜单中的【建立选区】命令，可打开“建立选区”对话框，设置好参数后单击“确定”按钮，也可以将路径转换为选区。

步骤6 执行【文件】→【打开】命令，打开素材文件“风景.jpg”，如图6-64所示。

图6-64 风景.jpg

步骤7 执行【编辑】→【粘贴】命令，将复制的选区粘贴到“风景.jpg”文件中，选择工具箱中的移动工具，把“鹰.jpg”移动到合适的位置上，最终效果如图6-65所示。

图6-65 粘贴选区

子任务4 将选区转换为路径

有时候，从选区创建路径可能比直接使用钢笔工具创建路径方便，Photoshop允许把任何选区转换为路径，在转换时，将消除选区上应用的所有羽化效果。本任务结合矩形选择工具、椭圆选择工具和选区转换为路径命令，制作一个路径。

步骤：

步骤1 执行【文件】→【新建】命令，新建一个大小为300×300像素、颜色模式为RGB、背景为白色、分辨率为72像素/英寸的文件。选择工具箱中的矩形选择工具，单击其工具属性栏中的“添加到选区”按钮，绘制如图6-66所示的矩形选区。

步骤 2 利用矩形选择工具继续绘制选区，如图 6-67 所示。

图 6-66　绘制矩形选区

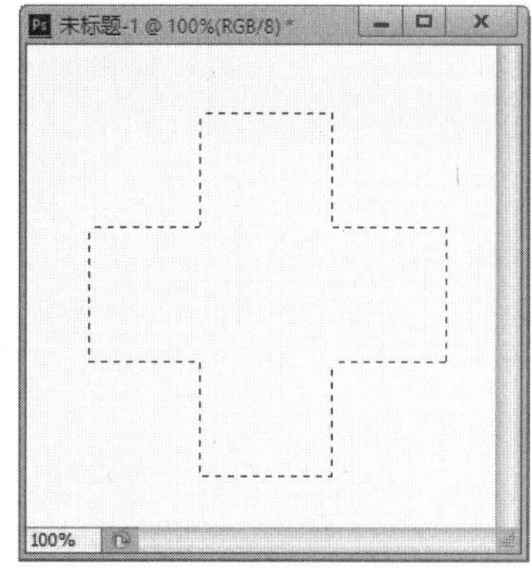

图 6-67　绘制十字形选区

步骤 3 选择工具箱中的椭圆选择工具，绘制如图 6-68 所示的选区。

步骤 4 执行【窗口】→【路径】命令，打开路径调板，单击“从选区生成工作路径”按钮，把选区转换为路径，如图 6-69 所示。

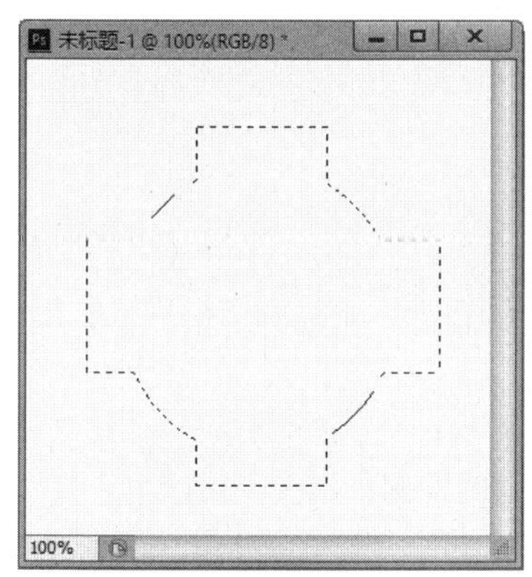

图 6-68　绘制椭圆形选区

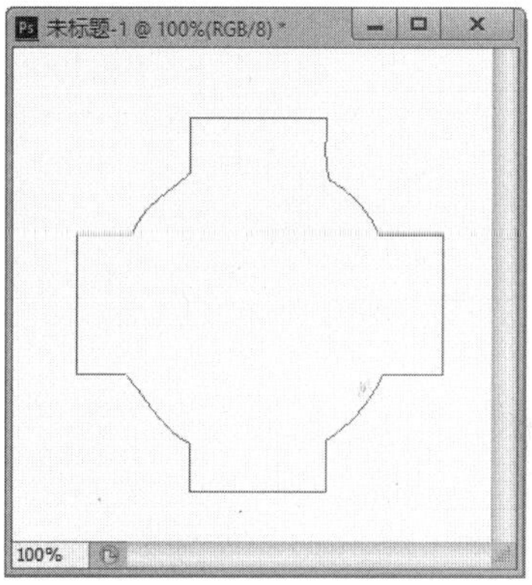

图 6-69　选区转换为路径

步骤 5 选择工具箱中的路径选择工具，选择路径，显示路径上的所有锚点，如图 6-70 所示，路径调板如图 6-71 所示。

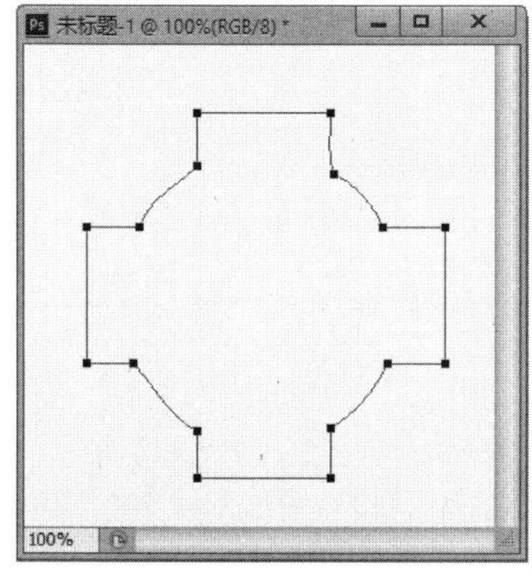

图 6-70　选择路径

图 6-71　路径调板

【信息卡】

可以使用两种方法将选区转换为路径：

1）创建选区后，单击路径调板底部的“从选区生成工作路径”按钮，可以使用默认的容差设置将选区转换为路径。

2）创建选区后，按住【Alt】键单击路径调板底部的“从选区生成工作路径”按钮，或者执行路径调板快捷菜单中的【建立工作路径】命令，可以打开“建立工作路径”对话框。在该对话框中设置“容差”值，范围在 0.5～10 像素之间，容差值越高，用于绘制路径的锚点越少，路径越平滑。设置好“容差”值后，单击“确定”按钮，可以按照指定的方式将选区转换为路径。

任务三　认识形状工具

利用 Photoshop 的形状工具可以绘制简单的几何形状，这些形状工具在同一组中，包括直线工具、矩形工具、圆角矩形工具、椭圆工具、多边形工具和自定形状工具。

子任务 1　使用矩形工具

使用矩形工具可以绘制矩形和正方形。本任务结合矩形工具和图层样式，制作“矩形按钮”。

步骤：

步骤 1 执行【文件】→【新建】命令，新建一个大小为 400 × 400 像素、颜色模式为 RGB、背景为白色、分辨率为 72 像素/英寸的文件。

步骤 2 选择工具箱中的矩形工具，在其工具属性栏中设置工具模式为“形状”，并设置“填充”和“描边”，如图 6-72 所示。

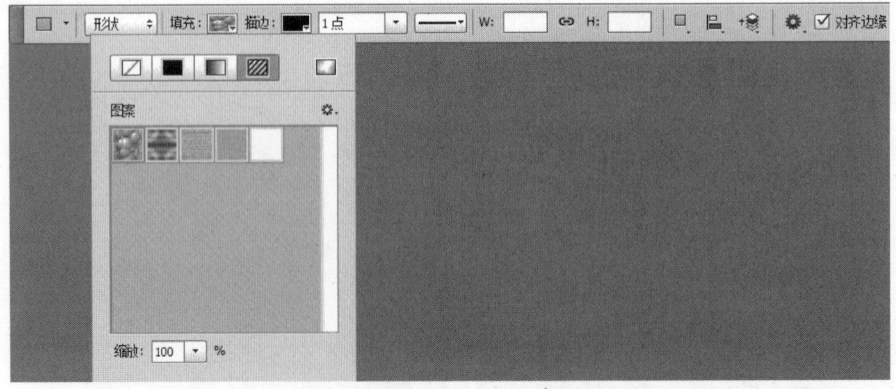

图 6-72　矩形工具属性栏

信息卡

在“形状”工具模式下可创建形状图层。在其工具属性栏中与填充和描边相关的参数有以下几个。

设置形状填充类型 填充: ：设置形状填充的样式。

设置形状描边类型 描边: ：设置形状描边的样式。

设置形状描边宽度 0点 ：设置形状描边的宽度。

描边选项 ：设置描边的线条样式。

形状的编辑方法与路径的编辑方法完全相同，可增加和删除形状的锚点，移动锚点位置，也可以对形状进行缩放、旋转、翻转、斜切、扭曲、透视、变形等操作。

步骤 3 拖动鼠标绘制矩形，如图 6-73 所示。

步骤 4 执行【窗口】→【路径】和【图层】命令，打开图层调板和路径调板，如图 6-74 和 6-75 所示。这时在图层调板中出现“矩形 1”图层，在路径调板中出现“矩形 1 形状路径”路径层。

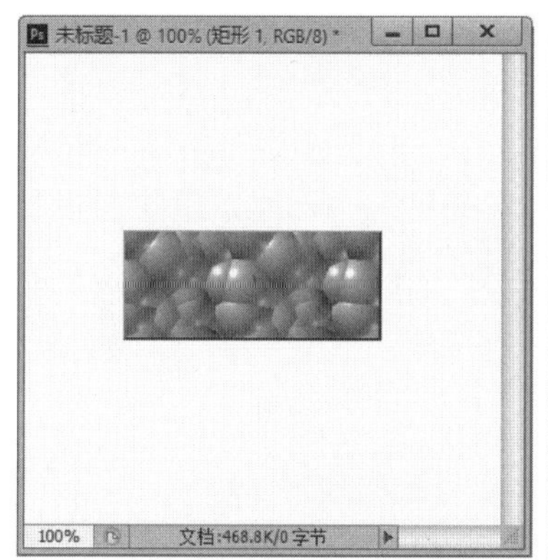

图 6-73　绘制矩形

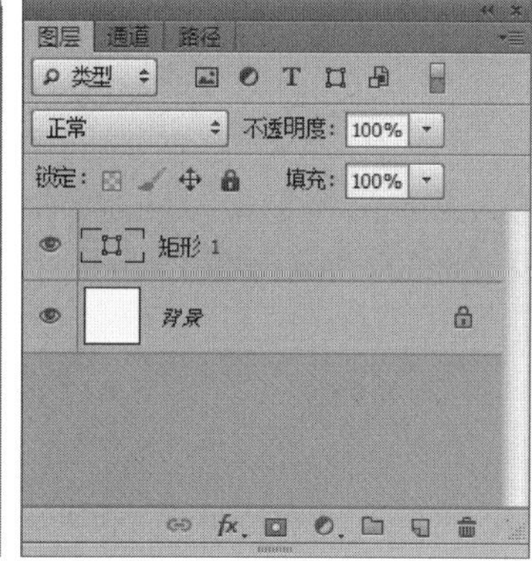

图 6-74　图层调板

图 6-75　路径调板

信息卡

选择矩形工具，按住【Shift】键拖动鼠标，可以绘制正方形；按住【Alt】键可以从单击点为中心向外绘制矩形；按住【Shift + Alt】组合键可以从单击点为中心向外绘制正方形。

子任务 2　使用圆角矩形工具

使用圆角矩形工具可以绘制圆角矩形，与绘制矩形的方法相同。本任务结合圆角矩形工具和【渐变】命令制作“圆角矩形按钮”。

步骤:

步骤 1 执行【文件】→【新建】命令，新建一个大小为 400 × 400 像素、颜色模式为 RGB、背景为白色、分辨率为 72 像素/英寸的文件。

步骤 2 选择工具箱中的圆角矩形工具，在其工具属性栏中设置工具模式为“形状”，“半径”为 20 像素，如图 6-76 所示。“半径”用来设置圆角矩形的圆角半径，此值越大，圆角越大。

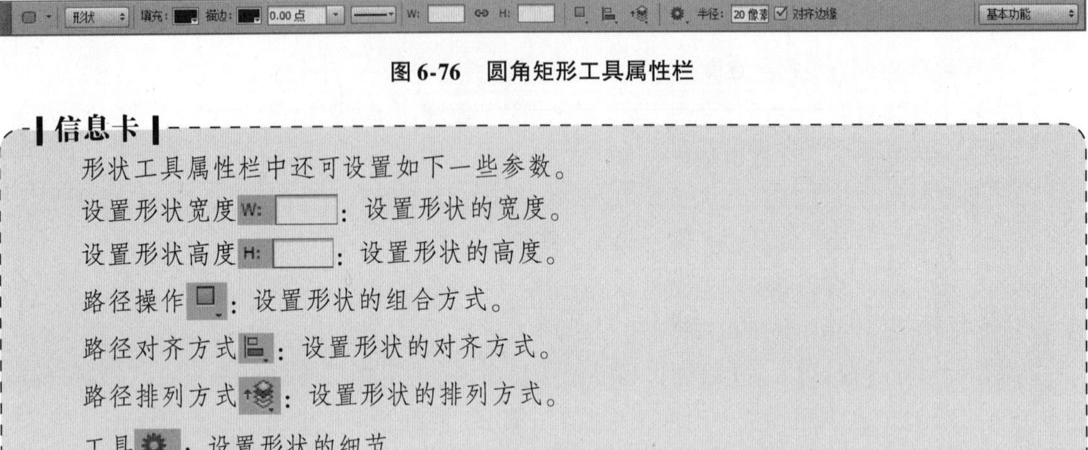

图 6-76　圆角矩形工具属性栏

信息卡

形状工具属性栏中还可设置如下一些参数。

设置形状宽度 W:：设置形状的宽度。

设置形状高度 H:：设置形状的高度。

路径操作：设置形状的组合方式。

路径对齐方式：设置形状的对齐方式。

路径排列方式：设置形状的排列方式。

工具：设置形状的细节。

对齐边缘 对齐边缘：勾选后使形状的边缘对齐。

步骤 3 拖动鼠标绘制圆角矩形，如图 6-77 所示。

步骤 4 单击工具属性栏中的“设置形状填充类型”按钮，在弹出的“填充”下拉面板中选择填充样式为“渐变”，并执行【图层】→【图层内容选项】命令，打开“渐变填充”对话框，设置如图 6-78 所示的渐变。

图 6-77　绘制圆角矩形

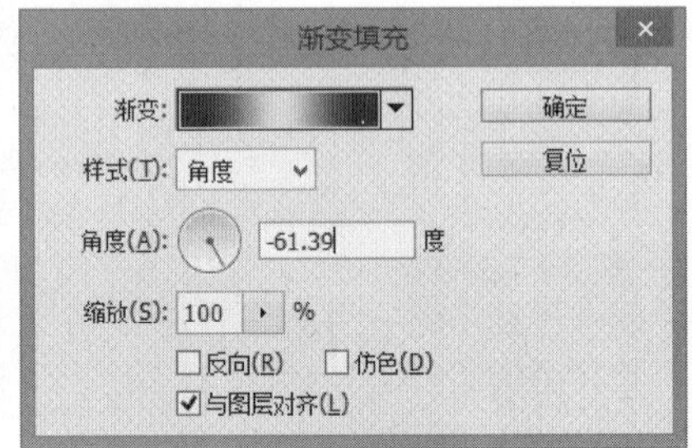

图 6-78　“渐变填充”对话框

步骤 5 单击“确定”按钮，结果如图 6-79 所示。

步骤 6 执行【图层】→【图层样式】→【内阴影】命令，弹出“图层样式”对话框，设置如图 6-80 所示。

步骤 7 单击“确定”按钮，结果如图 6-81 所示。

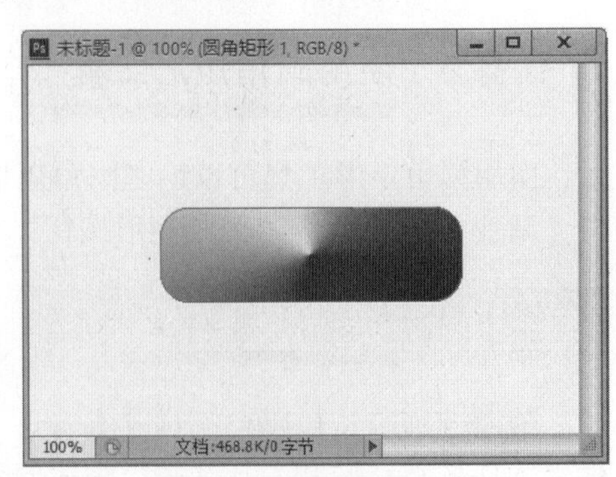

图 6-79　渐变填充

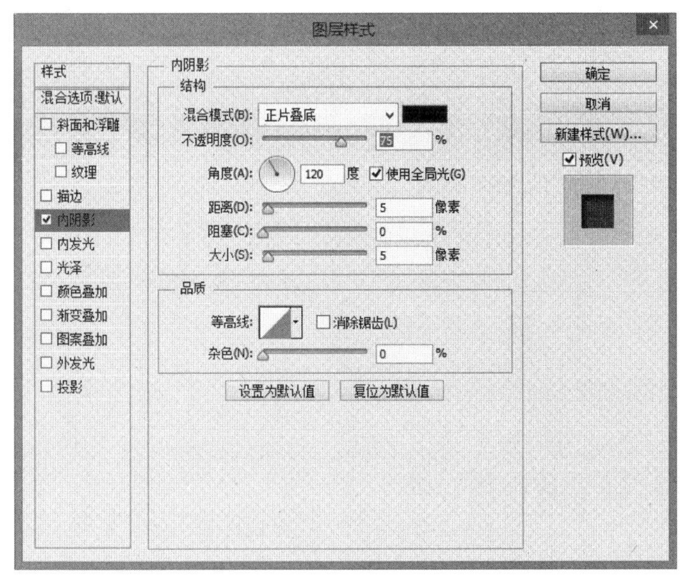

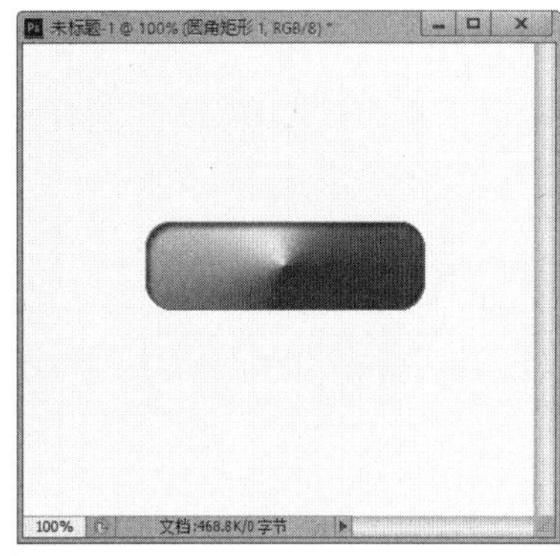

图 6-80　“图层样式”对话框

图 6-81　圆角矩形按钮

信息卡

执行【图层】→【图层内容选项】菜单里的相关命令，可以更改图层的内容。

执行【图层】→【图层样式】菜单里的相关命令，可以为形状图层增加多种样式。

步骤 8 执行【窗口】→【路径】命令和【图层】命令，打开路径调板和图层调板，如图 6-82 和图 6-83 所示。

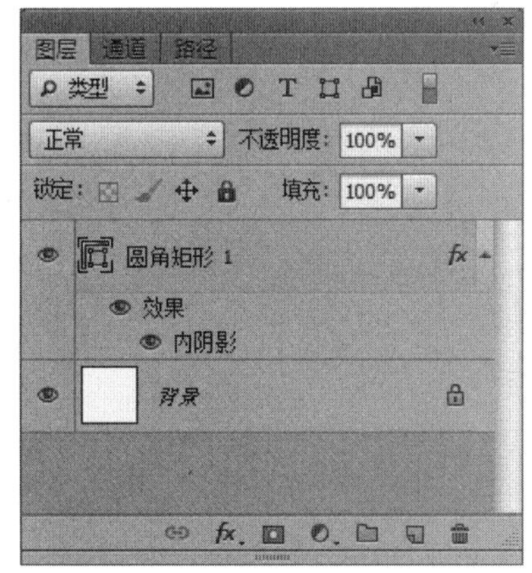

图 6-82　路径调板

图 6-83　图层调板

子任务 3　使用椭圆工具

使用椭圆工具可以绘制椭圆和圆形，绘制方法与绘制矩形一样，按住【Shift】键可绘制圆形。本任务结合椭圆工具和图层样式制作“纽扣”。

步骤:

步骤 1 执行【文件】→【新建】命令，新建一个大小为 400×400 像素、颜色模式为 RGB、背景为白色、分辨率为 72 像素/英寸的文件。

步骤 2 选择工具箱中的椭圆工具，设置其工具属性栏中参数如图 6-84 所示。

图 6-84　椭圆工具属性栏

步骤 3 拖动鼠标绘制一个圆，如图 6-85 所示。

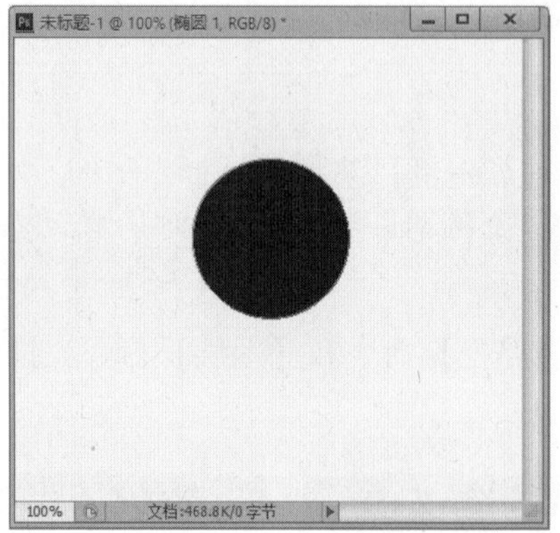

图 6-85　绘制圆

步骤 4 单击工具属性栏中的“设置形状填充类型”按钮，在弹出的“填充”下拉面板中选择填充样式为“图案”，在下面的图案列表中选择“微粒”，如图 6-86 所示。填充效果如图 6-87 所示。

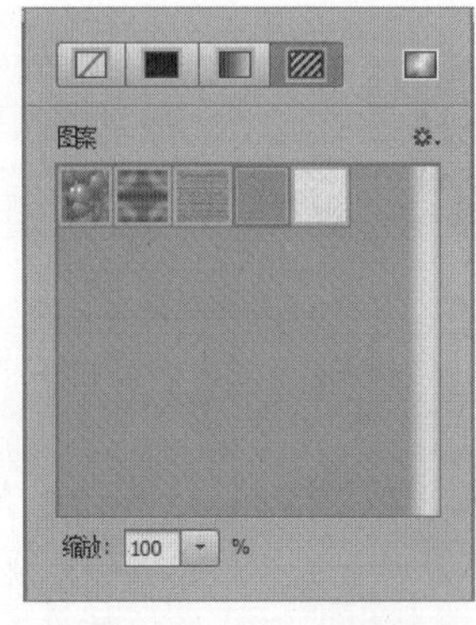

图 6-86　填充调板

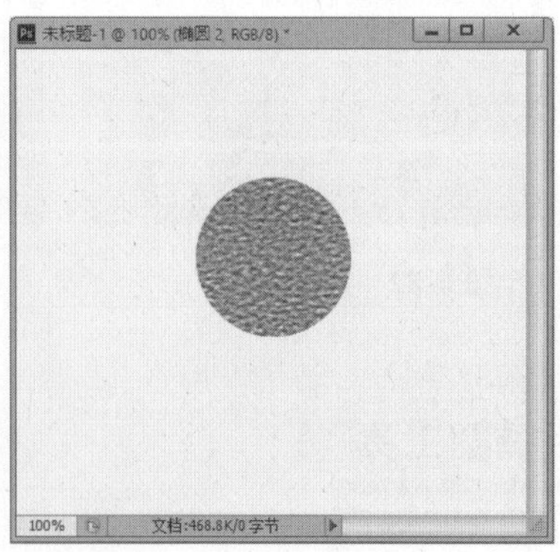

图 6-87　添加填充样式

步骤 5 利用椭圆工具在纽扣上面绘制一个小圆，并在工具属性栏中选择填充样式为“纯色”，在下面的色板中选择白色，结果如图 6-88 所示。

步骤 6 执行【窗口】→【图层】命令，打开图层调板，拖动“椭圆 2”图层到“创建新图层”按钮上，复制出“椭圆 2 副本”图层，图层调板如图 6-89 所示。

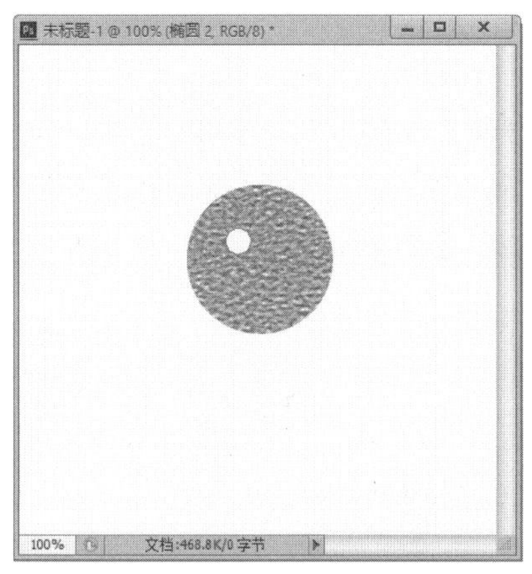

图 6-88　绘制小圆

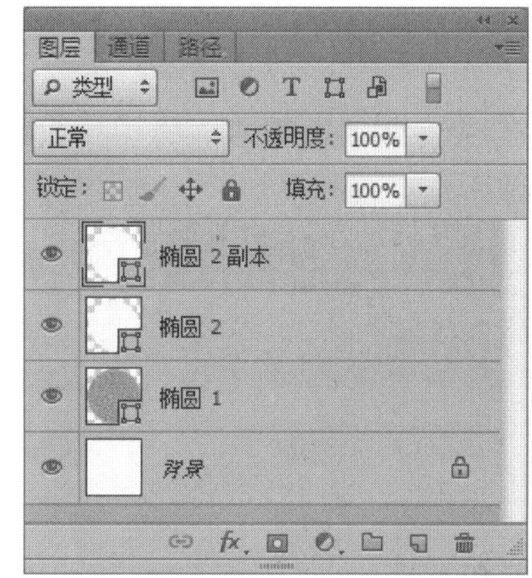

图 6-89　图层调板

步骤 7 选择工具箱中的移动工具，调整小圆的位置，如图 6-90 所示。

步骤 8 用同样的方法复制出其他两个小圆，并用移动工具调整位置，最后效果如图 6-91 所示。

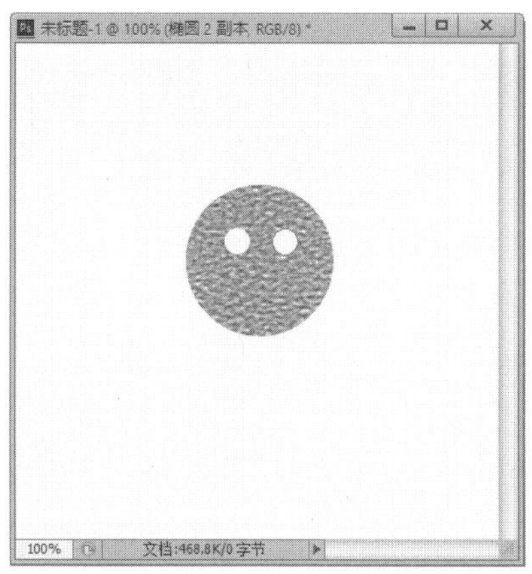

图 6-90　移动小圆

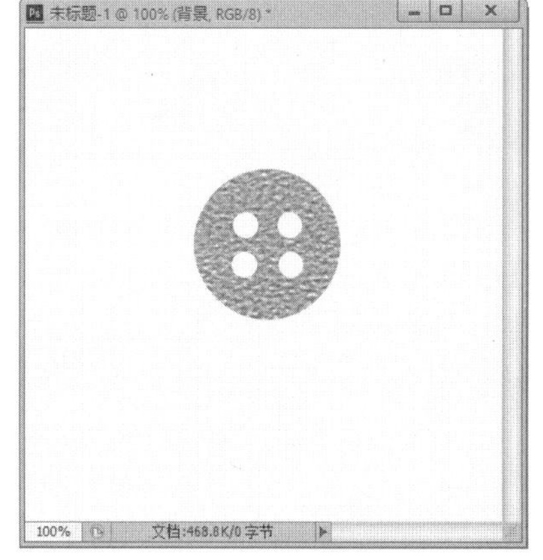

图 6-91　纽扣效果

子任务 4　使用多边形工具

使用多边形工具可以绘制多边形和星形。本任务结合多边形工具和【自由变换路径】命令制作一个形状。

步骤:

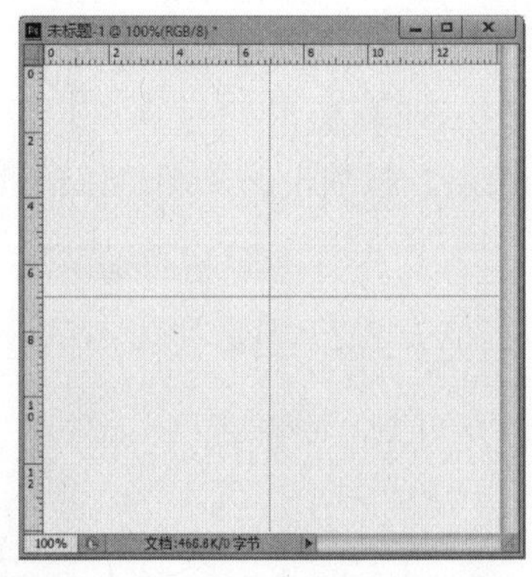
图 6-92　创建参考线

步骤 1　执行【文件】→【新建】命令，新建一个大小为 400×400 像素、颜色模式为 RGB、背景为白色、分辨率为 72 像素/英寸的文件。

步骤 2　执行【视图】→【标尺】命令，显示标尺。分别单击水平标尺和垂直标尺并拖动，创建两条参考线，如图 6-92 所示。

步骤 3　选择工具箱中的多边形工具，在其工具属性栏中设置工具模式为“形状”，边值为 12，设置“多边形选项”下拉面板中的参数如图 6-93 所示。

图 6-93　多边形工具属性栏

信息卡

边：设置多边形的边数或星形顶点的数量，范围在 3～100 之间。

“多边形选项”下拉面板的参数如下。

半径：设置多边形或星形的半径，即图形中心到顶点的距离，用于绘制固定大小的多边形和星形。

平滑拐角：设置多边形或星形的边角为圆角。

星形：绘制星形。同时“缩进边依据”和“平滑缩进”选项有效。

缩进边依据：设置星形边缩进的百分比，指定星形半径中被点占据的部分。此值若被设置为 50%，则创建的点占据星形半径总长度的一半；如果设置大于 50%，则创建的点更尖、更稀疏；如果小于 50%，则创建更圆的点。

平滑缩进：使星形的边平滑地向中心缩进。

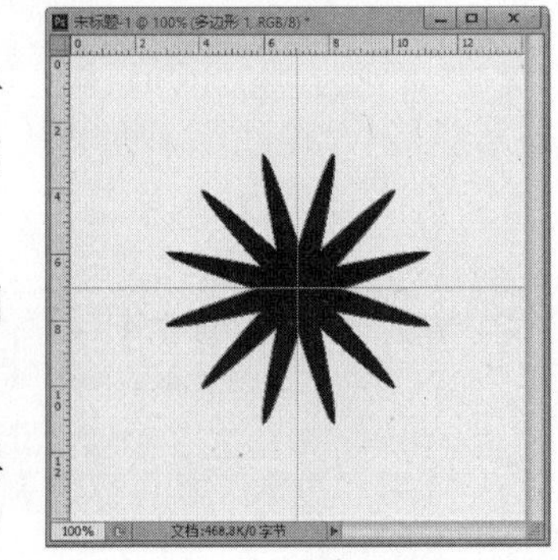
图 6-94　绘制星形

步骤 4　按住【Shift】键，移动鼠标到参考线的交点位置单击并拖动，将以参考线的交点为圆心，制作一个星形形状，如图 6-94 所示。

步骤 5　打开图层调板，用鼠标拖动“多边形 1”图层到“创建新图层”按钮上，复制出“多边形 1 副本”图层。

步骤 6　执行【编辑】→【自由变换路径】命令，设置工具属性栏中的参数如图 6-95 所示。

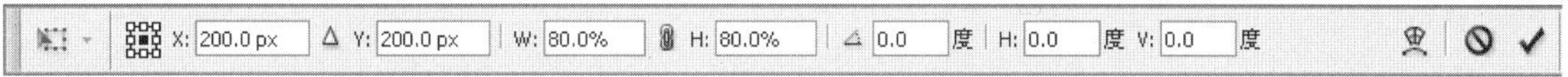

图 6-95　自由变换工具属性栏

步骤 7　单击 ✔ 按钮，效果如图 6-96 所示。

步骤 8　在图层调板中双击“多边形 1 副本”图层的“图层缩览图”，如图 6-97 所示。

步骤 9　在弹出的“拾色器”对话框中选择白色，最后效果如图 6-98 所示。

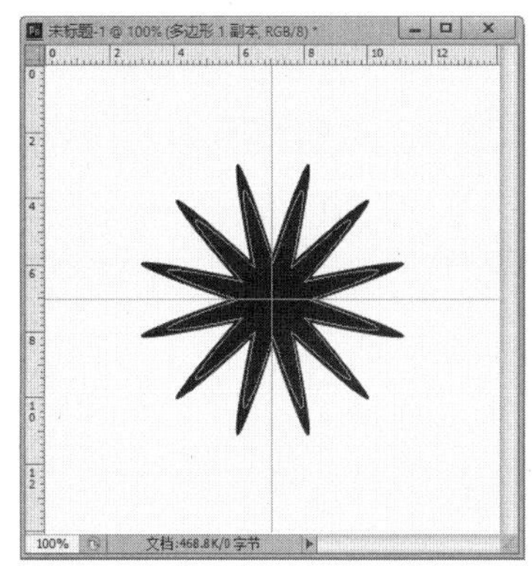

图 6-96　自由变换路径

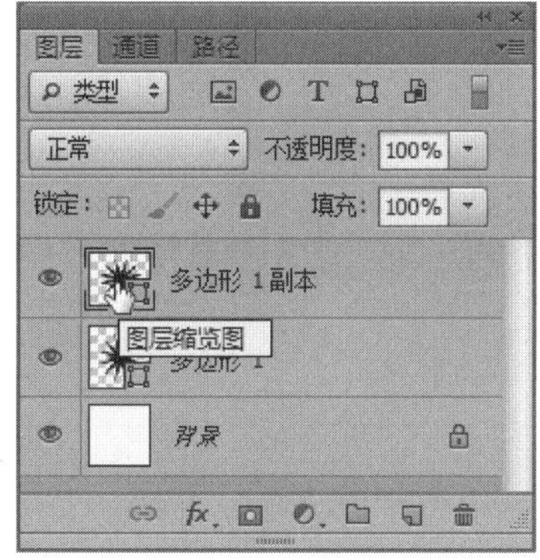

图 6-97　图层调板

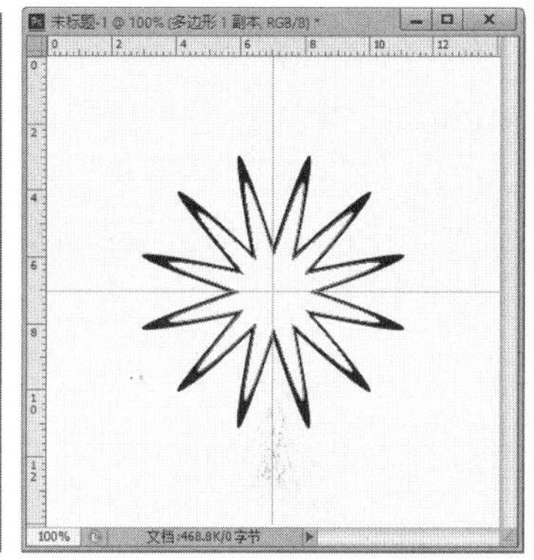

图 6-98　最终效果

子任务 5　使用直线工具和自定形状工具

直线工具可以绘制直线和带有箭头的直线，按住【Shift】键将直线的角度限制为 45°的倍数。自定形状工具可以绘制自定形状的图像。本任务结合直线工具和自定形状工具制作“一箭穿心”的形状。

步骤：

步骤 1　执行【文件】→【新建】命令，新建一个大小为 400 × 400 像素、颜色模式为 RGB、背景为白色、分辨率为 72 像素/英寸的文件。

步骤 2　选择工具箱中的自定形状工具，在其工具属性栏中设置工具模式为“形状”，单击“形状:”右侧的 → 按钮，打开“自定形状”下拉面板，选择“红心形卡”，如图6-99 所示。

图 6-99　自定形状工具属性栏

| 信息卡 |

在“自定形状”下拉面板中选择一个形状，然后在画面中拖动鼠标即可绘制选中的形状。

默认情况下，“自定形状”下拉面板中只包含少量的形状，而 Photoshop 提供的其他形状需要载入后才能使用，可以执行该面板菜单中的【载入形状】命令来实现。

步骤 3 拖动鼠标绘制选择的形状，如图 6-100 所示。

图 6-100　绘制自定形状

步骤 4 单击工具属性栏中的“路径操作”按钮，在弹出的下拉菜单中选择“合并形状”，如图 6-101 所示。

图 6-101　合并形状

| 信息卡 |

“路径操作”下拉菜单中包括以下几种操作。

新建图层：创建一个新的形状图层。

合并形状：在当前形状图层中，将新的区域添加到现有的形状中。

减去顶层形状：在当前形状图层中，将重叠区域从现有形状中移去。

与形状区域相交：在当前形状图层中，将区域限制为新区域和现有区域的交叉区域。

排除重叠形状：在当前形状图层中，从新区域和现有区域的合并区域中排除重叠区域。

合并形状组件：合并路径组件。

步骤 5 选择工具箱中的直线工具，单击其工具属性栏中的“工具”按钮，在弹出的“箭头”下拉面板中设置宽度为 500%、凹度为 30%，勾选“终点”复选框，如图 6-102 所示。

图 6-102　直线工具属性栏

信息卡

粗细：设置直线的宽度，以像素为单位。

“箭头”下拉面板中的参数如下。

起点和终点：向直线中添加箭头。选择“起点”，在直线的起点添加箭头；选择“终点”，在直线的终点添加箭头；选择这两个选项，则同时在直线的起点和终点添加箭头。

宽度：以直线宽度的百分比指定箭头的宽度，范围为 10% ~1000%。

长度：以直线宽度的百分比指定箭头的长度，范围为 10% ~5000%。

凹度：指定箭头最宽部分（箭头和直线在此连接）的弯曲度，范围为 -50% ~50%。此值若被设置为0%，则箭头尾部平齐；此值小于 0%，则箭头中心向外凸出；此值大于 0%，则箭头中心向内凹陷。

步骤 6 按住【Shift】键绘制箭头，如图 6-103 所示。

步骤 7 单击“工具”按钮，在弹出的“箭头”下拉面板中取消“终点”选项。按住【Shift】键绘制直线，结果如图 6-104 所示。

图 6-103　绘制箭头 a

图 6-104　绘制箭头 b

步骤 8 执行【编辑】→【定义自定形状】命令，打开“形状名称”对话框，输入名称为“一箭穿心”，单击“确定”按钮，把刚才绘制的形状保存为自定形状，如图 6-105 所示。

图 6-105 “形状名称”对话框

| 信息卡 |

使用钢笔工具或其他形状工具创建的矢量图形可以保存为自定义的形状，方法是选择一个矢量图形后，执行【编辑】→【定义自定形状】命令，打开“形状名称”对话框，输入形状名称并单击“确定”按钮，即可将该图形保存为自定义的形状，该形状会出现在图层调板中。

学材小结

本模块主要介绍了 Photoshop 的路径工具和形状工具，并通过任务案例讲解了路径与选区的相互转换、描边与填充路径、用路径扣图、形状图层的编辑等内容。

理论知识

1. 填空题

（1）路径本身不包含像素，但可以通过对路径的________在图像中按照路径的轮廓添加像素。

（2）使用形状工具可创建 3 种对象，分别是：________、________和________。

（3）按住________键的同时，利用路径选择工具单击形状拖动可复制形状。若要删除形状，可在选中形状后按________键。

（4）在 Photoshop 中，锚点的类型可分为 3 类，分别为________、________和________。

2. 选择题

（1）下列工具中主要用来绘制直线路径的是（　　）。

A. 钢笔工具　　B. 自由钢笔工具

C. 路径选择工具　　D. 直接选择工具

（2）将平滑点转换为角点时，下列操作中正确的是（　　）。

A. 使用转换点工具，单击需要转换的平滑点即可

B. 使用直接选择工具，按住【Alt】键拖动控制柄进行转换

C. 使用转换点工具，拖动控制柄进行转换

D. 使用路径选择工具，按住【Alt】键拖动控制柄进行转换

（3）绘制物体边缘路径时，对所选物体边缘与背景之间的对比度有要求的路径绘制工具是（　　）。

A. 钢笔工具　　B. 自由钢笔工具

C. 磁性钢笔工具　　D. 形状工具

（4）选择磁性钢笔工具时，只需在（　　）属性栏中选择“磁性的”选项。

A. 钢笔工具　　B. 自由钢笔工具

C. 增加锚点工具　　D. 删除锚点工具

实训任务

任务 1　制作花朵

本任务结合钢笔工具、填充路径、路径转换为选区、复制图层、图像的变换来制作如图6-106所示的花朵。

图 6-106　花朵

步骤：

步骤 1 执行【文件】→【新建】命令，新建一个大小为 300 × 300 像素、颜色模式为RGB、背景为黑色、分辨率为 72 像素/英寸的文件。

步骤 2 新建一个图层，命名为“图层 1”。选择工具箱中的钢笔工具，在其工具属性栏中设置工具模式为________，绘制如图 6-107 所示的折线路径。

步骤 3 选择工具箱中的________，把路径转换为如图 6-108 所示的曲线路径。

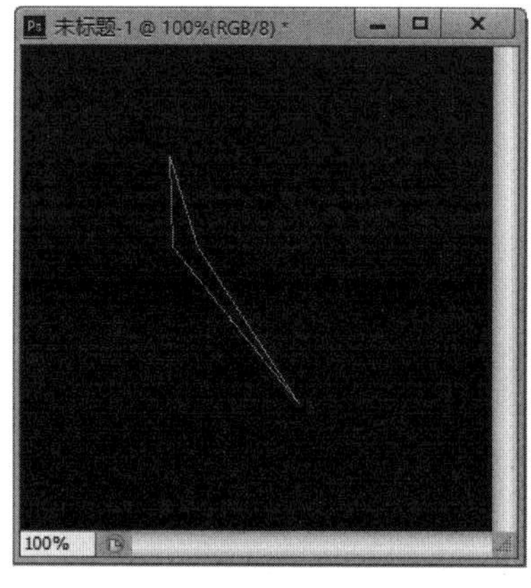

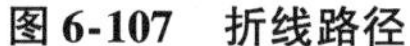

图 6-107　折线路径

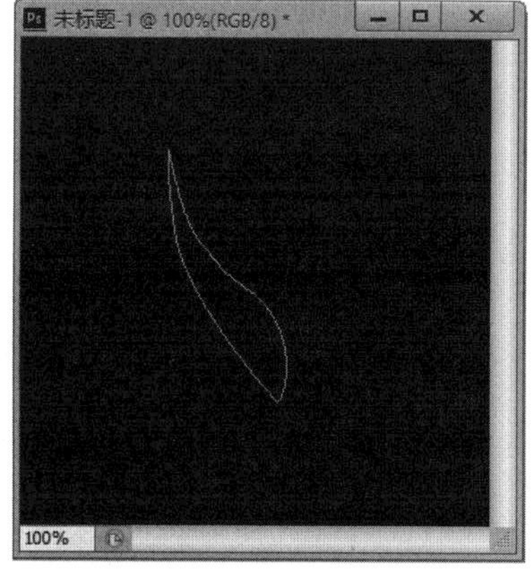

图 6-108　曲线路径

步骤 4 在路径调板中，单击________按钮，用白色填充路径，如图 6-109 所示。

步骤 5 在路径调板中，按住________键并单击________按钮，将羽化半径设置为 5 像素，勾选“消除锯齿”，把刚才的路径转换为选区，如图 6-110 所示。

图 6-109　填充路径

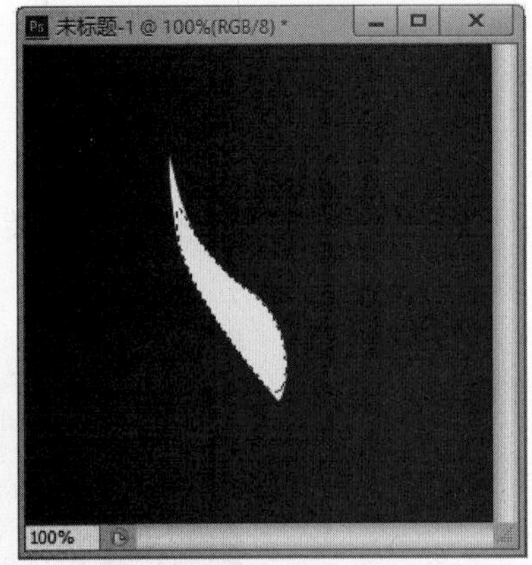

图 6-110　路径转换为选区

步骤 6　按【Del】键，删除选区中的白色，如图 6-111 所示。

步骤 7　按【Ctrl + D】组合键取消选区，效果如图 6-112 所示。

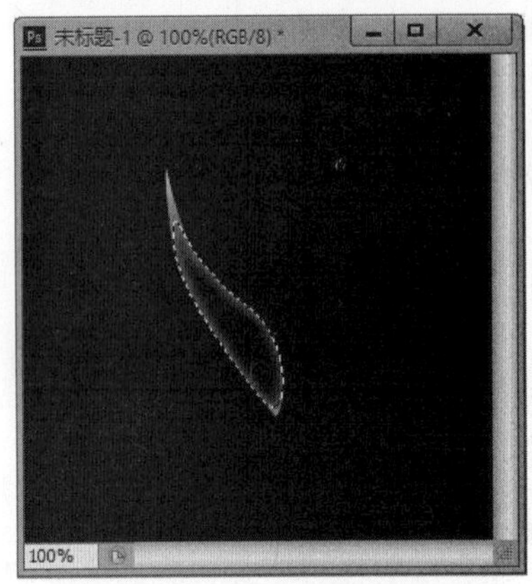

图 6-111　删除选区

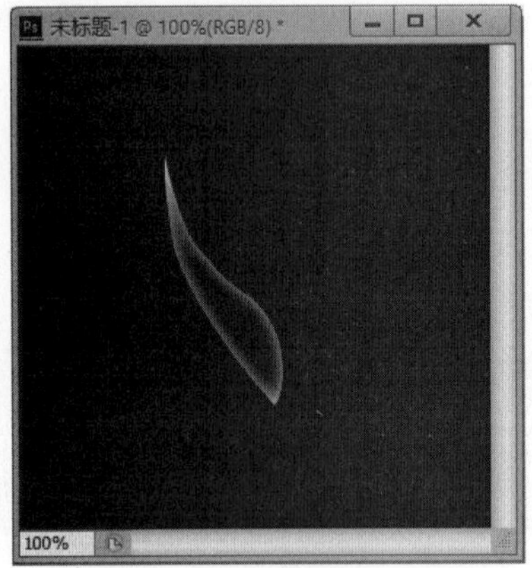

图 6-112　取消选区

步骤 8　将“图层 1”复制 4 份，效果如图 6-113 所示，图层调板如图 6-114 所示。

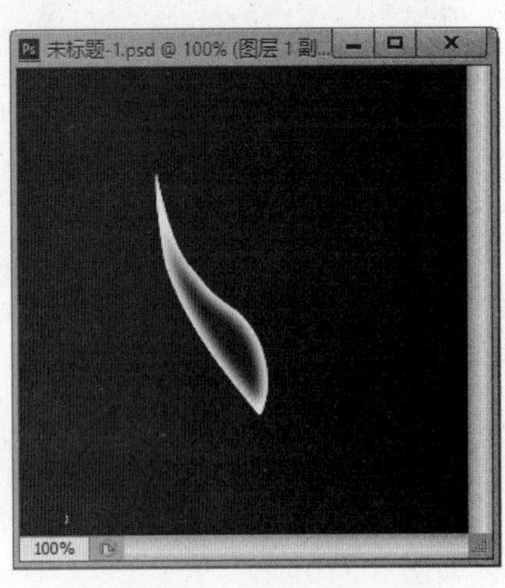

图 6-113　复制图层

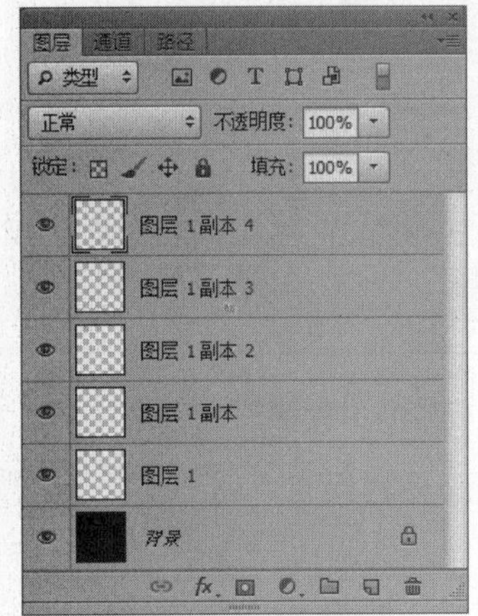

图 6-114　图层调板

步骤 9 对复制的每个图层进行适当的旋转、翻转、缩放等变形操作，旋转时把旋转中心移动到右下角的控制点上，效果如图 6-115 所示，并把除背景层以外的所有图层全部合并。

步骤 10 新建一个图层，用渐变工具（渐变颜色选择自己喜欢的颜色）填充新图层，如图 6-116 所示。

图 6-115　变形

图 6-116　填充新图层

步骤 11 将新图层的合成方式设置为“叠加”，效果如图 6-117 所示。

步骤 12 新建一个图层，选择画笔工具，设置其工具属性中的“硬度”为 0，颜色为白色，在花朵中心单击 2 次，做出光照效果，最终效果如图 6-118 所示。

图 6-117　图层叠加

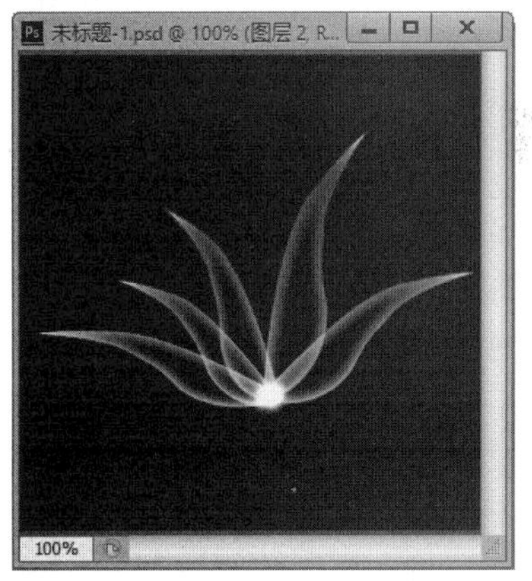

图 6-118　最终效果图

任务 2　制作标志

本任务结合形状工具、填充路径、路径选择工具制作一个标志，如图 6-119 所示。

图 6-119　标志

步骤：

步骤 1 执行【文件】→【新建】命令，新建一个大小为 300×300 像素、颜色模式为 RGB、背景为白色、分辨率为 72 像素/英寸的文件。

步骤 2 选择工具箱中的椭圆工具，工具模式选为“路径”，按住________键绘制圆，如图 6-120 所示。

步骤 3 在圆内用椭圆工具，再绘制一个圆如图 6-121 所示。

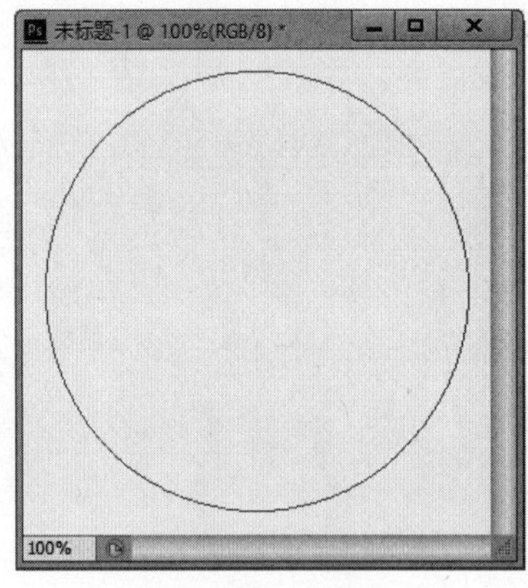

图 6-120 绘制圆　　图 6-121 绘制另一个圆

步骤 4 选择工具箱中的路径选择工具，选择刚才绘制的圆，单击工具属性栏中的“路径操作”按钮，在弹出的下拉菜单中选择“减去顶层形状”，并执行【合并形状组件】命令，如图 6-122 所示。

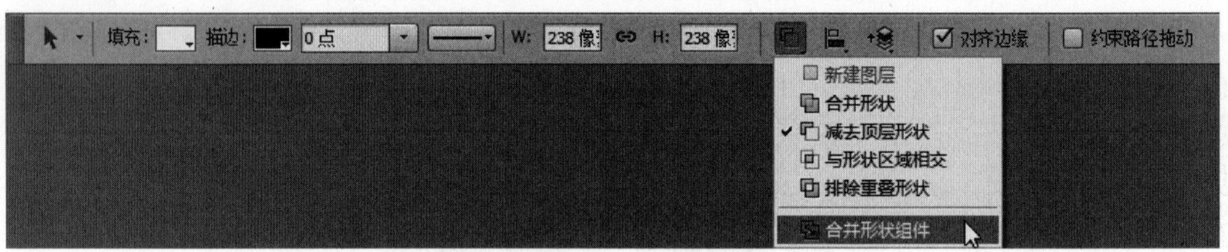

图 6-122 路径选择工具属性栏

步骤 5 选择工具箱中的________，绘制一个矩形，如图 6-123 所示。

步骤 6 选择工具箱中的________，选择刚才绘制的矩形，单击工具属性栏中的“路径操作”按钮，在弹出的下拉菜单中选择“合并形状”，并执行【合并形状组件】命令，效果如图 6-124 所示。

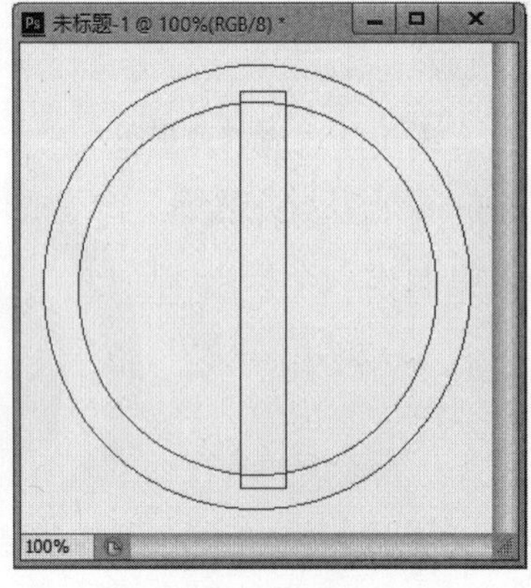

图 6-123 绘制矩形

图 6-124 合并形状组件

步骤 7 选择工具箱中的________，设置半径为 20 像素，绘制一个圆角矩形，如图 6-125 所示。

步骤 8 选择工具箱中的路径选择工具，选择刚才绘制的圆角矩形，单击工具属性栏中的“路径操作”按钮，在弹出的下拉菜单中选择________，并执行【合并形状组件】命令，效果如图 6-126 所示。

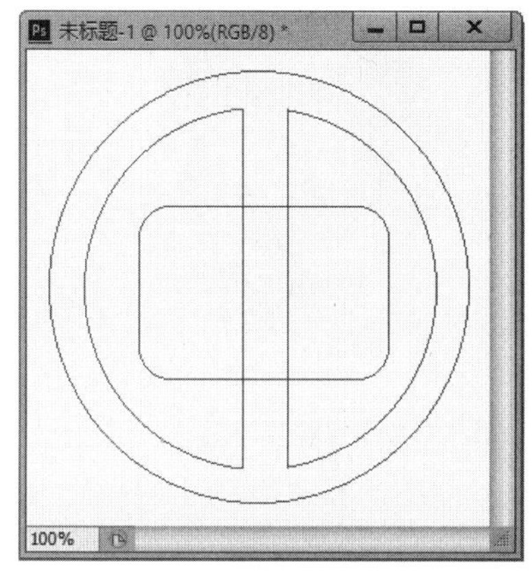

图 6-125　绘制圆角矩形

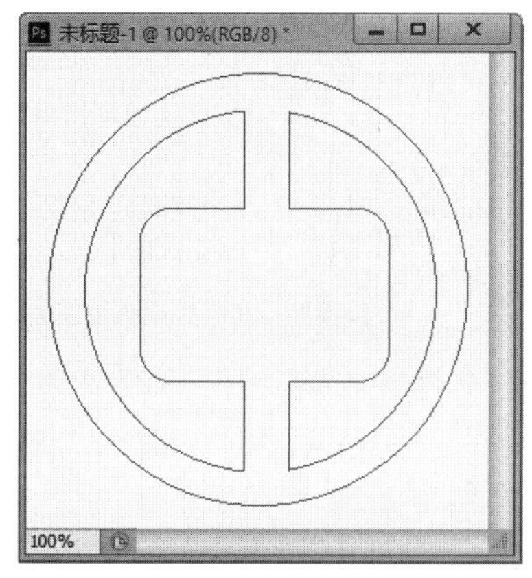

图 6-126　合并形状组件

步骤 9 选择工具箱中的矩形工具，再绘制一个矩形，如图 6 127 所示。

步骤 10 选择工具箱中的路径选择工具，选择刚才绘制的矩形，单击工具属性栏中的“路径操作”按钮，在弹出的下拉菜单中选择“减去顶层形状”，并执行【合并形状组件】命令，路径调板如图 6-128 所示。

步骤 11 设置前景色为红色，在路径调板中单击________按钮，最终效果如图 6-129 所示。执行【编辑】→________命令，打开“形状名称”对话框，输入名称为“标志”，单击“确定”按钮，把绘制的形状保存为自定形状。

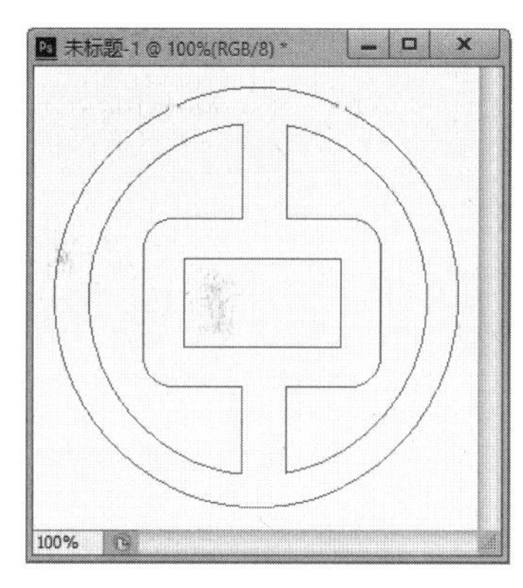

图 6-127　绘制矩形

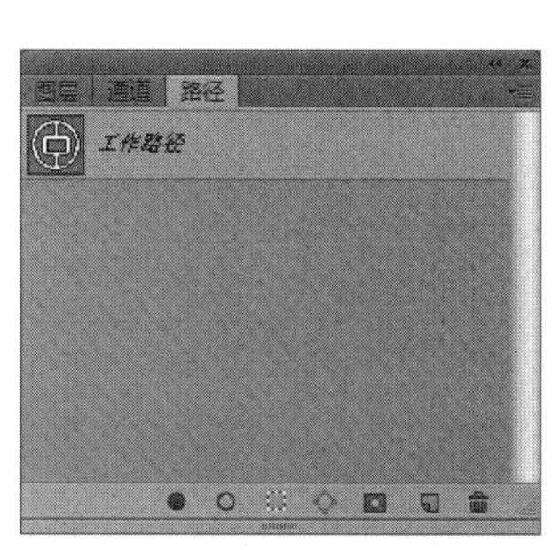

图 6-128　路径调板

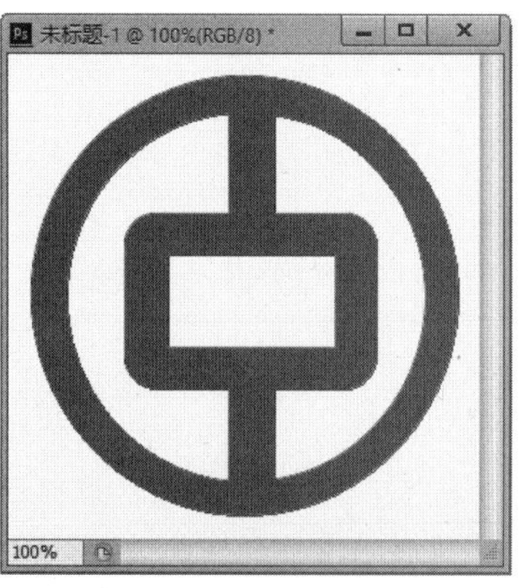

图 6-129　最终效果图

拓展练习

1. 打开素材文件“莲花.jpg”，如图 6-130 所示。利用磁性钢笔工具，选取出图像中的莲花。

2. 利用钢笔工具和形状工具，绘制如图 6-131 所示的卡通图。

图 6-130　莲花.jpg

图 6-131　卡通图

模块七
文本

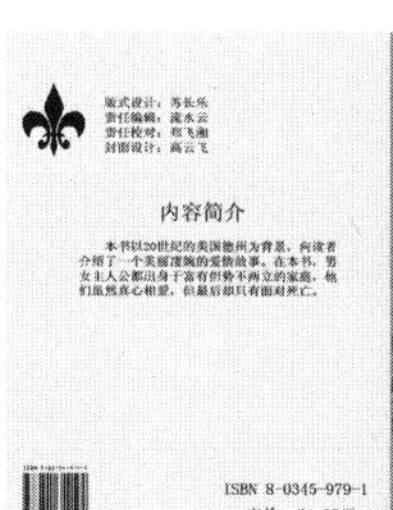

‖本模块导读‖

Photoshop 具有强大的文字处理功能，能够制作各种艺术效果的字。本模块重点介绍文字的横排、竖排的输入方法，以及变形文字、路径文字的处理方法。

‖本模块要点‖

- 文字工具的使用
- 文字变形的处理
- 路径文字的制作

任务一 认识文字工具

子任务 1 制作封面文字

步骤:

步骤 1 打开素材文件"封面背景.jpg",选择工具箱中的横排文字工具T,如图 7-1 所示,在其工具属性栏中设置字体、字号、颜色以及对齐方式分别为:方正舒体、72 点、红色、居中,如图 7-2 所示。

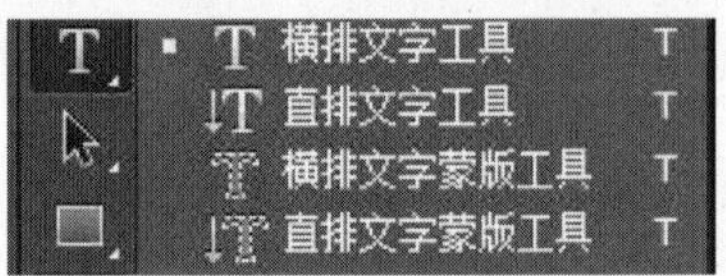

图 7-1 字体工具

图 7-2 文字工具属性栏

步骤 2 在图像的右侧居中位置输入书名"同学时代",如图 7-3 所示。

图 7-3 输入书名

步骤 3 用同样方法输入作者名、出版社名、书号、定价等,最终效果如图 7-4 所示。

图 7-4　最终效果图

信息卡

文字选区：对图像中的文字进行编辑，将文字置于选区内就是文字选区。

文字图层转化为普通图层：输入文字的图层称为文字图层，如图 7-5 所示；如果执行【图层】→【栅格化】→【文字】命令，就将文字转化为图形，文字图层也就转化为普通图层，如图 7-6 所示。

图 7-5　文字图层

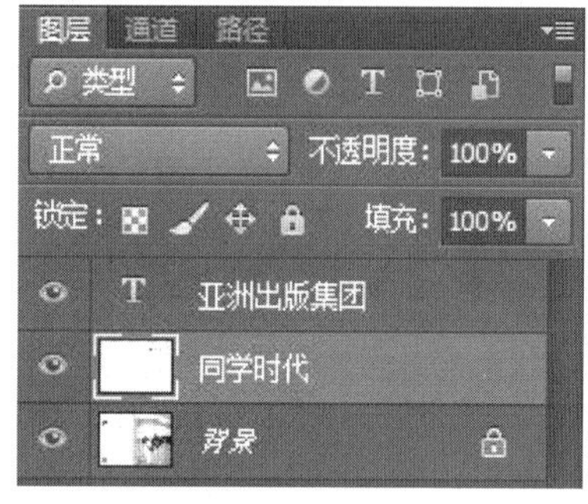

图 7-6　普通图层

子任务 2　使用文字蒙版工具创建文字选区

步骤：

步骤 1　选中要添加文字的图层。

步骤 2　选择横排文字蒙版工具或直排文字蒙版工具，在某一点或在定界框中输入文字，如图 7-7 所示。

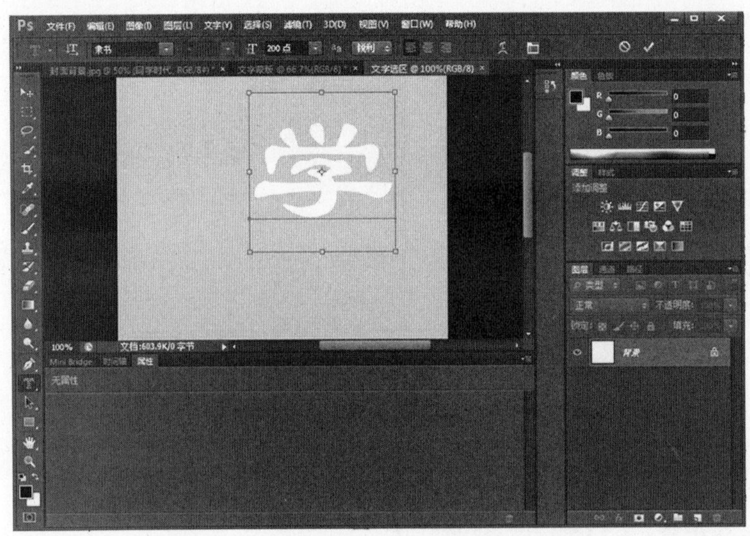

图 7-7　使用横排文字蒙版工具输入文字

步骤 3 单击工具属性栏中的“提交所有当前编辑”按钮后，文字选区将出现在图像中，如图 7-8 所示。

图 7-8　创建文字选区

步骤 4 可以在当前图层中，像任何其他选区一样移动、复制、填充或描边文字选区。

子任务 3　设置文字的字符和段落格式

步骤 1 输入文字后，可利用字符调板更改文字属性，如图 7-9 所示。

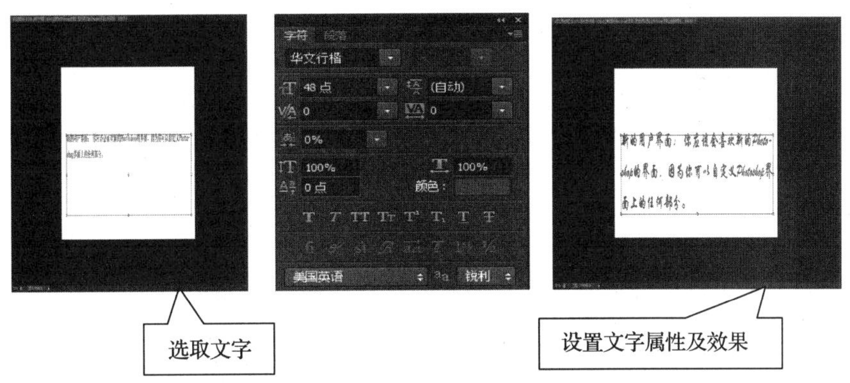

图 7-9 利用字符调板更改文字属性

步骤 2 输入段落文本后，可利用段落调板设置段落文本的格式，如图 7-10 所示。

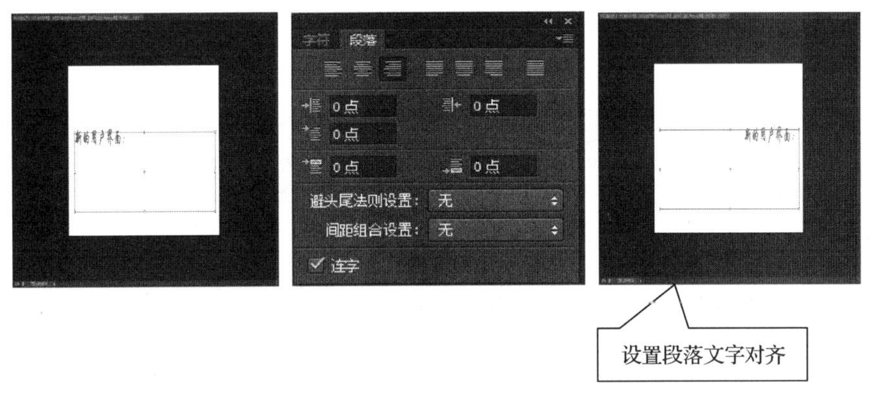

图 7-10 利用段落调板设置段落文本的格式

任务二 掌握文字的变形

在 Photoshop 中，可以将文字转换为路径或形状，再通过改变路径或形状的外形，制作出各种特殊变形字。

子任务 1 制作变形文字

步骤：

步骤 1 打开素材文件“海岛背景. jpg”，如图 7-11 所示。输入文字“海岛风情”，设置字体、字号、颜色等。

图 7-11　海岛背景.jpg

步骤 2 选中输入的文字，单击文字工具属性栏中的“创建文字变形”按钮，如图 7-12 所示，弹出“变形文字”对话框。打开“样式”下拉菜单，可以看到文字有很多的变形模式，选择“波浪”模式，如图 7-13 所示。

图 7-12　文字工具属性栏

步骤 3 最后的效果如图 7-14 所示。

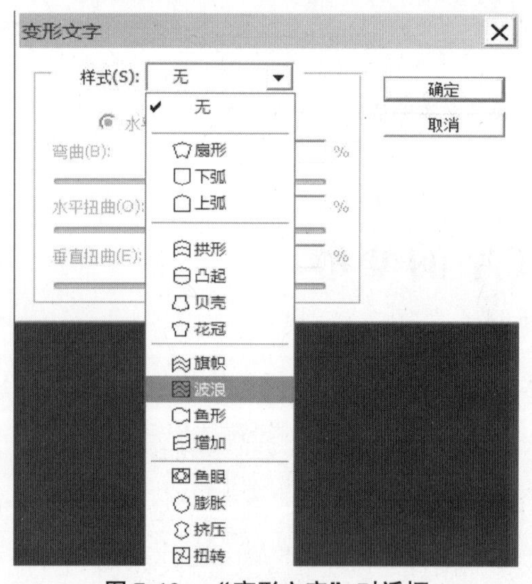

图 7-13　“变形文字”对话框

图 7-14　效果图

子任务 2　制作路径变形文字

本任务主要结合文字路径制作环绕文字效果。

步骤:

步骤 1 打开素材文件“地球.jpg”。

步骤 2 选择工具箱中的钢笔工具，在其工具属性栏中设定为“路径”模式，如图 7-15 所示。

路径 建立： 选区… 蒙版 形状 自动添加/删除 对齐边缘

图 7-15 钢笔工具属性栏

步骤 3 在背景图片中绘制文字路径，如图 7-16 所示。

步骤 4 选择文字工具，在路径上输入“SHIJIEDILI”，如图7-17所示。

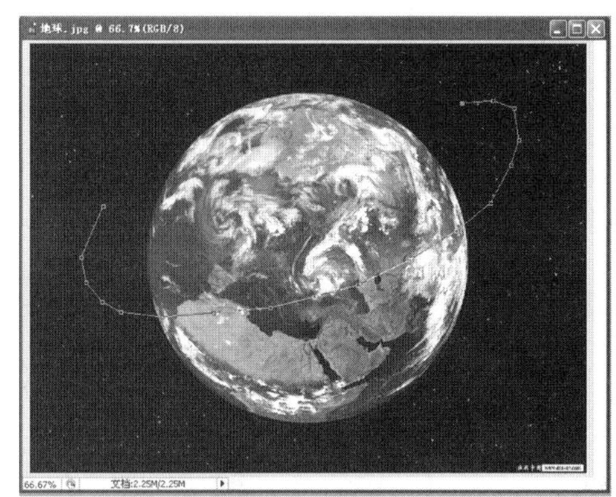

图 7-16 文字路径

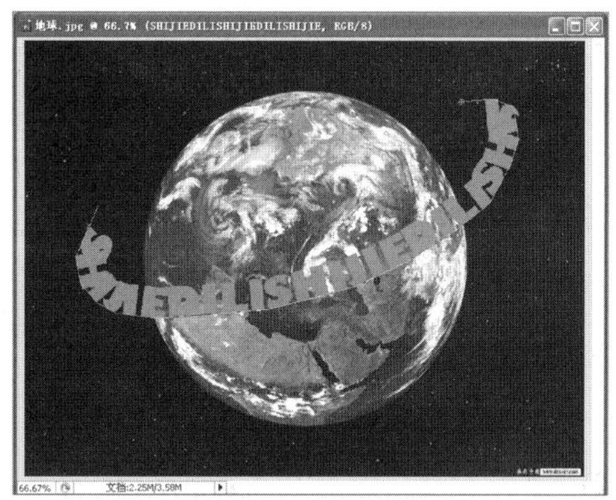

图 7-17 输入文字

步骤 5 新建图层，在工具箱中选择椭圆工具，按【Shift + Alt】组合键，用鼠标在地球圆心处沿半径方向拖动画出与地球同样大的正圆，命名为“圆”图层。填充黑色，图层样式选择“滤色”。

步骤 6 选择“圆”图层，将该图层载入选区。

步骤 7 在路径调板中，单击“从选区生成工作路径”按钮。

步骤 8 返回图层调板中，选择路径选择工具，单击圆的边缘。

步骤 9 选择文字工具，在圆路径上输入“世界地理”，如图 7-18 所示。

步骤 10 复制“世界地理”文字，最后的效果如图 7-19 所示。

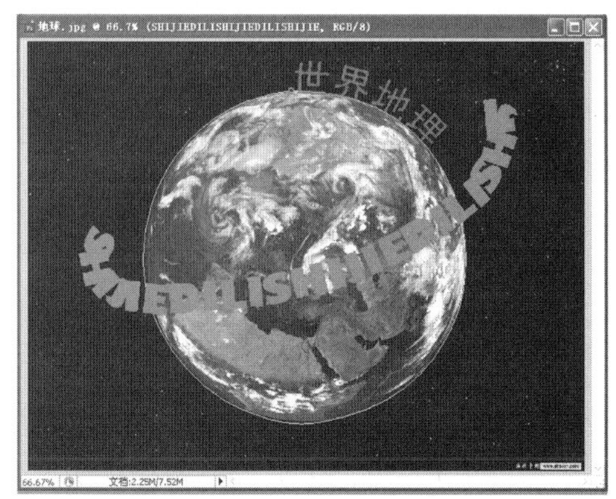

图 7-18 输入“世界地理”文字

图 7-19 效果图

学材小结

本模块主要介绍了 Photoshop CS6 中文本的处理方法，包括文本的输入、编辑以及与图像相结合的实例应用。通过本模块的学习，学生应当灵活掌握文本的操作在平面设计中的重要作用。

理论知识

填空题

（1）文字工具主要包括________、________、________和________4 个工具。

（2）利用________调板，可以设置文字的字体、字号等。

（3）在 Photoshop 中，可以将输入的文字转换成________和________进行编辑，也可以将其进行栅格化处理，即将输入的文字转换为________层。

（4）若对文字进行变形操作，需要单击文字工具属性栏中的________按钮。

实训任务

制作霓虹灯字

步骤：

步骤 1 新建一个大小为 300×150 像素、分辨率为 72 像素/英寸、背景为黑色的文件。

步骤 2 新建“图层 1”，选择________工具，设置字体为 Arial，大小为 48，然后输入文字“Photoshop”，如图 7-20 所示。

图 7-20 输入文字

步骤 3 在工具箱中选择渐变工具，在“渐变编辑器”对话框中选择“色谱”渐变，如图 7-21 所示。

步骤 4 用线性渐变方式从左到右填充选区；然后执行________→【描边】命令，设置参数如图 7-22 所示。

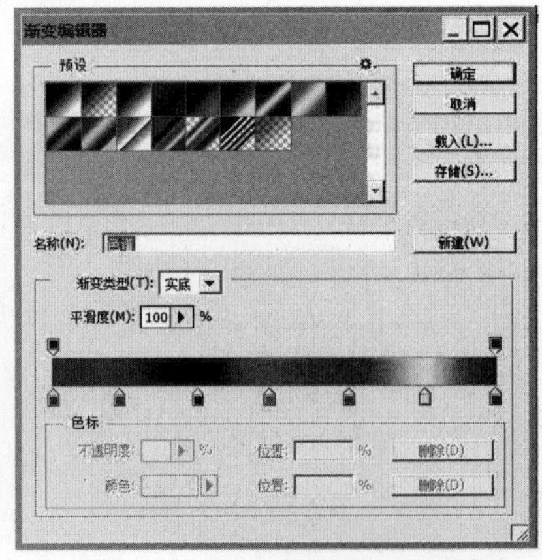

图 7-21 “渐变编辑器”对话框

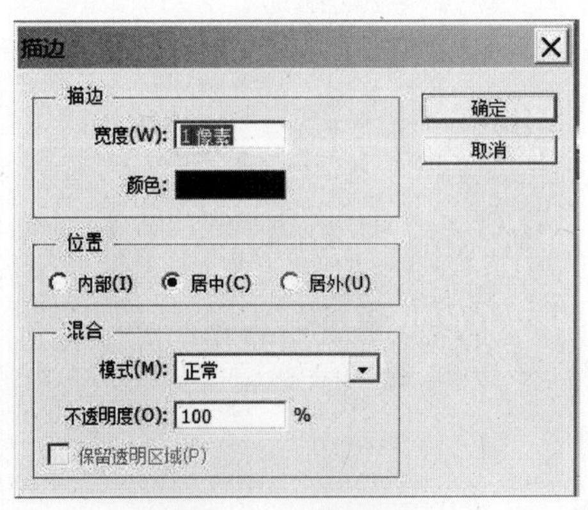

图 7-22 设置描边

步骤 5 在图层调板中单击“添加图层样式”按钮，执行________命令，设置参数如图7-23所示，最终效果如图 7-24 所示。

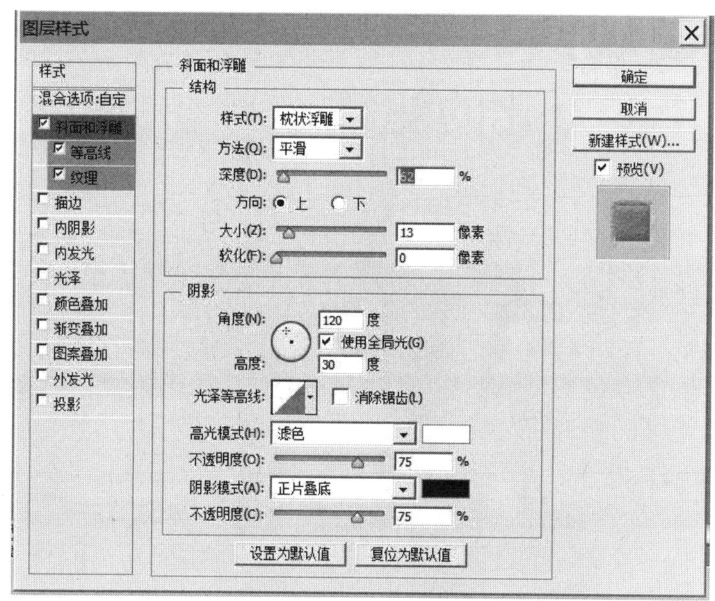

图 7-23　设置图层样式

图 7-24　最终效果

拓展练习

1. 打开素材文件“长城 . jpg”，制作万里长城海报，效果如图 7-25 所示。
2. 打开素材文件“篮球 . jpg”，制作环绕文字，效果如图 7-26 所示。

图 7-25　万里长城效果图

图 7-26　文字环绕效果图

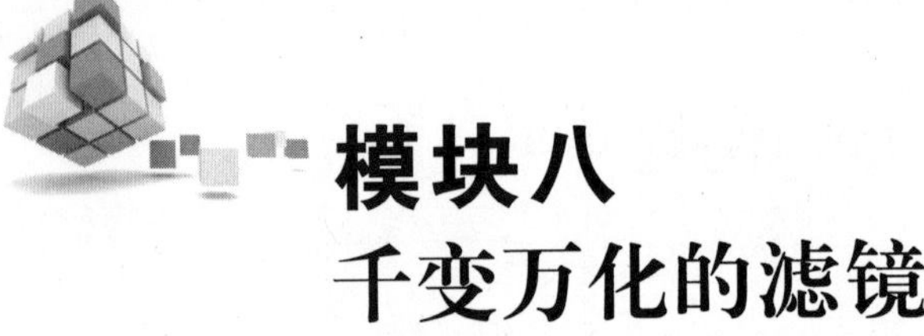

模块八 千变万化的滤镜

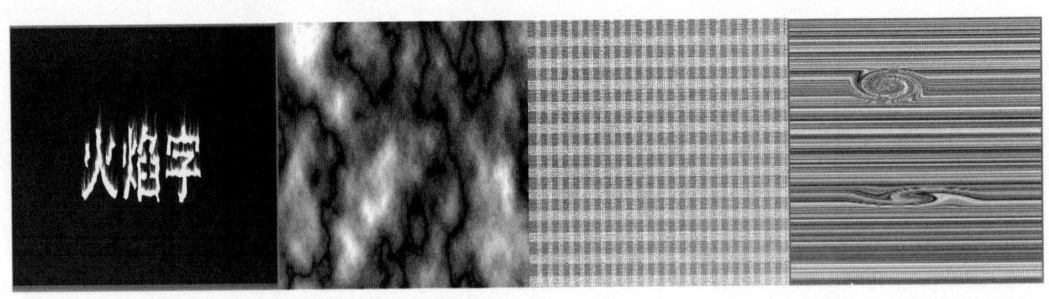

本模块导读

Photoshop 提供了丰富的滤镜，包括内置滤镜和外挂滤镜。选择合适的滤镜对图像进行处理，可以得到意外的效果。本模块主要介绍各种常用滤镜的使用方法。

本模块要点

- 滤镜库中的液化滤镜、消失点滤镜的使用
- 内置滤镜中的艺术效果滤镜、风格化滤镜、扭曲滤镜、像素化滤镜、渲染滤镜、纹理化滤镜、模糊滤镜、锐化滤镜的使用

任务一　了解滤镜的概念与命令组菜单

信息卡

滤镜的分类

Photoshop 的滤镜通常分为两种类型：内置滤镜和外挂滤镜。内置滤镜指 Photoshop 安装时，安装程序自动安装到滤镜目录下的滤镜。外挂滤镜是指由第三方厂商为 Photoshop 设计的滤镜。这种滤镜种类繁多，知名的外挂滤镜有 KPT、PHOTOTOOLS、EYE CANDY、ULEAD EFFECTS 等。

如果 Photoshop 被默认安装在 C 盘，那么内置滤镜的放置目录为 C:\Program Files\Adobe\Photoshop CS6\Plug-ins\Panels。如果想安装外挂滤镜，可以运行相应的外挂滤镜安装程序，选择滤镜安装的文件夹为 C:\Program Files\Adobe\Photoshop CS6\增效工具\滤镜，根据提示安装即可。如果没有安装程序，可直接把相应的滤镜文件复制到该文件夹下即可。

注　意

子任务 1　掌握滤镜库的使用方法

使用滤镜库可以积累应用滤镜，并多次应用单个滤镜。用户不但可以查看每个滤镜效果的预览，还可以重新编排每个滤镜的设置，因此滤镜库是灵活的，它是应用滤镜的最佳选择。

滤镜库的使用方法如下：执行【滤镜】→【滤镜库】命令，在滤镜库右侧会显示各种滤镜的缩略图，单击滤镜的类别名称，将显示对应滤镜的效果预览，如图 8-1 所示。

图 8-1　滤镜库

信息卡

可通过下列操作更改滤镜预览区域的显示：

单击预览区域下的“+”或“-”按钮放大或缩小图像，或直接选取缩放百分比。

单击右侧的“显示/隐藏”按钮 以隐藏滤镜缩略图。隐藏缩略图可展开预览区域。

用抓手工具在预览区域中拖移可查看图像的其他区域。

滤镜效果是按照它们的选择顺序应用的。在应用滤镜之后，可通过在已应用的滤镜列表中将滤镜名称拖移到另一个位置来重新排列它们。重新排列滤镜效果可显著改变图像的外观。单击滤镜旁边的眼睛图标 可在预览图像中隐藏效果。还可以通过选择滤镜并单击“删除效果图层”按钮 来删除已应用的滤镜。

信息卡

在 Photoshop CS6 中删除了抽出滤镜，该滤镜是抠图手段中的一门利器。取而代之的是选择魔棒工具，在其工具属性栏中单击“调整边缘”按钮，通过设置边缘检测半径来完成抽出滤镜的功能。也可以从网上下载抽出滤镜文件并复制到相应的系统文件夹下。

子任务2 掌握液化滤镜的典型用法

信息卡

液化滤镜可以用于推拉旋转、反射、折叠和膨胀图像的任意区域，是修饰图像和创建艺术效果的强大工具。

本任务以修饰小猫图像为例说明液化滤镜的典型用法。

步骤：

步骤 1 执行【文件】→【打开】命令，打开素材文件“猫.jpg”，如图 8-2 所示。

图 8-2 猫.jpg

步骤 2 执行【滤镜】→【液化】命令，效果如图 8-3 所示。

图 8-3　液化滤镜的设置

步骤 3 使用左侧工具栏中的各种变形工具对小猫图像进行扭曲变形等艺术加工，最终效果如图 8-4 ~ 图 8-9 所示。

图 8-4　猫头的向前变形

图 8-5　吸管的顺时针旋转

图 8-6　背景的褶皱变形

图 8-7　猫眼的膨胀变形

图 8-8　左推变形

图 8-9　镜像变形

信息卡

在 Photoshop CS6 中删除了图案生成器滤镜，如果想要安装，可以从网上下载图案生成器滤镜文件并复制到相应的系统文件夹下。

子任务 3　掌握消失点滤镜的使用方法

步骤:

步骤 1 执行【文件】→【打开】命令，打开素材文件“楼房 . jpg”。

步骤 2 执行【滤镜】→【消失点】命令，效果如图 8-10 所示。

图 8-10　消失点滤镜的设置

步骤 3 将图像的显示比例设置为 200%，选择左侧工具栏中的创建平面工具，圈出图像左侧的被树木遮挡的楼房区域，效果如图 8-11 所示。

图 8-11　创建平面

步骤 4 选择左侧工具栏中的图章工具，按住【Alt】键并单击，复制该处的墙面和窗户，再按住【Shift】键并单击，将图像粘贴到树木遮挡处，效果如图 8-12 所示。

图 8-12　消除树木遮挡的区域

步骤 5　单击“确定”按钮，得到最终效果如图 8-13 所示。

图 8-13　最终效果图

任务二　认识破坏性滤镜

子任务 1　运用艺术效果滤镜制作光辉字

步骤:

霓虹灯

图 8-14　输入文字

步骤 1　执行【文件】→【新建】命令，设置背景为白色，使用字体工具输入文字“霓虹灯”，字体颜色为黑色，如图 8-14 所示。

步骤 2 在图层调板的右键菜单中执行【栅格化文字】命令，再合并可见图层。执行【滤镜】→【滤镜库】命令，选择“艺术效果”类型中的“霓虹灯光”，如图 8-15 所示。

步骤 3 单击“确定”按钮，最终效果如图 8-16 所示。

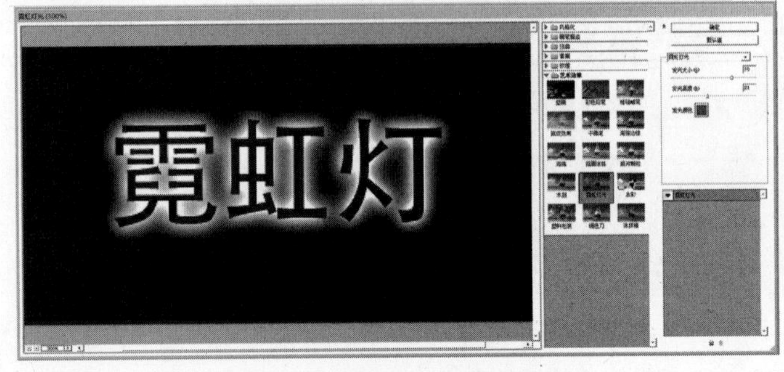

图 8-15　艺术效果滤镜的设置

图 8-16　效果图

子任务 2　运用风格化滤镜制作虚化字

步骤:

步骤 1 执行【文件】→【新建】命令，将背景填充为黑色，使用字体工具输入文字“虚化字”，将字体设为白色，如图 8-17 所示。

虚化字

图 8-17　输入文字

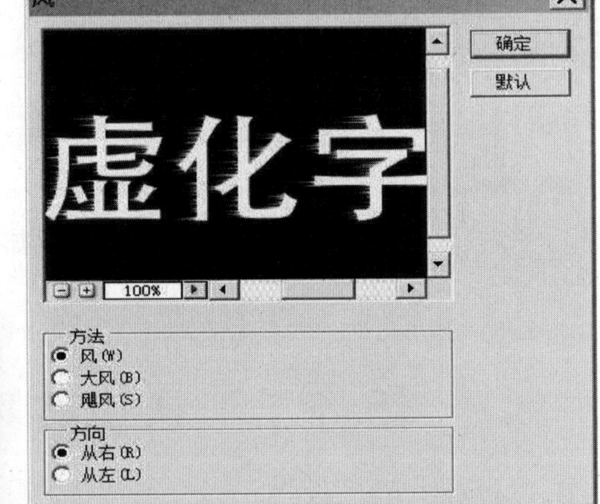

图 8-18　风格化滤镜的设置

步骤 2 在图层调板的右键菜单中执行【栅格化文字】命令，再合并可见图层。执行【滤镜】→【风格化】→【风】命令，如图 8-18 所示，效果如图 8-19 所示。

步骤 3 用同样的方法给字的左右加虚化边，再旋转画布 90°（顺时针），给字的上下加虚化边，再旋转画布 90°（逆时针），如图 8-20 所示。

步骤 4 最终效果如图 8-21 所示。

图 8-19　添加风效果

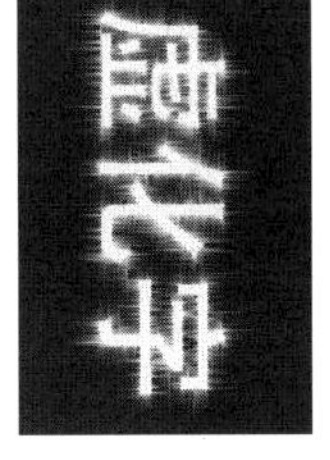

图 8-20　旋转画布

图 8-21　最终效果

子任务 3　运用扭曲滤镜制作火焰字

步骤：

步骤 1 执行【文件】→【新建】命令，将背景填充为黑色，使用字体工具输入文字“火焰字”，将字体设为白色，如图 8-22 所示。

步骤 2 在图层调板的右键菜单中执行【栅格化文字】命令，再合并可见图层。执行【图像】→【旋转画布】→【90°逆时针】命令，再执行两次【滤镜】→【风格化】→【风】命令，如图 8-23 所示。

可以使用 2 次风效果达到将火焰增强。

步骤 3 执行【图像】→【旋转画布】→【90°顺时针】命令，效果如图 8-24 所示。

图 8-22　输入文字

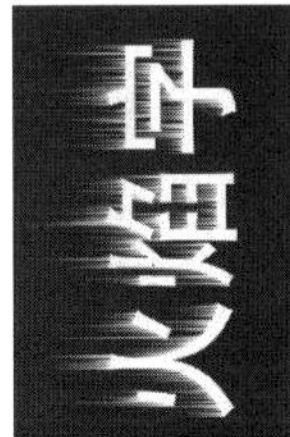

图 8-23　文字顶端风效果

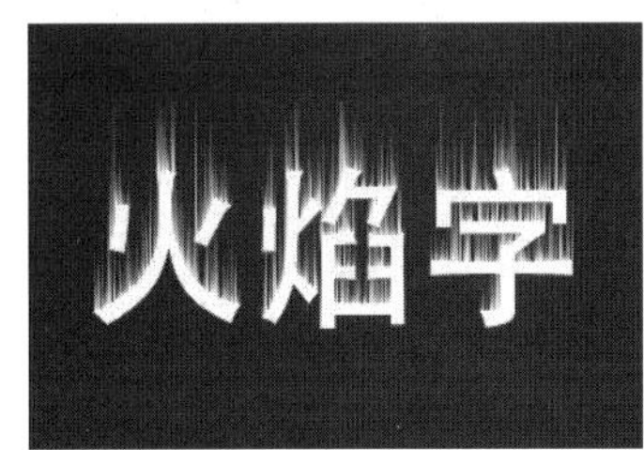

图 8-24　将文字摆正

步骤 4 执行【滤镜】→【扭曲】→【波纹】命令，如图 8-25 所示。

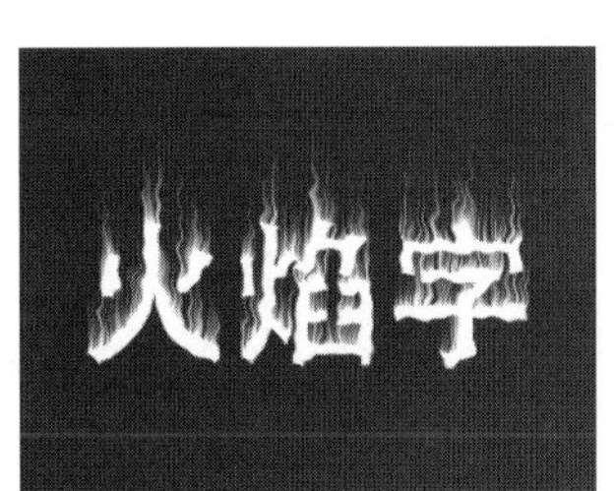

图 8-25　添加波纹效果

步骤 5 执行【图像】→【模式】→【灰度】命令和【索引颜色】命令，再执行【图像】→【模式】→【颜色表】命令，选择“黑体”模式后的最终效果如图 8-26 所示。

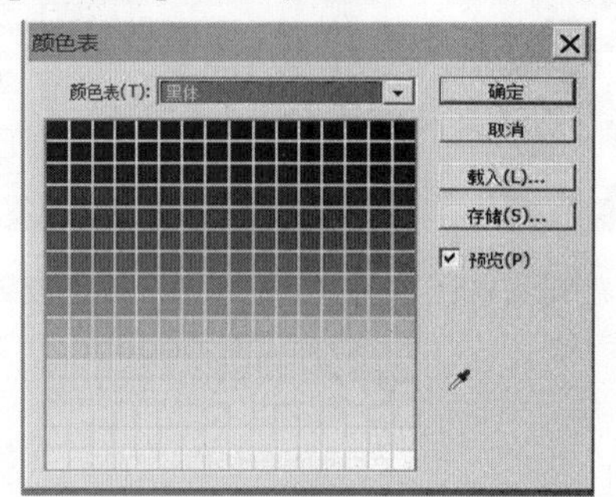

图 8-26　最终效果

子任务 4　运用像素化滤镜制作模糊字

步骤：

步骤 1 执行【文件】→【新建】命令，将背景填充为黑色，使用字体工具输入文字“模糊字”，将字体设为白色，如图 8-27 所示。

步骤 2 在图层调板中复制文字图层，并将复制的文字图层栅格化。重复执行 3 次【滤镜】→【像素化】→【碎片】命令，效果如图 8-28 所示。

图 8-27　输入文字

图 8-28　碎片效果

步骤 3 执行【编辑】→【自由变换】命令，调整文字图层和滤镜图层居中对齐；在图层调板中调小文字图层的透明度为 10%。合并可见图层，再执行【图像】→【调整】→【色相/饱和度】命令，参数设置如图 8-29 所示。

步骤 4 最终效果如图 8-30 所示。

图 8-29　色相/饱和度参数设置

图 8-30　效果图

子任务5　运用渲染滤镜制作蛇皮材质背景

步骤：

步骤1 执行【文件】→【新建】命令，设置前景色和背景色，参数如图8-31所示。

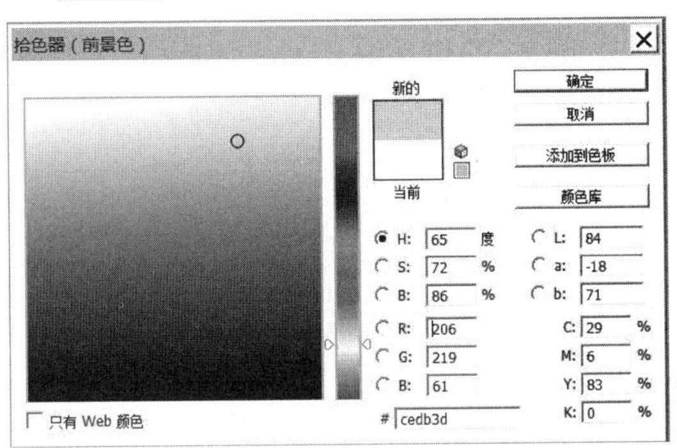

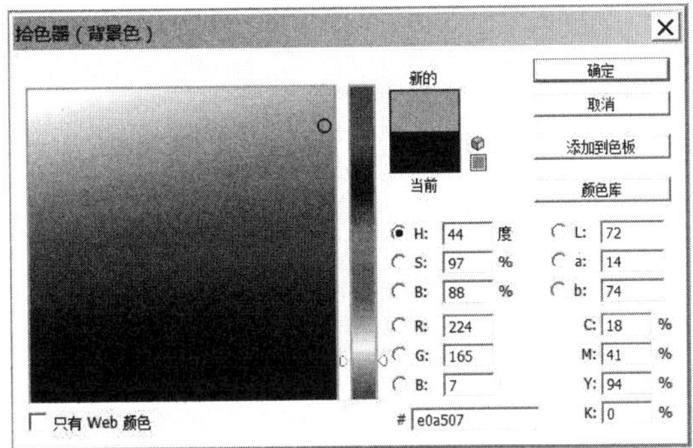

图8-31　设置前景色和背景色

步骤2 执行【滤镜】→【渲染】→【云彩】命令，效果如图8-32所示。

步骤3 执行【滤镜】→【纹理】→【杂色玻璃】命令，效果如图8-33所示。

图8-32　云彩效果

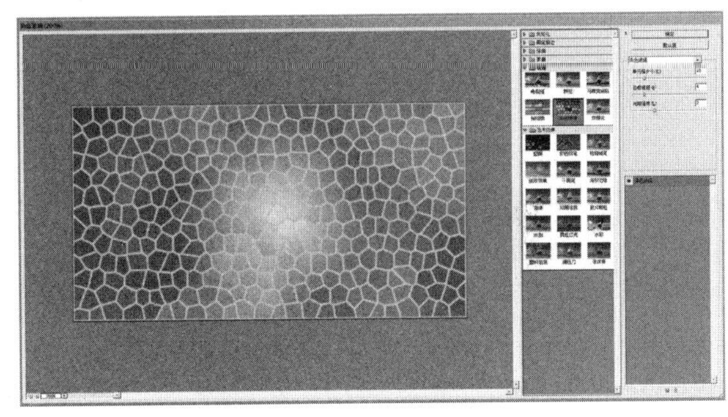

图8-33　杂色玻璃效果设置

步骤4 最终效果如图8-34所示。

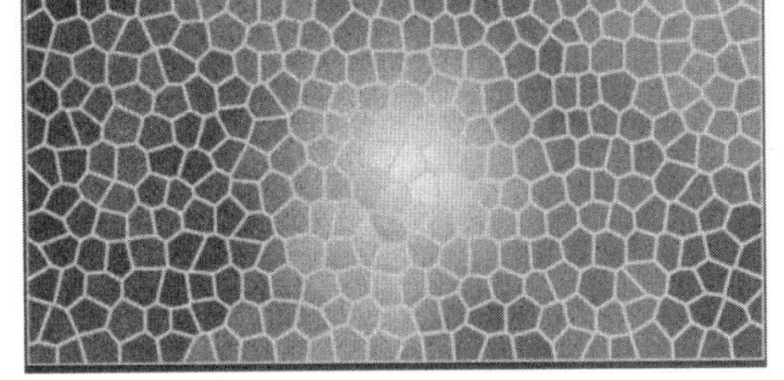

图8-34　最终效果

子任务6　运用纹理化滤镜制作格布底纹

步骤：

步骤1 执行【文件】→【新建】命令，按个人喜好设置前景色和背景色。按【Alt + Delete】组合键填充画面。

步骤2 执行【滤镜】→【风格化】→【拼贴】命令，参数设置及效果如图8-35所示。

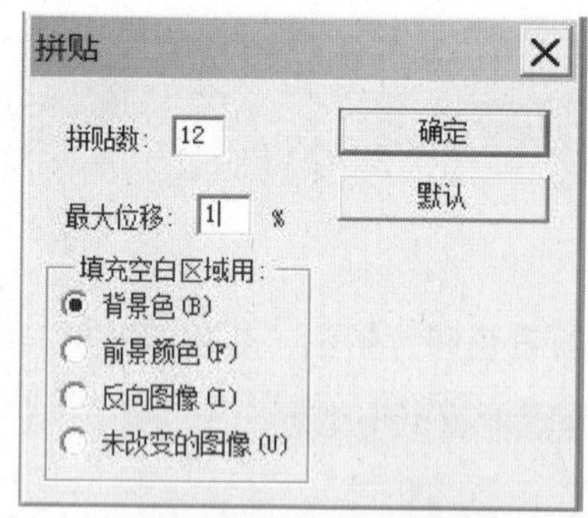

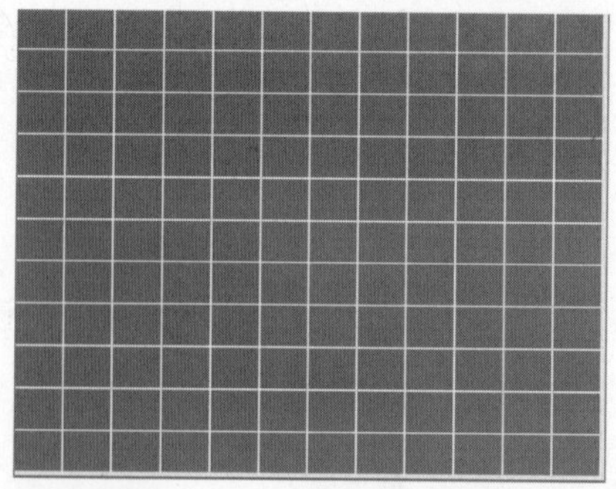

图 8-35　拼贴设置及效果

步骤 3　执行【滤镜】→【像素化】→【碎片】命令，效果如图 8-36 所示。

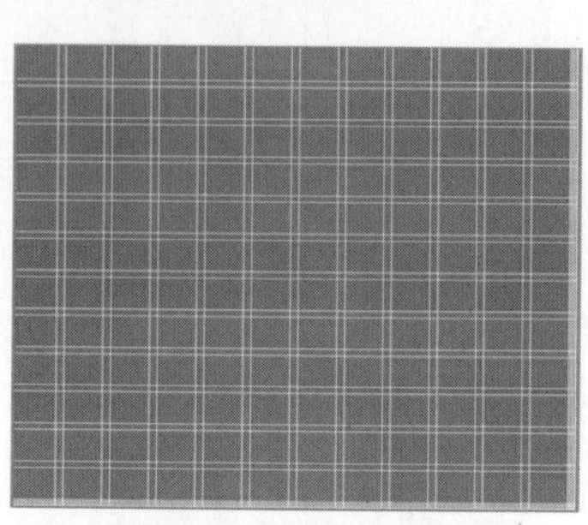

图 8-36　碎片效果

步骤 4　执行【滤镜】→【其他】→【最大值】命令，参数设置及效果如图 8-37 所示。

步骤 5　执行【滤镜】→【纹理】→【纹理化】命令，进行参数设置，最终效果如图 8-38 所示。

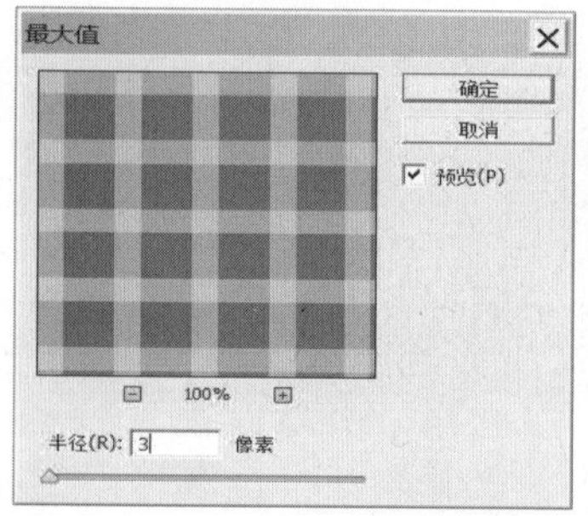

图 8-37　最大值设置及效果

图 8-38　纹理化效果图

任务三　认识校正性滤镜

子任务 1　制作木质底纹

步骤:

步骤 1　执行【文件】→【新建】命令，将背景填充为棕色，执行【滤镜】→【杂色】→【添加杂色】命令，如图 8-39 所示，效果如图 8-40 所示。

图 8-39　添加杂色设置

图 8-40　添加杂色效果

步骤 2　执行【滤镜】→【模糊】→【动感模糊】命令，如图 8-41 所示，效果如图 8-42 所示。

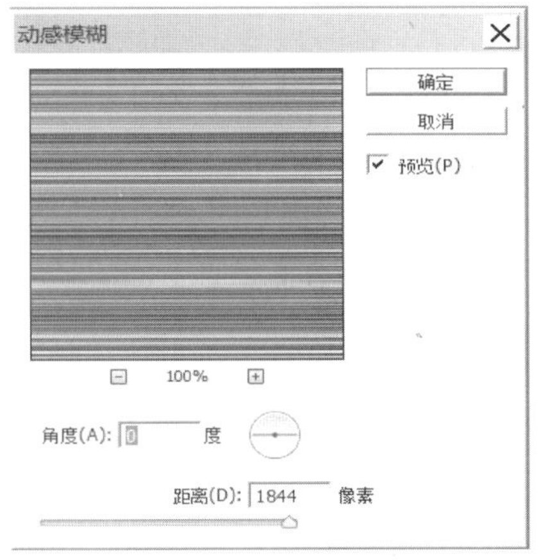

图 8-41　动感模糊设置

图 8-42　动感模糊效果

步骤 3　为使效果更逼真，使用椭圆工具在图像上选取部分，执行【滤镜】→【扭曲】→【旋转扭曲】命令，如图 8-43 所示，效果如图 8-44 所示。

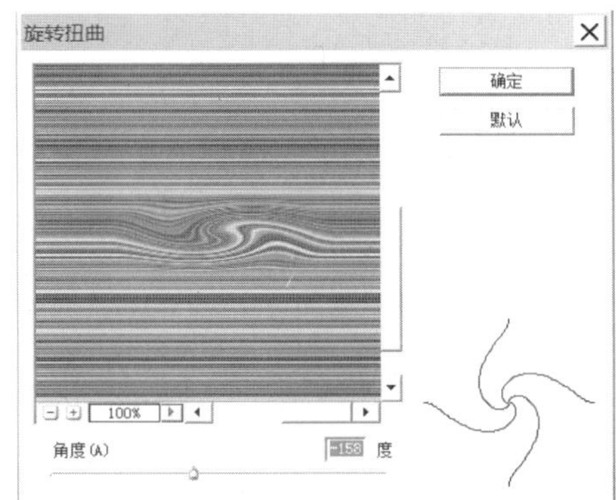

图 8-43　旋转扭曲设置

图 8-44　旋转扭曲效果

子任务 2　制作七彩玻璃字

步骤：

步骤 1 执行【文件】→【新建】命令，使用字体工具，输文字“七彩玻璃字”并栅格化，如图 8-45 所示。

步骤 2 按住【Ctrl】键单击文字图层，将文字选中。在工具箱中选择渐变工具，设置彩虹渐变，选择“颜色”模式，沿文字走向拉出渐变，按【Ctrl + D】组合键，如图 8-46 所示。

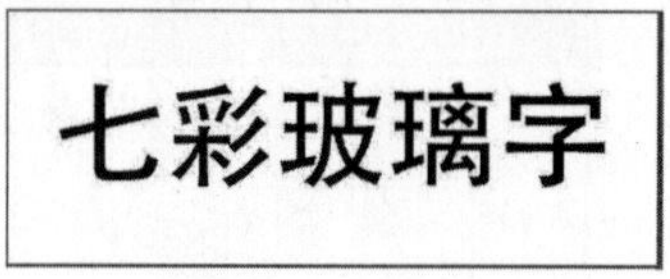

图 8-45　输入文字 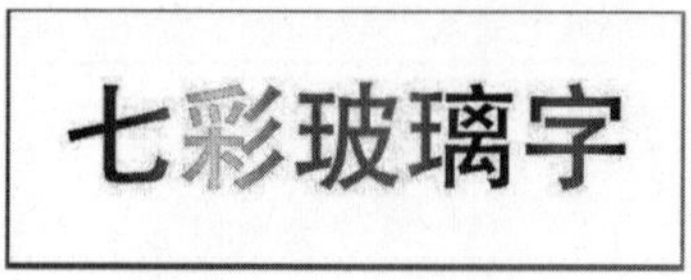　　　　图 8-46　渐变效果

步骤 3 在图层调板中合并可见图层。执行【滤镜】→【模糊】→【动感模糊】命令，如图 8-47 所示，效果如图 8-48 所示。

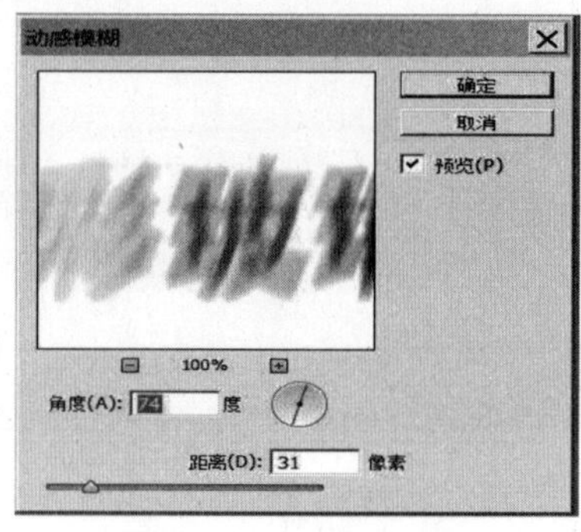

图 8-47　动感模糊设置

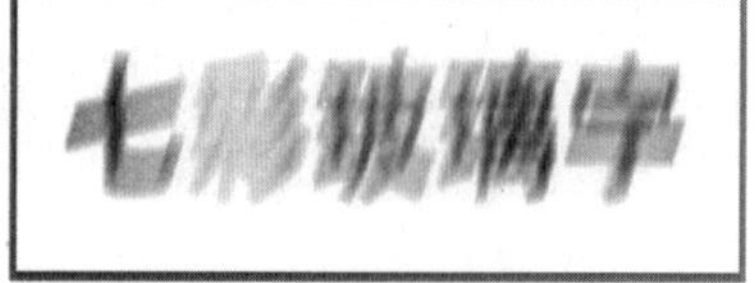

图 8-48　动感模糊效果

步骤 4 执行【滤镜】→【风格化】→【查找边缘】命令，如图 8-49 所示。

步骤 5 执行【图像】→【调整】→【反相】命令，最终效果如图 8-50 所示。

图 8-49　查找边缘效果

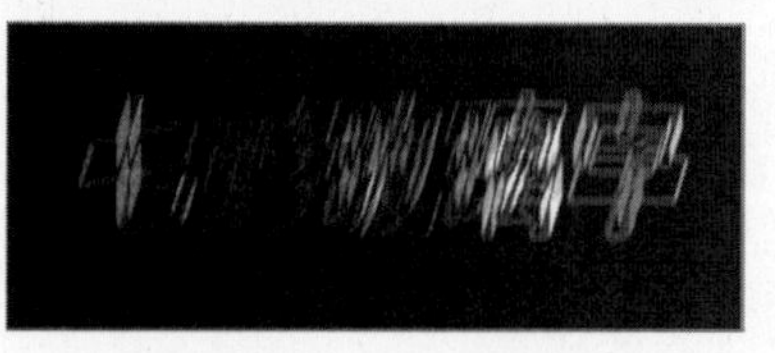

图 8-50　最终效果图

子任务 3　掌握锐化滤镜的功能

应用不同的锐化滤镜可以得到不同的图像效果，如图 8-51 ~ 图 8-56 所示。

图 8-51　原始图

图 8-52　锐化效果

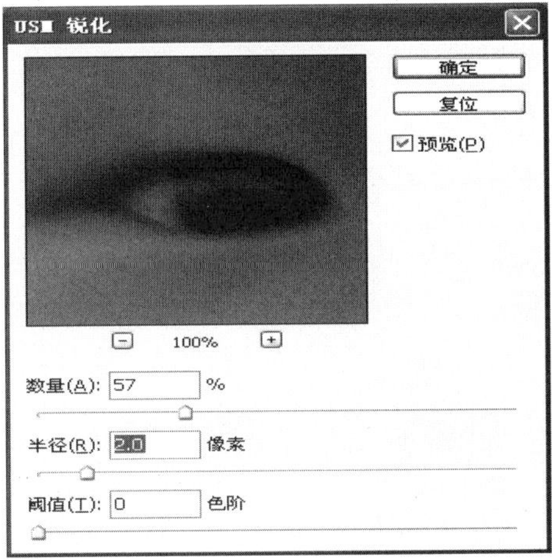

图 8-53　USM 锐化设置

图 8-54　USM 锐化效果

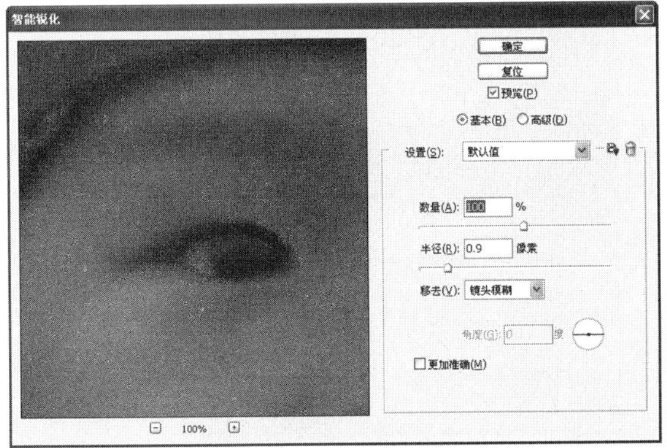

图 8-55　智能锐化设置

图 8-56　智能锐化效果图

任务四　认识其他滤镜

其他滤镜组主要有高反差保留、最大值和最小值、位移，下面通过图像对比来说明其效果，如图 8-57 至图 8-59 所示。

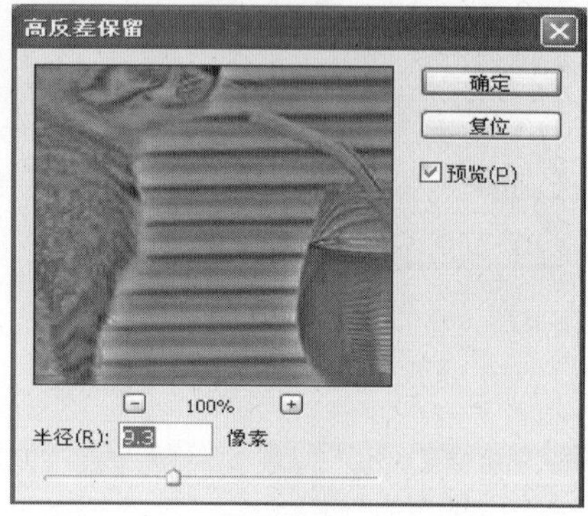

图 8-57　高反差保留设置及效果

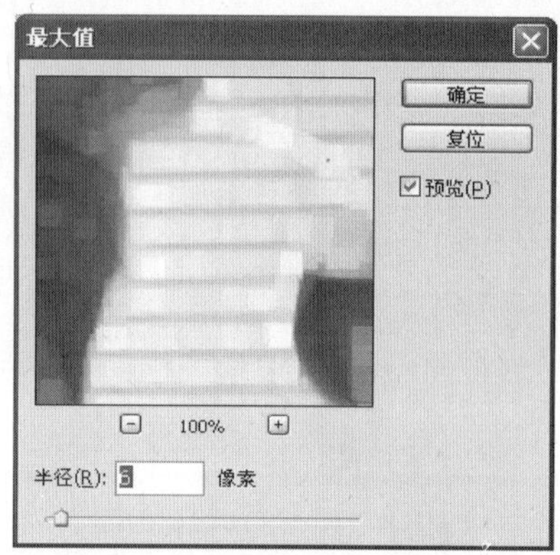

图 8-58　最大值设置及效果

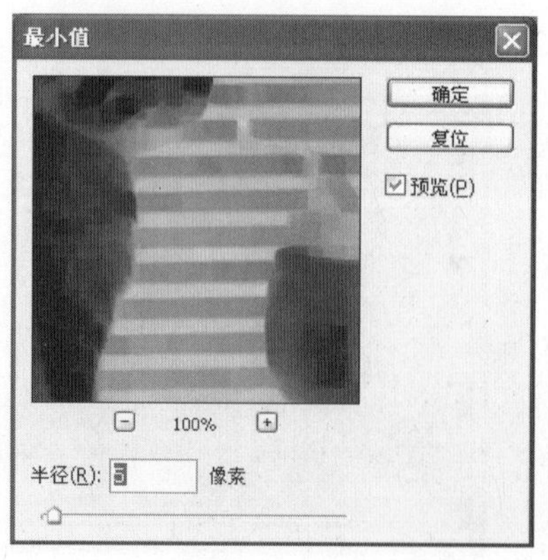

图 8-59　最小值设置及效果

学材小结

本模块主要介绍 Photoshop CS6 中内置滤镜以及特殊滤镜的使用方法。滤镜是 Photoshop 中进行平面设计的主要方法，需要熟练掌握并灵活运用，并且在实践中不断总结。

理论知识

选择题

(1) 如果扫描的图像不够清晰，可用（　　）滤镜弥补。
A. 渲染　B. 风格化　C. 锐化　D. 扭曲

(2) 下列滤镜中只对 RGB 图像起作用的是（　　）。
A. 光照效果　B. 马赛克　C. 波纹　D. 浮雕效果

(3) 使用置换滤镜时，替换文件采用的文件格式是（　　）。
A. JPEG　B. TIFF　C. PDF　D. PSD

(4) 可以用来模拟灯光照射图像的滤镜效果是（　　）。
A. 镜头光晕　B. 分层云彩　C. 光照效果　D. 云彩

(5) 可以扩张白色区域，同时缩小黑色区域的滤镜效果是（　　）。
A. 高反差保留　B. 位移　C. 最大值　D. 最小值

(6) 可以将图像分解成不规则方块的滤镜效果是（　　）。
A. 染色玻璃　B. 颗粒　C. 马赛克拼贴　D. 拼缀图

(7) 利用调节层次曲线的方法将亮度高于 50% 的部分反转，得到底片曝光过度后的滤镜效果是（　　）。
A. 扩散　B. 查找边缘　C. 照亮边缘　D. 曝光过度

(8) 用来模拟影印效果的效果，处理后的图像高亮区显示前景色，阴影色显示背景色的滤镜效果是（　　）
A. 网状　B. 影印　C. 图章　D. 炭笔

(9) 可以使图像产生粗糙的浮雕效果，从而看起来类似出土的化石的滤镜效果是（　　）。
A. 浮雕效果　B. 基底凸现　C. 塑料效果　D. 绘图笔

(10) 可以校正由于摄影和扫描后引入的模糊因素，是应用最多的锐化图像的滤镜效果是（　　）。
A. USM 锐化　B. 进一步锐化　C. 锐化　D. 锐化边缘

实训任务

任务 1　制作大理石材质

步骤：

步骤 1　执行【文件】→【新建】命令，执行________命令将背景填充为黑色，如图 8-61

所示。

步骤 2 执行【滤镜】→________→【分层云彩】命令，效果如图 8-62 所示。

步骤 3 在图层调板中复制背景图层，在副本中再一次执行【滤镜】→________→【分层云彩】命令，如图 8-63 所示。

图 8-60 填充背景

图 8-61 分层云彩效果

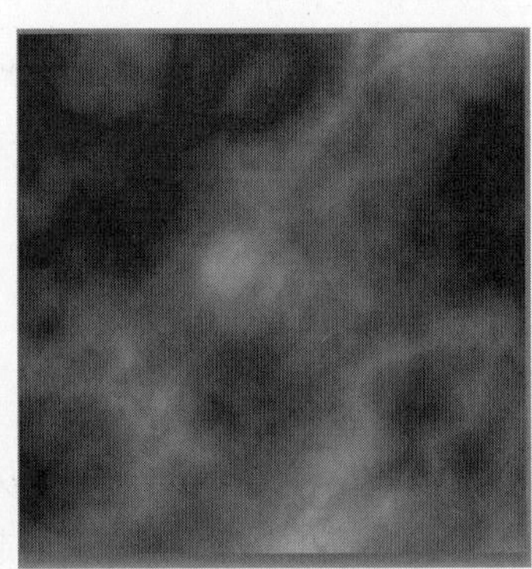

图 8-62 副本图层

步骤 4 执行________→【色阶】命令，设置参数，如图 8-64 所示。最终效果如图 8-65 所示。

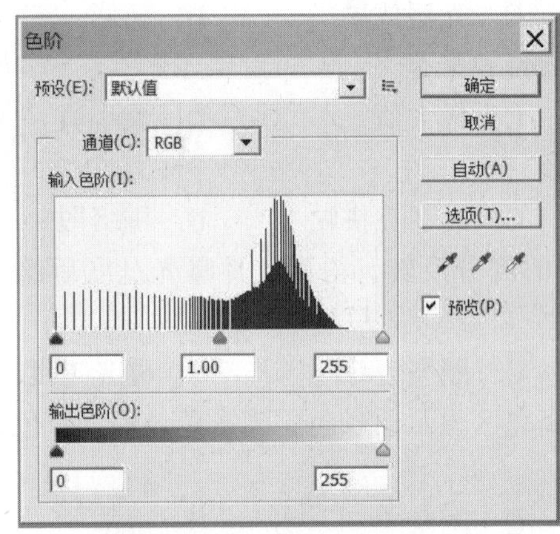

图 8-63 色阶参数设置

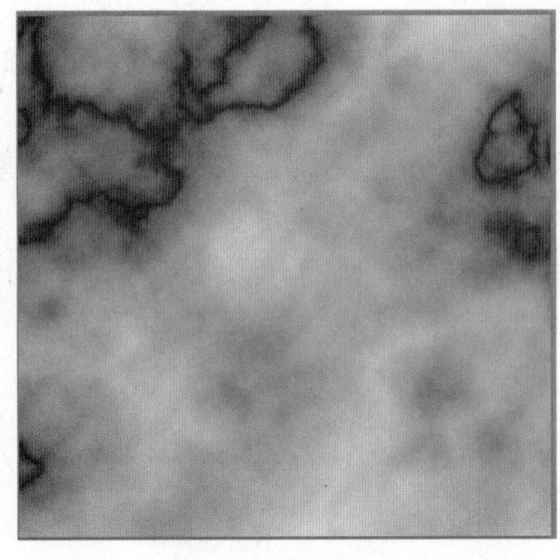

图 8-64 效果图

任务 2 制作塑料字

步骤:

步骤 1 执行【文件】→【新建】命令，将前景设为蓝色，背景填充为白色，使用字体工具输入文字“图”，将字体设为蓝色。按住________键并单击文字图层，选择文字，执行________命令，设置收缩参数如图 8-65 所示。

步骤 2 新建“图层 1”，执行________命令，设置前景色为白色，将文字涂白。然后执行【选择】→【取消选择】命令，如图 8-66 所示。

图 8-65　设置收缩参数及效果图

图 8-66　填充白色

步骤 3　执行【滤镜】→________命令，设置参数为________，图层模式调整为________，如图 8-67 所示。

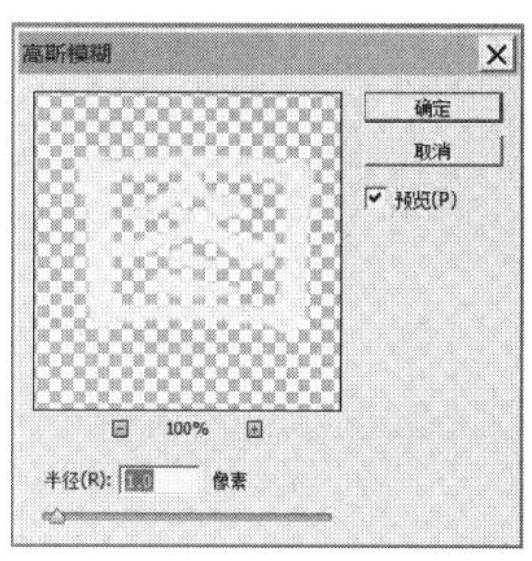

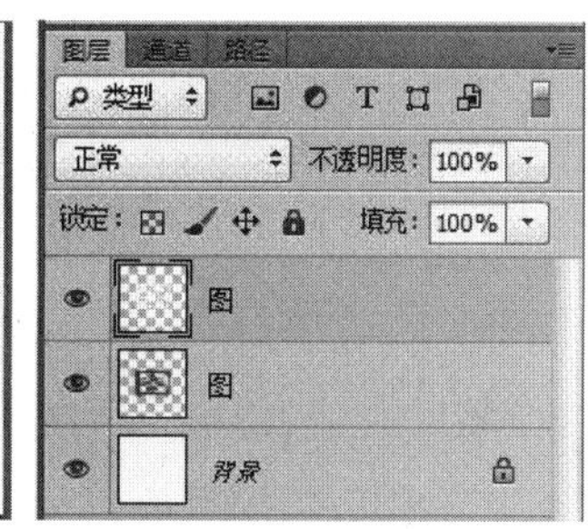

图 8-67　设置高斯模糊及图层模式

步骤 4　按住________键并单击文字图层，选择文字，新建通道，如图 8-68 所示。

步骤 5　将文字填充白色，重复执行 2 次【滤镜】→________命令，如图 8-69 所示。

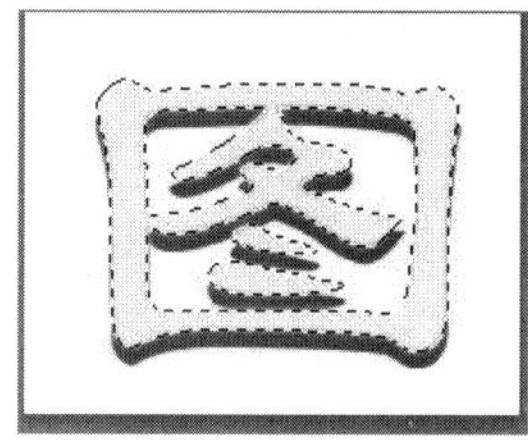

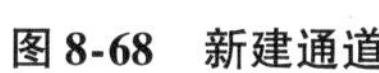

图 8-68　新建通道

图 8-69　填充白色

步骤 6　执行【选择】→【反选】命令，清除文字以外选区后，取消选择。

步骤 7　在图层调板上按住【Ctrl】键并单击文字图层，选择文字，新建“图层 2”，执行________命令，将文字填充为黑色。将图层模式改为________，如图 8-70 所示。

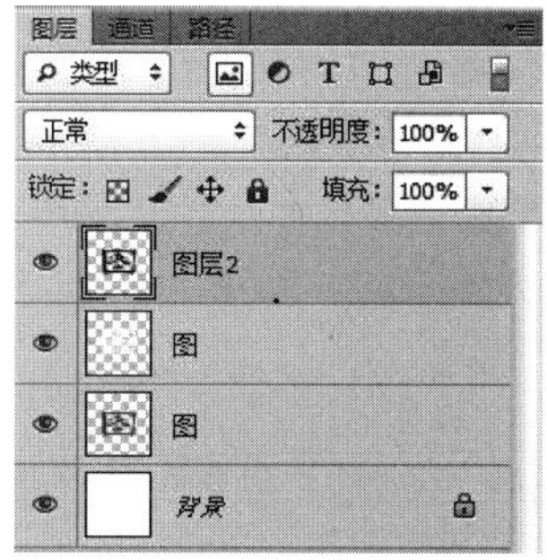

图 8-70　图层调板及效果

步骤 8 执行【滤镜】→________命令，如图 8-71 所示。

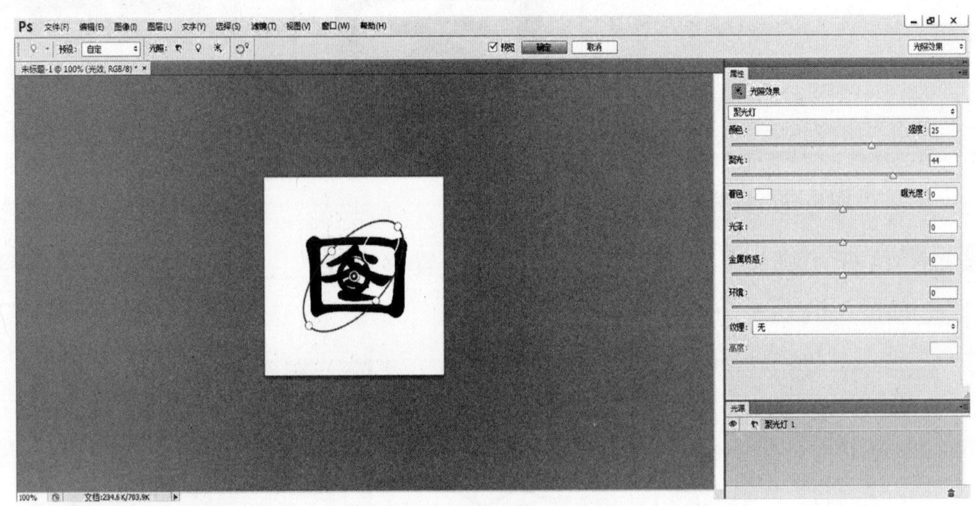

图 8-71　参数设置及效果

步骤 9 选择文字图层，执行________命令，如图 8-72 所示。

步骤 10 执行【选择】→【取消选择】命令，最终效果如图 8-73 所示。

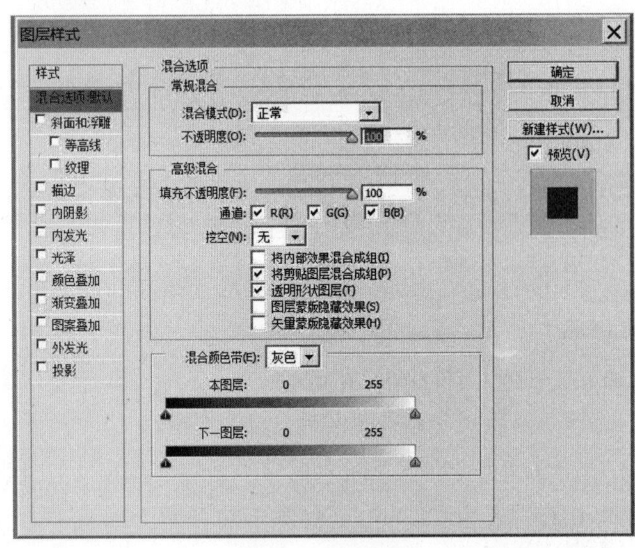

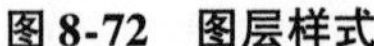

图 8-72　图层样式　　**图 8-73　最终效果**

任务 3　制作倒影效果

步骤:

步骤 1 执行【文件】→【打开】命令，打开素材文件“城堡 . jpg”如图 8-74 所示。

步骤 2 执行________命令，设置参数如图 8-75 所示。将画布向下增加________倍，如图

8-76 所示。

步骤 3 在图层调板中右击“背景”图层，执行________命令得到“背景副本”图层，如图 8-77 所示。

图 8-74　城堡 . jpg

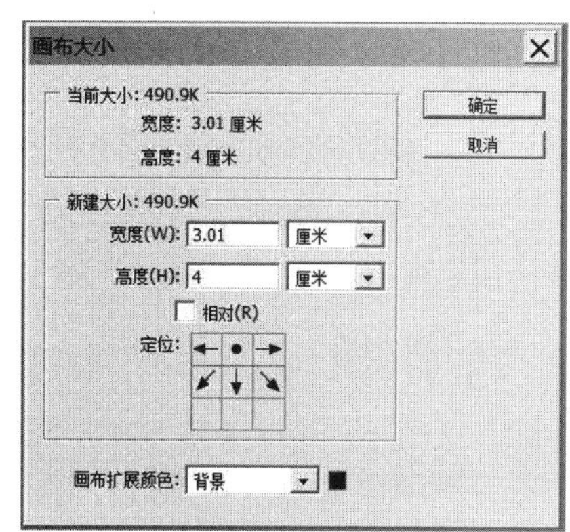

图 8-75　设置画布大小

图 8-76　调整画布

图 8-77　复制背景图层

步骤 4 在“背景副本”图层中执行________命令，并用移动工具将图像向下拖动，调整位置，如图 8-78 所示。

图 8-78　移动图像

步骤 5 在“背景副本”图层中执行【滤镜】→________命令，参数设置及效果如图 8-79 所示。

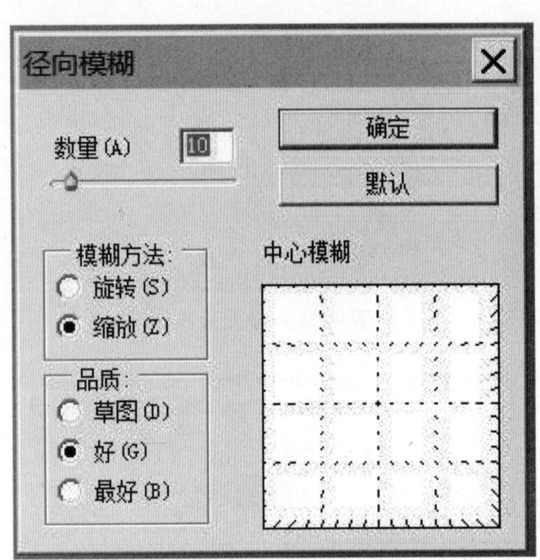

图 8-79　径向模糊设置及效果

步骤 6 执行【滤镜】→【模糊】→【动感模糊】命令，如图 8-80 所示。

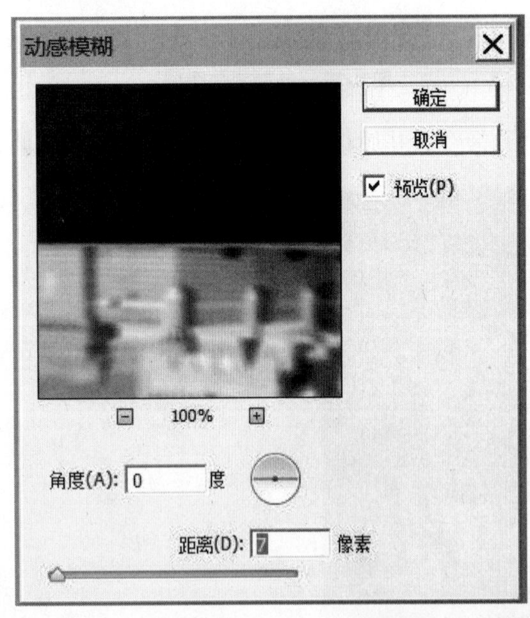

图 8-80　动感模糊设置及效果

步骤 7 合并图层后，最终效果如图 8-81 所示。

图 8-81　最终效果图

拓展练习

1. 制作冰雪字，效果如图 8-82 所示。（提示：主要运用曲线、晶格化、添加杂色、高斯模糊、色相饱和度等知识）

2. 制作条纹布，效果如图 8-83 所示。

图 8-82　冰雪字效果图

图 8-83　条纹布效果图

模块九
穿越 Photoshop 通道

本模块导读

通道的概念在Photoshop中非常独特，应用也非常的广泛。通道主要用于存储图像的色彩信息或者选区。对一些较模糊的画面，使用通道抠取出来的图像带有非常自然的颜色过渡，并且最大程度地保留了细节。通过本模块的学习，学生应掌握通道的基本功能和操作。

本模块要点

- 通道的分类
- 通道的基本操作

任务一　认识通道

子任务 1　了解通道的概念及用途

知识导读

通道是存储不同类型信息的灰度图像。绝大部分的可见光可以用红、绿、蓝三原色按不同的比例和强度混合来表示，将三原色的灰度分别用一个颜色通道来记录，最后合成各种不同的颜色。可以把通道看作是某一种色彩的集合，如红色通道，记录的就是图像中不同位置红色的深浅（即红色的灰度），除了红色外，在该通道中不记录其他颜色的信息。

从日常使用通道的经验来说，通道主要有以下几个用途：

1）用于辅助修饰图像。可借助通道调板观察图像的各通道显示效果，然后再对图像进行修饰，下面举例说明利用通道调整色彩，原图如图 9-1 所示，效果如图 9-2 所示。

图 9-1　秋色风景 . jpg

图 9-2　调整后的效果图

步骤：

步骤 1 执行【文件】→【打开】命令，打开素材文件“秋色风景 . jpg”。

步骤 2 打开通道调板，选择红色通道，如图 9-3 所示。执行【图像】→【调整】→【色阶】命令，打开“色阶”对话框，如图 9-4 所示，调整后效果如图 9-2 所示。

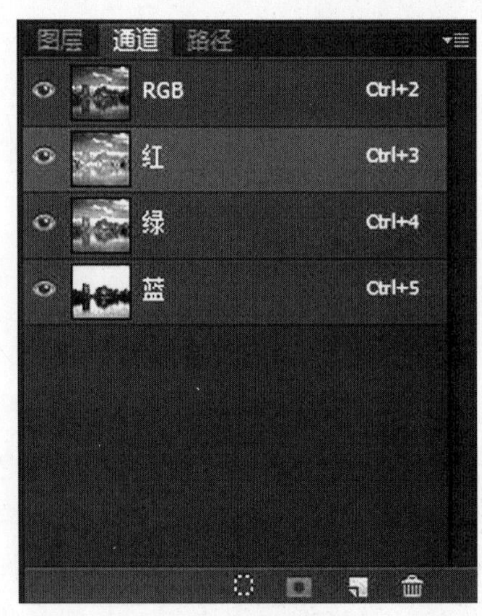

图 9-3　通道调板

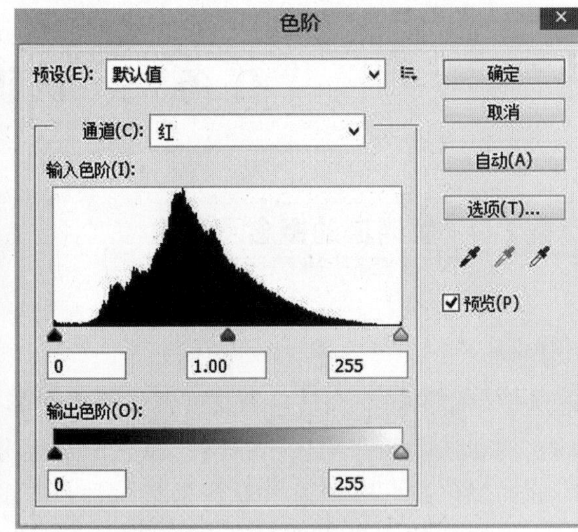

图 9-4　调整色阶

2）辅助制作一些特殊效果。例如，将图 9-5 所示的图像复制到图 9-6 的“红”通道中，使该图像极具立体感，从不同的视角可看到不同的效果。

图 9-5　鸡蛋 . jpg

图 9-6　枫叶 . jpg

步骤:

步骤 1 执行【文件】→【打开】命令，打开素材文件“鸡蛋 . jpg”和“枫叶 . jpg”。

步骤 2 在“鸡蛋 . jpg”中按【Ctrl + A】组合键全选图像，再按【Ctrl + C】组合键进行复制。选择“枫叶 . jpg”，打开通道调板，选择蓝色通道，如图 9-7 所示，按【Ctrl + V】组合键，效果如图 9-8 所示。

3）利用 Alpha 通道可保存选区。同时，利用 Alpha 通道保存选区的透明信息，还可以制作一些特殊效果，如图 9-9 所示为原图，图 9-10 所示显示了对 Alpha 通道执行马赛克拼贴滤镜后的效果。

图 9-7　枫叶.jpg 的通道调板

图 9-8　效果图

图 9-9　原图—通道调板

图 9-10　效果图—通道调板

> 图层将独立完整的图片叠合到一起，一个图层就是一个图像，数目可自由的增减。
>
> 不同模式图像的颜色通道数是固定的，不能随意增减；通道也不是完整的图像，它只是这个图像中的一个分色。
>
> 注　意

子任务 2　认识通道的分类

知识导读

通道可分为颜色信息通道、Alpha 通道和专色通道 3 种。颜色信息通道随着颜色模式的变化而变化，灰度模式只有一个黑色通道，RGB 模式具有三个颜色通道和一个复合通道；图像中如应用了专色，就要设置专色通道；而 Alpha 通道是为了存储选区使用的。通道都是灰度模式的图像，都是 0 ~ 255 层次的灰度阶梯。

1. 颜色信息通道

颜色信息通道是在打开新图像时自动创建的。图像的颜色模式决定了所创建的颜色通道的数目。例如，RGB 图像的每种颜色（红色、绿色和蓝色）都有一个通道，并且还有一个用于编辑图像的复合通道。下面列出常见的 3 种模式的通道。

（1）RGB 模式的通道

RGB 模式的图像文件由红色（R）、绿色（G）和蓝色（B）三个通道组成。RGB 颜色空间提供大量的色彩组合，由于大多数扫描仪和数字相机都以 RGB 模式捕获图像，所以最好以这种格式来保存图像，这也是系统默认的通道模式。

当查看一个 RGB 通道时，如图 9-11 所示，可能会看到有的地方暗一些，有的地方亮一些，其中暗色调表示缺失这种颜色，而亮色调表示这种颜色存在。例如，一个透明的蓝色通道表明有大量蓝色透过图像，而一个阴暗的蓝色通道则因为缺少蓝色，从而显示其反相颜色。

（2）CMYK 模式的通道

CMYK 模式的图像文件由青、洋红、黄以及黑色通道组成，如图 9-12 所示。由于有四个通道，而不是三个通道，所以 CMYK 文件比等效的 RGB 文件要大一些。由于印刷图像需要通过反射光而不是通过发光来识别，所以 CMYK 模式的文件使用减色法来记录颜色数据。

图 9-11　RGB 模式的通道

图 9-12　CMYK 模式的通道

（3）Lab 模式的通道

Lab 模式与其他两种颜色模式完全不同，它提供三个通道：表示绿色与红色之间极性的 a 通道、表示蓝色与黄色之间极性的 b 通道和表示图像明暗强度的明度（L）通道，如图9-13所示。

图 9-13　Lab 模式的通道

当校正 Lab 模式的图像时，应遵循下列准则：

1）暗化明度通道可以使图像更暗；亮化明度通道可以使图像更亮。

2）暗化 a 通道可以使图像更绿；亮化 a 通道可以使图像更红。

3）暗化 b 通道可以使图像更蓝。亮化 b 通道可以使图像更黄。

2. Alpha 通道

利用 Alpha 通道可保存选区。选区存储为灰度图像，白色表示被选择区域，黑色表示不被选择区域，灰色表示被部分选择的区域。当将一个选区保存后，该选区就会成为一个蒙版保存在一个新通道中，在 Photoshop 中这些新增的通道就被称为 Alpha 通道。

> 在进行图像编辑时，所有选中的通道均会相应调整。
>
> 
>

3. 专色通道

专色通道即指定用于专色油墨印刷的附加印版。它是一种特殊的混合油墨，所谓特殊是指它不包括在 CMYK 这四种印刷油墨中，而所谓混合就是说它是用几种油墨合成的，用于印刷时附加到 CMYK 油墨中。在打印输出中心出片的时候会多出一个胶片，这就是附加印版。它只能在通道调板中找到（建立专色通道）。

通道调板默认创建的是 Alpha 通道，按住【Ctrl】键并单击“创建新通道”按钮可以建立专色通道；或者单击通道调板右侧的按钮，打开如图 9-14 所示命令菜单，执行【新建专色通道】命令，建立专色通道，如图 9-15 所示。

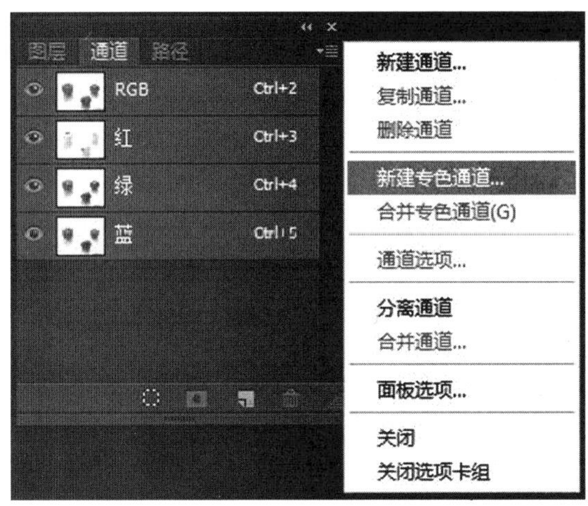

图 9-14　通道调板

图 9-15　建立专色通道

> 一个图像最多可有 56 个通道。所有的新通道都具有与原图像相同的尺寸和像素数目。
>
> 通道所需的文件大小由通道中的像素信息决定。某些文件格式（包括 TIFF 和 Photoshop 格式）将压缩通道信息，并且可以节约空间。
>
> 注 意

任务二　认识通道调板

知识导读

对通道的操作主要是通过通道调板进行，在通道调板中有【新建通道】、【复制通道】、【删除通道】等命令。下面就简单介绍通道调板的各个按钮及命令的意义。

执行【窗口】→【通道】命令，打开通道调板，如图 9-16 所示，可以看到通道调板和路径调板及图层调板的布局差不多。

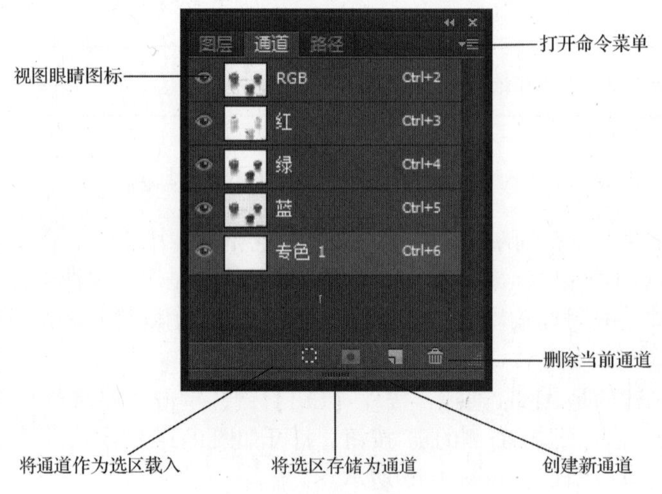

图 9-16　通道调板

单击调板右上角的三角形按钮打开如图 9-17 所示的菜单。可以看到在调板中有 9 项命令，功能如下。

新建通道：此命令用于新建一个通道。

复制通道：此命令用于复制当前通道。

删除通道：此命令用于删除当前通道。

新建专色通道：此命令用于在 Alpha 通道的基础上新建一个单色的通道。

合并专色通道：此命令用于将当前的几个专色通道合并为一个通道。

通道选项：此命令用于设置通道的各个参数，包括通道的名称、颜色及透明度等。

分离通道：此命令用于将 RGB、CMYK 通道分离，分成各个颜色的通道。

合并通道：此命令用于将分离的通道合并成一个 RGB、CMYK 等通道或一个新的通道。

调板选项：此命令用于设置调板的各个参数，主要用于调整调板的缩略图大小。执行此命令可打开如图 9-18 所示的对话框。

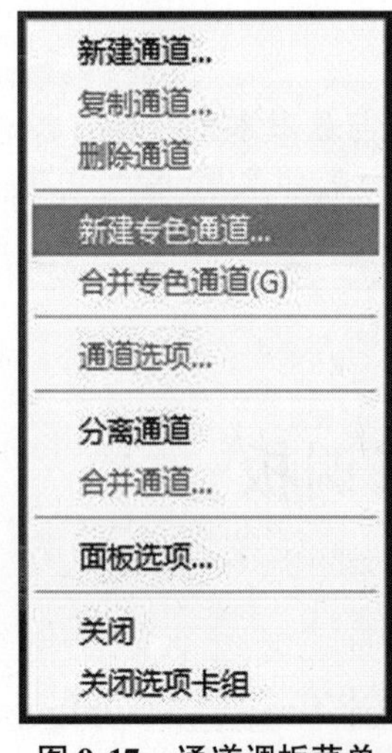

图 9-17　通道调板菜单

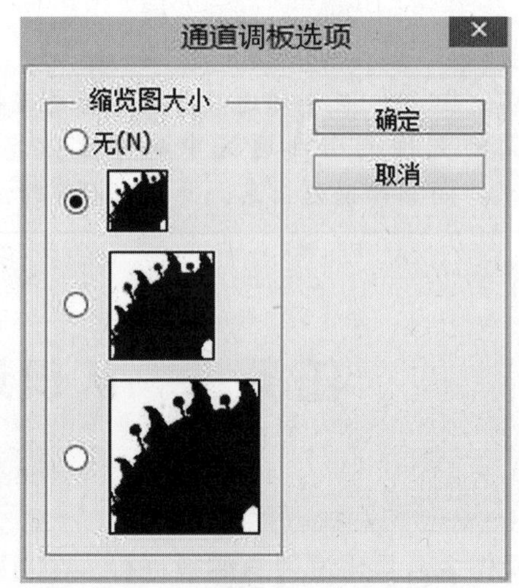

图 9-18　“通道调板选项”对话框

按住【Ctrl】键单击通道，载入当前通道中保存的选区；按住【Ctrl + Shift】组合键单击通道，可将载入的选区添加到已有选区中。要选中其他通道，可在选择通道时按住【Shift】键。

注意

任务三　掌握通道的使用方法

仅知道通道的定义和概念是不够的，关键还是要熟练地使用通道，制作出绚烂多彩的图像。

子任务 1　新建 Alpha 通道

知识导读

Alpha 通道在 Photoshop 中具有独特的作用，利用 Alpha 通道可以制作出许多独特的效果。在进行图像的编辑时，单独创建的新通道都称为 Alpha 通道。下面介绍如何创建新的通道。

单击通道调板中的【创建新通道】按钮，即可快速建立一个新通道。新建立的通道的默认色为黑色，如图 9-19 所示。

执行通道调板命令菜单中的【新建通道】命令，也可以创建一个新通道。执行此命令后打开“通道选项”对话框，如图 9-20 所示。在对话框中可以设置通道的各项参数：

图 9-19　新建立的 Alpha 通道

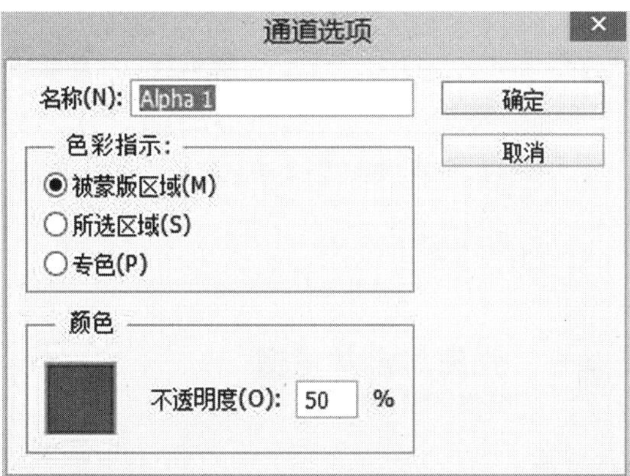

图 9-20　“通道选项”对话框

在“名称”文本框中可以输入通道的名称，系统的默认名为 Alpha1、Alpha2 等。

在“色彩指示”选项组中，可以设定通道中的颜色显示方式，一般选择以下两种颜色。

1）被蒙版区域：选择此项后，新建的 Alpha 通道中有颜色的区域代表蒙版区，没有颜色的区域代表非蒙版区。

2）所选区域：该项和“被蒙版区域”恰好相反，选中该项后，新建的 Alpha 通道中没有颜色的区域代表蒙版区，有颜色的区域代表非蒙版区。

单击“颜色”拾取块，打开“拾取器”对话框，选取一种通道颜色。在默认的情况下，蒙版的颜色为半透明的红色。

在“颜色”拾取块的右侧有一个“不透明度”文本框，可以在此输入数值设定蒙版的不透明度值，设定不透明度的目的在于使能够较准确地选择区域。

设定完后单击“确定”按钮，即可创建一个 Alpha 通道。

子任务 2 复制通道

复制通道的操作很简单，首先选中要复制的通道，然后执行通道调板命令菜单中的【复制通道】命令，打开如图 9-21 所示的“复制通道”对话框，可以设置通道名称、要复制此通道的目标图像文件。若选择“新建”项，则表示要复制到一个新建立的文件中；若选择“反相”复选框，复制后的通道颜色即会以反色显示。设置完后单击“确定”按钮，即可完成复制通道的操作。

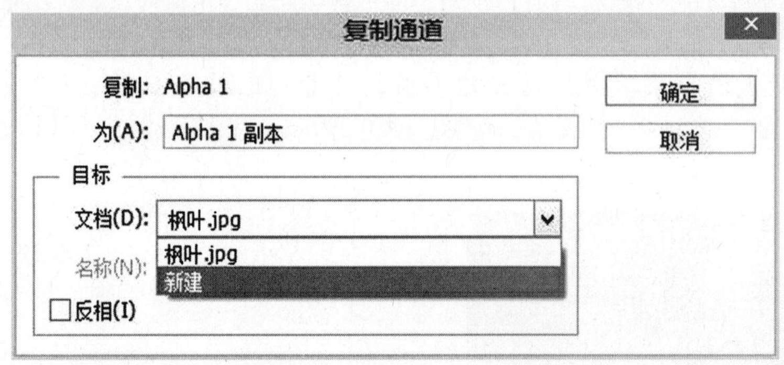

图 9-21 “复制通道”对话框

> 还可以拖动 Alpha 通道至通道调板下的“创建新通道”按钮，复制出一个 Alpha 通道。
>
> 注 意

子任务 3 分离与合并通道

知识导读

在对通道进行编辑操作时，通常要将各个通道分离，然后分别对各个通道进行编辑，编辑完成后再把各个通道按照一种颜色模式进行合并。下面就介绍分离和合并通道的操作。

执行通道调板命令菜单中的【专色通道】命令，即可将一个图像中的各个通道分离出来，成为几个单独的通道，同时关闭原图像文件，而且分离后的图像都将以单独的窗口显示在屏幕上，这些图像都是灰度图。图 9-22 所示即为一个未分离的 RGB 通道及分离后的 3 个颜色通道图像。

未分离的 RGB 图像

分离出来的 R 通道图像

分离出来的 G 通道图像

分离出来的 B 通道图像

图 9-22　通道分离

分离后的通道经过编辑后要进行通道的合并，这样，分离出来的图像又可以重新合并成一个图像。合并图像只要执行通道调板命令菜单中的【合并通道】命令，打开如图 9-23 所示的“合并通道”对话框。可以重新设置各种色彩模式，注意该项设置要符合模式的实际情况，比如，RGB 图像设定通道数为 3、CMYK 图像设定通道数为 4 等。设定完参数后单击“确定”按钮将会出现一个对话框，如图 9-24 所示，在此对话框中要为刚才设置的模式选择需要的各个通道，各个通道原色的选择将直接关系到合并后图像的效果，另外注意各个原色通道不能相同。选择完后单击“确定”按钮，即可完成合并通道的操作。

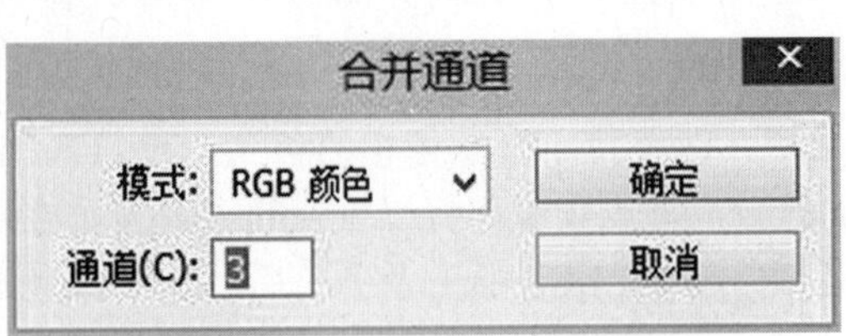

图 9-23 “合并通道”对话框

合并 RGB 通道

指定通道:

红色(R): 枫叶.jpg_红

绿色(G): 枫叶.jpg_绿

蓝色(B): 枫叶.jpg_蓝

确定

取消

模式(M)

图 9-24 “合并 RGB 通道”对话框

在合并通道时，各源文件的分辨率和尺寸必须一样，否则不能进行合并。

子任务 4 使用通道抠图

本任务主要结合通道的操作进行有效的抠图，原图及效果图如图 9-25 和图 9-26 所示。

图 9-25 人物 1. jpg

图 9-26 效果图

步骤:

步骤 1 执行【文件】→【打开】命令，打开素材文件“人物 1. jpg”选择钢笔工具，设置属性如图 9-27 所示，然后将图片中人物的主体轮廓勾出。注意碎发部分不要勾在里面，因为在后面将对其进行专门处理。

图 9-27 钢笔工具属性栏

步骤 2 打开路径调板，这时会发现路径调板中多了一个“工作路径”，单击“将路径作为选区载入”按钮，将封闭的路径转化为选区，如图 9-28 所示。

步骤 3 打开图层调板，选择“背景”层，单击右键，执行【复制图层】命令，新建一个“背景副本”图层。选择该图层，单击“添加图层蒙版”按钮，如图 9-29 所示。

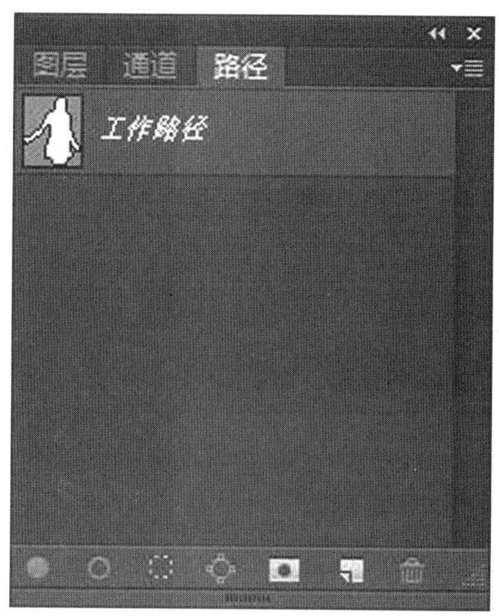

图 9-28　路径调板

图 9-29　图层调板

图层蒙版有易改动、不破坏原图层的优点。

步骤 4 打开通道调板，拖动“绿”通道至“创建新通道”按钮，复制出一个“绿副本”通道，如图 9-30 所示。

步骤 5 选择“绿副本”通道，按【Ctrl + L】组合键进行色阶调整，将左侧的黑色滑块向右拉动，将右侧的白色滑块向左拉动，如图 9-31 所示，这样减小中间调部分，加大暗调和高光，使头发和背景很好的分开。

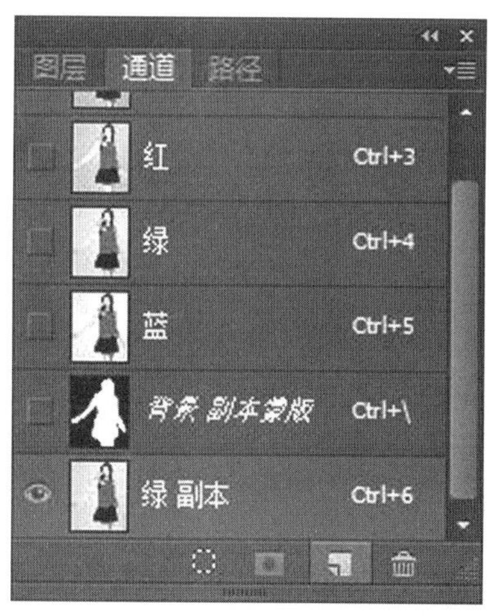

图 9-30　复制通道

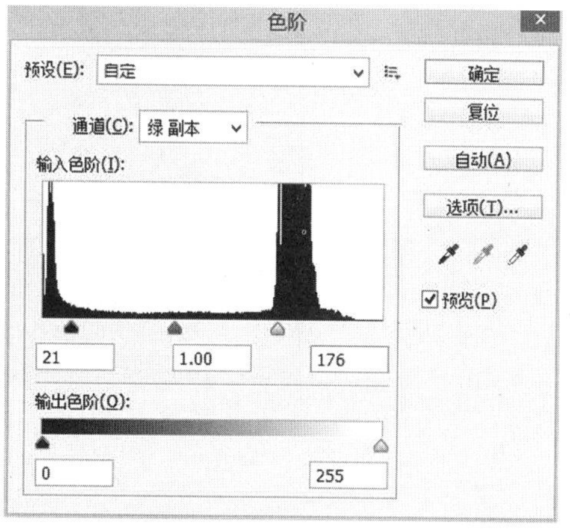

图 9-31　色阶调整

步骤 6 按【Ctrl + I】组合键将“绿副本”通道反相，再选择画笔工具，设置属性，用黑色画笔将头发以外(也就是不需要选择的地方）涂黑，然后用白色画笔把头发里需要的地方涂白。

步骤 7 单击通道调板上的“将通道作为选区载入”按钮，得到“绿副本”选区，如图 9-32 所示。回到图层调板，双击“背景”图层，重命名为“图层 0”，如图 9-33 所示。

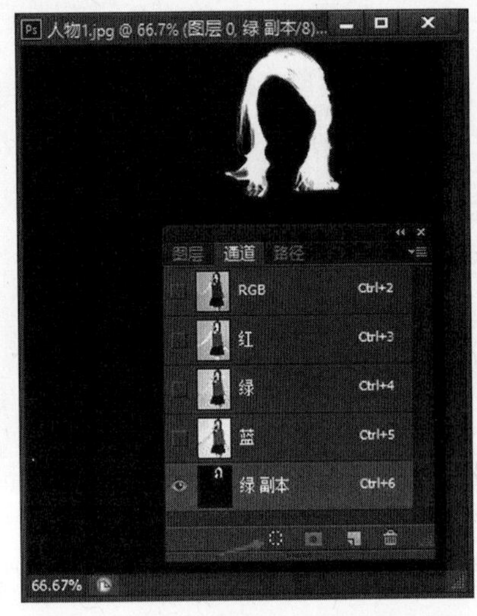

图 9-32　将“绿副本”通道转为选区

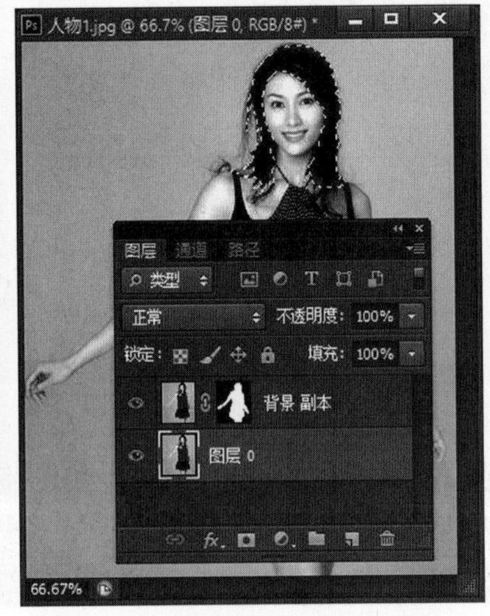

图 9-33　重命名“背景”图层

步骤 8 单击“添加图层蒙版”按钮，为“图层 0”添加图层蒙版，如图 9-34 所示。这样人物就从图片里分离出来了，任意更换一张背景图片即可。

图 9-34　添加图层蒙版

如果主体和头发处有衔接不好的地方，可以对其蒙版用黑色画笔处理一下。

学材小结

本模块主要介绍了通道的基本功能和用法，使读者能够循序渐进地认识用通道来建立选区，进行选区的各种操作，也可把通道看作由原色组成的图像，因此可利用滤镜进行单种原色通道的变形、色彩调整、复制粘贴等工作。通道是 Photoshop 中的非常重要的工具，熟练地掌握通道处理是用好 Photoshop 的关键所在。

理论知识

1. 填空题

（1）通道的主要用途是________、________、________。

（2）如果删除了某个原色通道，则通道的色彩模式将变为________模式。

（3）通道的种类有________、________、________。

（4）专色通道设置只是用来________，对实际打印输出并无影响。

2. 选择题

（1）编辑保存过的 Alpha 通道的方法是（　　）。

A. 在快速蒙版上编辑　　B. 在黑、白或灰色的 Alpha 通道上编辑

C. 在图层上编辑　　D. 在路径上编辑

（2）RGB 模式的通道有（　　）个单色通道。

A. 1　　B. 2　　C. 3　　D. 4

（3）一个图像最多可有（　　）个通道。

A. 128　　B. 55　　C. 56　　D. 64

实训任务

任务 1　孔雀通道抠图

本任务结合复制通道与选区操作对超细孔雀毛进行通道抠图。

步骤：

步骤 1 执行【文件】→【打开】命令，打开素材文件“白孔雀 .jpg”。执行【图像】→【图像大小】命令，把图像的宽度和高度都设为 400%，勾选“约束比例”复选框，保证抠出的图像保持清晰，如图 9-35 所示。

步骤 2 按【Ctrl + J】组合键复制“背景”图层，再按【Ctrl + U】组合键，打开“色相/饱和度”对话框，把色相改为 45，饱和度改为 49，如图 9-36 所示。

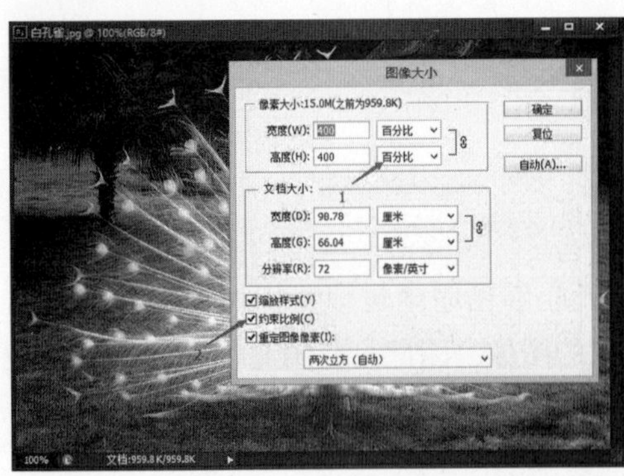

图 9-35　白孔雀 . jpg

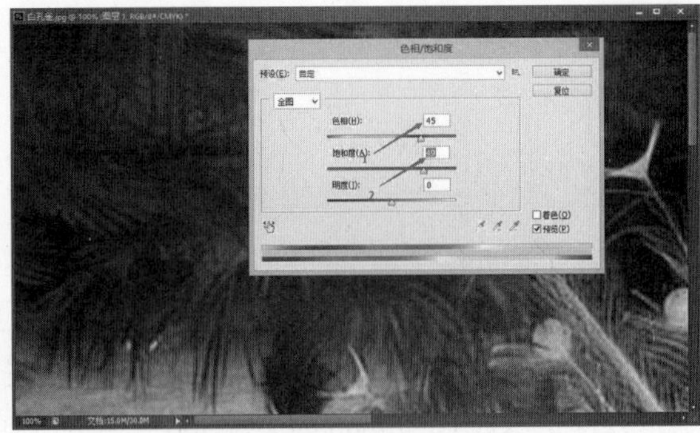

图 9-36　“色相/饱和度”对话框

步骤 3 打开通道调板，可以看到“蓝”通道是黑白最为分明的，所以将“蓝”通道复制，得到“蓝副本”通道，如图 9-37 所示。

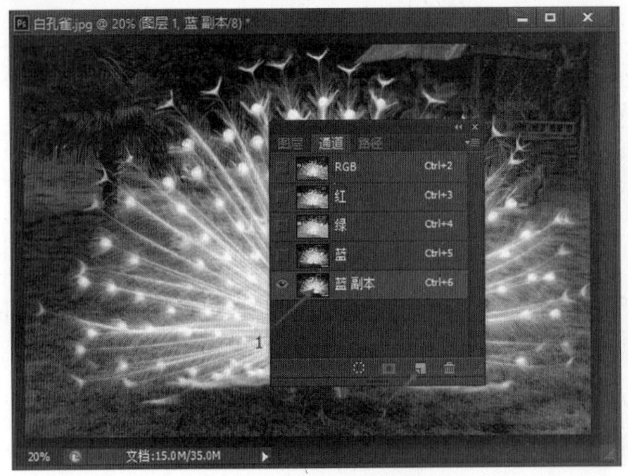

图 9-37　复制通道

步骤 4 这时通道中还是有一些杂草，孔雀的尾巴也没有完全分离，所以还要再复制得到一个“蓝副本 2”通道，如图 9-38 所示。

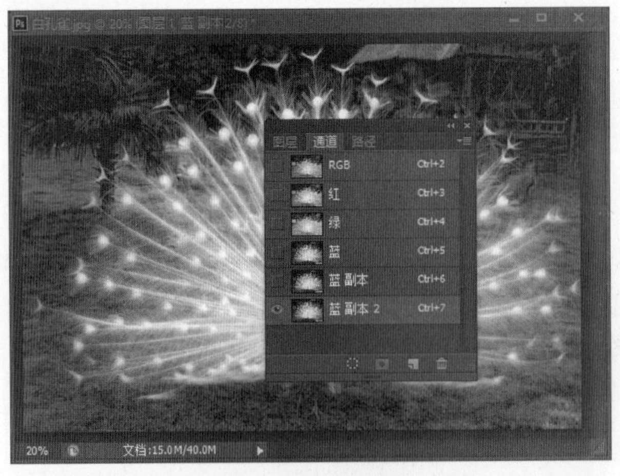

图 9-38　再次复制通道

步骤 5　对“蓝副本”通道和“蓝副本 2”通道分别按【Ctrl + L】组合键进行色阶调整，将这两个通道中的杂草去除掉，如图 9-39 和图 9-40 所示。

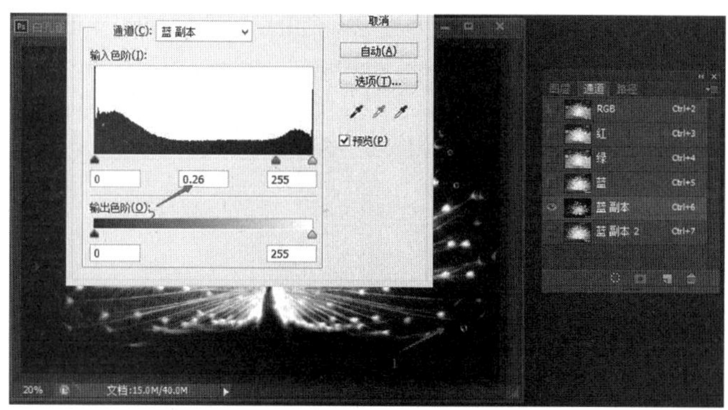

图 9-39　“蓝副本”通道色阶调整

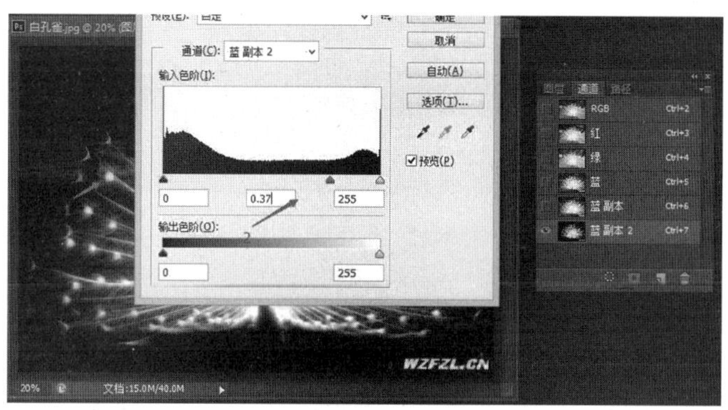

图 9-40　“蓝副本 2”通道色阶调整

步骤 6　按住【Ctrl】键并单击“蓝副本 2”通道，将其载入选区，再按【Ctrl + H】组合键隐藏选区。使用较软的白色画笔工具在“蓝副本”通道上将孔雀的羽毛进行修复，注意要把画笔的不透明度降低一些，如图 9-41 所示。

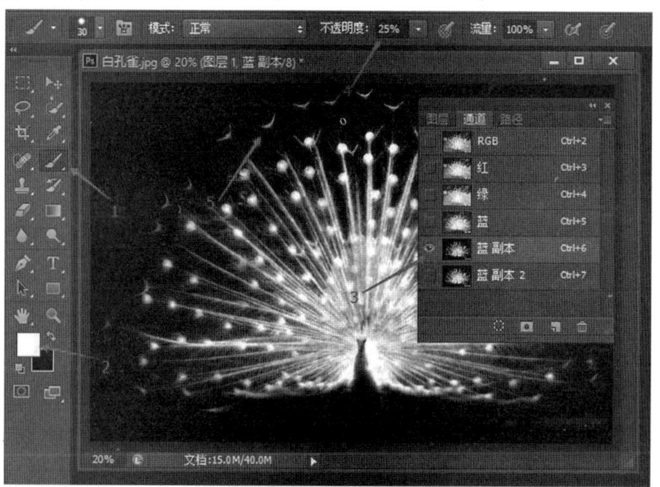

图 9-41　选区操作 1

步骤 7 按【Ctrl + D】组合键取消选区的隐藏，如果还发现图像当中有杂色，可以用不透明度低一些的黑色画笔工具将其涂抹掉，如图 9-42 和图 9-43 所示。

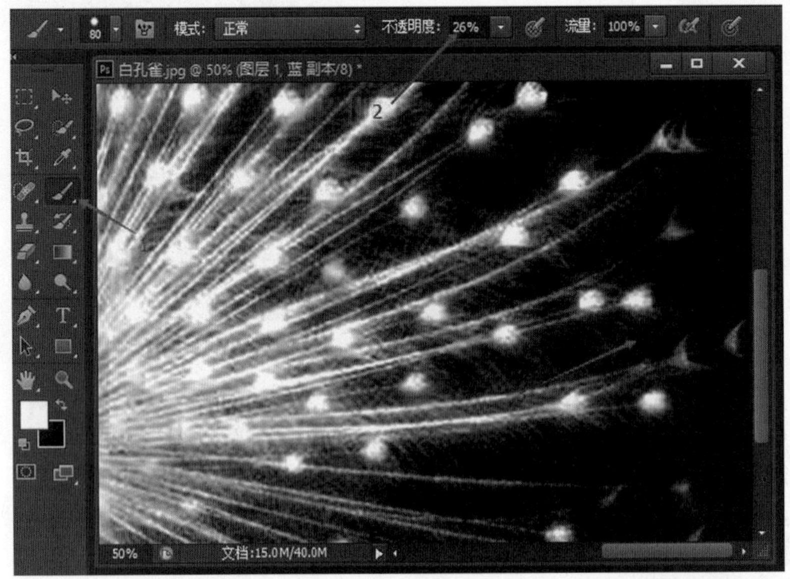

图 9-42　选区操作 2

图 9-43　选区操作 3

步骤 8 执行【图像】→【图像大小】命令，把图像缩小到原来的大小，如图 9-44 所示。

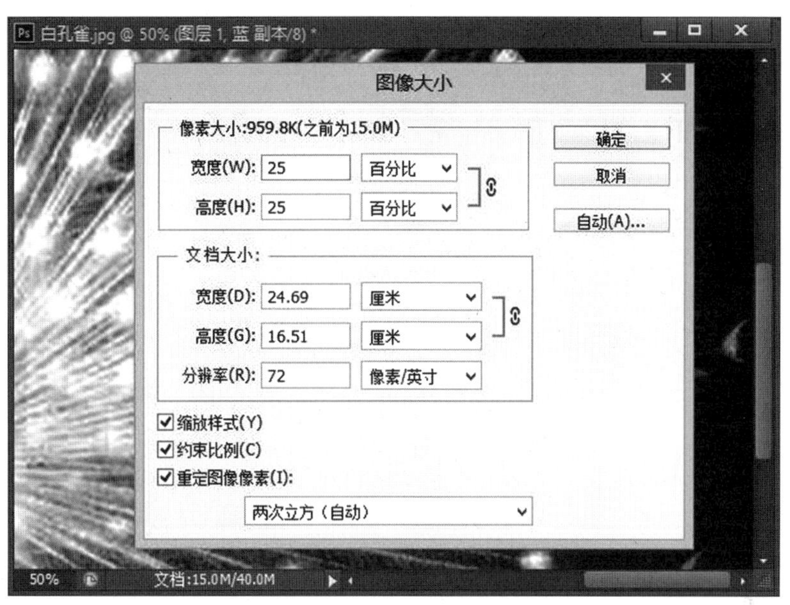

图 9-44　还原图像

步骤 9 对修复好的“蓝副本”通道按【Ctrl + A】组合键全选并复制。执行【文件】→【打开】命令，打开素材文件“绿背景 . jpg”，把复制好的通道图像粘贴进去，如图 9-45 所示。

图 9-45　复制通道

步骤 10 把粘贴得到“图层 1”的混合模式设为滤色，这样就最大限度地保留了孔雀的展开的尾巴，再将它摆好位置，如图 9-46 所示。

图 9-46　模式设置

步骤 11 执行【文件】→【打开】命令，打开素材文件“人物.jpg”，用魔棒工具将图像中的白色背景选中，再执行右键菜单中的【选择反向】命令，然后用移动工具将其拉入“绿背景.jpg”文件中，如图 9-47 所示。

图 9-47　选择人物

步骤 12 将人物图像摆在孔雀的尾巴图像上面，按【Ctrl + T】组合键调整人物的大小，按住【Shift + Alt】组合键可以保证人物不变形，如图 9-48 所示。

图 9-48　调整人物大小

步骤 13 最后再在“背景”图层的上方建一个新的图层，用软一些的黑色画笔工具在新图层上涂抹出人物坐着的投影，如图 9-49 所示。

图 9-49　效果图

任务 2　制作水晶字

本任务结合通道的复制与选区操作制作水晶字，如图 9-50 所示。

图 9-50 水晶字

步骤:

步骤 1 执行【文件】→【新建】命令，建立一个 400×400 像素的文件，切换到通道调板，单击“创建新通道”按钮，建立一个新通道“Alpha1”。

步骤 2 选择工具箱中的文字工具，在图中输入文字“朋友”，单击 RGB 通道，然后再单击“Alpha1”通道，按【Ctrl+D】组合键取消选择。

步骤 3 执行【滤镜】→【模糊】→【高斯模糊】命令，输入半径为 3 个像素。将“Alpha1”通道拖到下面的“创建新通道”按钮上，复制为“Alpha1 副本”通道。

步骤 4 选择“Alpha1 副本”通道，执行【滤镜】→【其他】→【位移】命令，输入水平为 2 个像素、垂直为 2 个像素，并设置为背景。

步骤 5 执行【图像】→【计算】命令，输入数据如如图 9-51 所示。

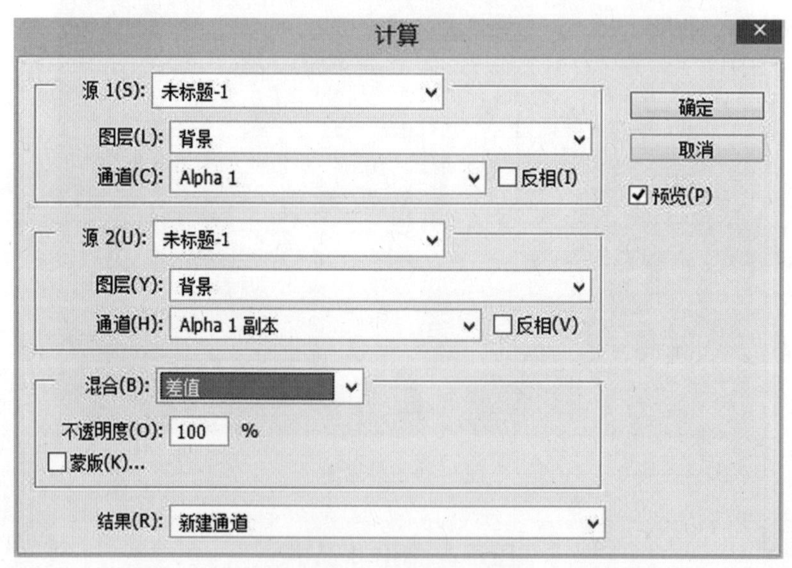

图 9-51 “计算”对话框

步骤 6 执行【图像】→【自动色调】命令。按【Ctrl+M】组合键打开“曲线”对话框，在直线上单击一点，输入数据，再单击一点并拖动，如图 9-52 所示。

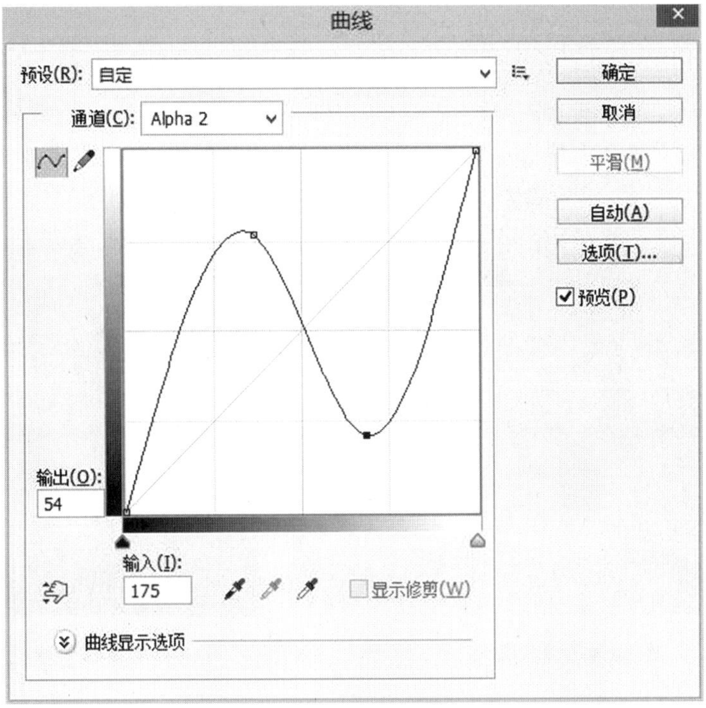

图 9-52　“曲线”对话框

步骤 7 执行【图像】→【计算】命令，输入数据如图 9-53 所示。

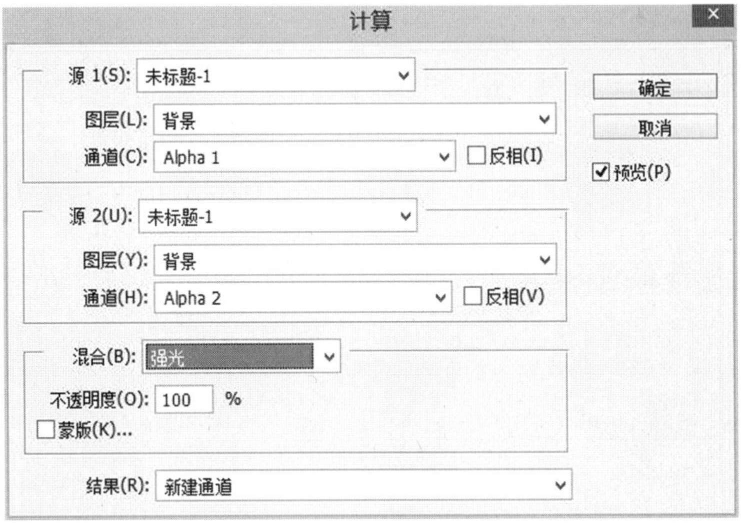

图 9-53　“计算”对话框

步骤 8 按【Ctrl】键的同时单击“Alpha2”通道，按【Ctrl + C】组合键复制图像，然后切换到图层调板，选择“背景”图层，按【Ctrl + V】组合键粘贴图像。

步骤 9 选择“背景”图层，在工具箱中选择渐变填充工具，从图像中心托至边缘，完成最终效果的绘制。

拓展练习

（1）打开素材文件“大理石纹理图. jpg”，利用通道制作如图 9-54 所示的剑气逼人效果。

（2）打开素材文件“苹果. jpg”，利用通道及图层蒙版工具制作水晶苹果效果，如图9-55所示。

图 9-54　剑气逼人

图 9-55　水晶苹果

模块十
Photoshop CS6 综合技术

本模块导读

本模块主要介绍一些基本的图像输入与输出的知识以及动作调板的各项功能，包括动作的记录、编辑、执行以及保存和安装等操作方法。使用动作，就是进行操作步骤的编程，从而使得对图像的操作自动化。通过本模块学习，学生应掌握动作的使用以及图像的输入与输出方法。

本模块要点

- 动作功能
- 使用动作调板
- 创建和使用动作
- 图像的输入与输出

任务一 认识动作功能

知识导读

在使用 Photoshop 进行图像编辑的时候，有些步骤是在重复操作，如果能够把这些操作用一个命令表示出来，那么就可以节省很多时间，提高工作效率。例如，如果想将一万幅 RGB 图像全部转化成为灰度图像，需要经过打开、转化、保存和关闭四步操作，那么一万幅就需要四万步操作。如果使用了动作功能进行“批处理”，只需执行一步操作，计算机就会自动地打开、转化、保存和关闭图像，不需要太长时间，所有图像就会全部转换完毕。动作的自动化功能是非常强大的，可以将常用的编辑功能录制成为一个动作，然后进行反复使用；还可以利用“批处理”功能将使用同一操作的大批量操作交给计算机自动处理，大大提高工作效率。

子任务 使用动作调板

使用动作调板可以记录、播放、编辑和删除动作，也可以存储、载入和替换动作。如果在 Photoshop 界面上没有“动作”调板，执行【窗口】→【动作】命令或按【Alt + F9】组合键，就可以显示动作调板，如图 10-1 所示。

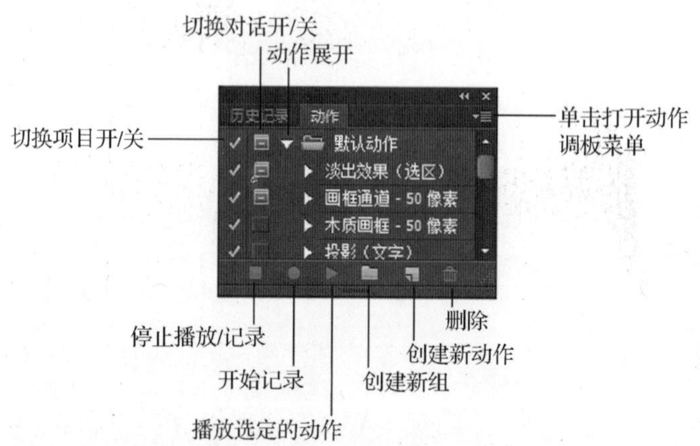

图 10-1 动作调板

切换项目开/关：当按钮显示为“√”时，可以切换某一个动作或命令是否执行；否则该文件夹中的所有动作都不能执行。

暂停显示：当按钮显示为“▣”时，在执行动作的过程中，会在弹出对话框时暂停，单击“确定”按钮后才能继续；否则，Photoshop 就会按动作中的设定逐一执行下去，直到动作执行完成；当按钮显示的“▣”为红色时，表示文件夹中只有部分动作或命令设置了暂停操作。

动作展开：单击此按钮可以展开文件夹中的所有动作。

停止播放/记录：单击该按钮可以停止当前的记录操作，此按钮只有在“开始记录”按钮被按下时才可以使用。

开始记录：单击此按钮可以记录一个新的动作，记录过程中该按钮为红色。

播放选定的动作：单击此按钮可以执行当前选定的动作。

创建新组：单击此按钮可以新建一个文件夹，以便用来存放一些新的动作。

创建新动作：单击此按钮可以建立一个新的动作，新建的动作将出现在当前选定的文件夹中。

删除：单击此按钮可以将当前选定的动作或文件夹删除。

调板菜单按钮：单击此按钮可以打开动作调板菜单，执行菜单中的命令可以实现“动作”的各种功能，包括调板中的按钮功能，如图 10-2 所示。例如，执行【按钮模式】命令后，动作调板中的各个动作将以按钮模式显示，如图 10-3 所示。此时，调板只显示以动作的名称为主的按钮，这样可以方便使用动作的功能。在此模式下，仍然可以进行录制、删除和修改动作等操作。

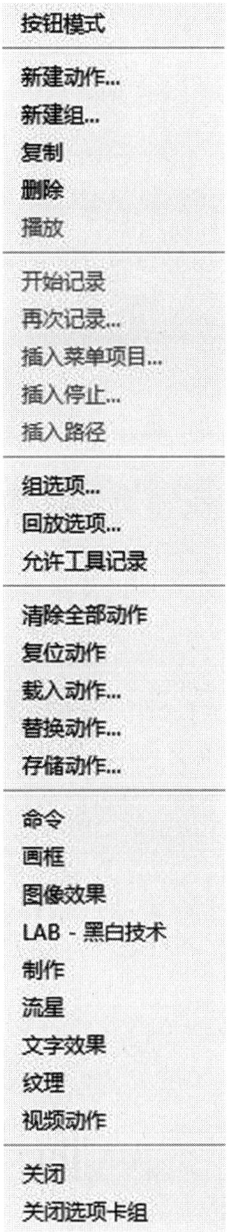

按钮模式
新建动作...
新建组...
复制
删除
播放
开始记录
再次记录...
插入菜单项目...
插入停止...
插入路径
组选项...
回放选项...
允许工具记录
清除全部动作
复位动作
载入动作...
替换动作...
存储动作...
命令
画框
图像效果
LAB - 黑白技术
制作
流星
文字效果
纹理
视频动作
关闭
关闭选项卡组

图 10-2 动作调板菜单

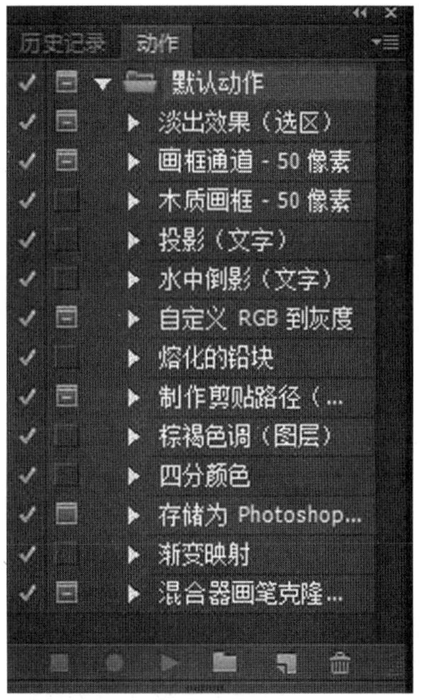

历史记录
动作
默认动作
淡出效果（选区）
画框通道 - 50 像素
木质画框 - 50 像素
投影（文字）
水中倒影（文字）
自定义 RGB 到灰度
熔化的铅块
制作剪贴路径（...
棕褐色调（图层）
四分颜色
存储为 Photoshop...
渐变映射
混合器画笔克隆...

图 10-3 动作调板的按钮模式

注意

“动作”命令菜单中各项命令的具体功能将在下面几节中详细介绍。

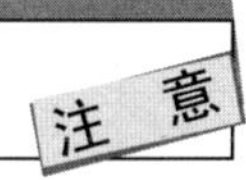

任务二　创建和使用动作

创建动作时，Photoshop 将按照使用命令和工具（包含所有指定的数值）的顺序记录它们。下面将详细介绍动作的记录、编辑和执行的操作步骤。

子任务 1　创建新动作

知识导读

在创建一个新的动作之前，应了解以下准则：

1）在低版本的 Photoshop 中创建的动作与高版本的 Photoshop 中创建的动作兼容，但反过来并不兼容。

2）并非全部的命令都能被记录成为动作，例如，绘画和色调工具、视图命令、工具选项以及预置等都不能被录制。不过，可以在动作执行过程中执行不能录制的命令，这一点将在后面介绍。

3）渐变、选框、剪裁、索套、直线、移动、魔术棒、文字工具、色彩填充，以及路径、通道、图层、历史调板等可以被记录成为动作。

下面详细介绍如何创建一个新动作。

1）单击动作调板中的“创建新组”按钮或执行调板菜单中的【新建组】命令，将弹出“新建组”对话框，如图 10-4 所示。在“名称”文本框中可以设定新建文件夹的名称。建立该文件夹之后便可以和 Photoshop 自带的动作相区分。若要更改新建文件夹的名称，双击该文件夹名称便可以修改。

图 10-4　“新建组”对话框

2）打开一个图像，以便在以下操作步骤中进行动作录制。

3）执行动作调板菜单中的【新建动作】命令，弹出如图 10-5 所示的“新建动作”对话框。

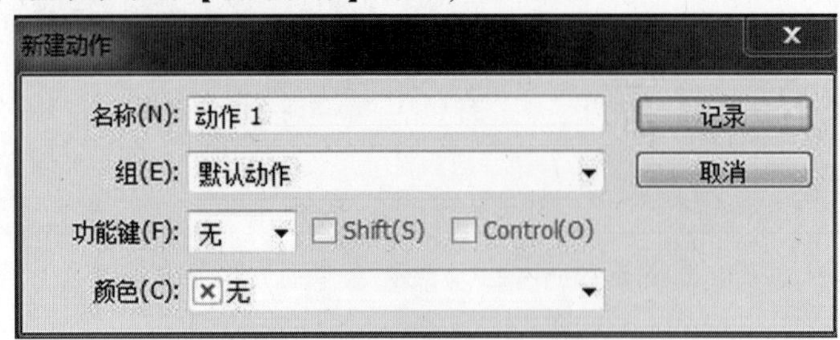

图 10-5　“新建动作”对话框

在该对话框中可以进行各种设置，各项参数功能如下。

名称：用于设置新动作的名称。

序列：显示动作调板中的所有文件夹，打开下拉菜单就可以选择。如果在打开对话框时已经选定了文件夹，那么打开对话框后在“序列”列表框中将自动显示已选定的文件夹。

功能键：用于设定新建动作的快捷键。有 F2 ~ F12 共 11 种快捷键，当选择了其中的一项后，其右边的“Shift”与“Ctrl”复选框将会被置亮，这样三者相互组合便可以产生 44 种快捷键。通常，不需要打开列表框来选择，而只需将要设定的快捷键在键盘上按一遍后，对话框中就会出现相应的选择结果。

颜色：用于选择动作的颜色，该颜色会在按钮模式的动作调板中显示出来。

设置完成后，单击“记录”按钮，即可进入记录状态。

4）进入记录状态后，记录动作按钮呈按下状态，且以红色显示。接下来的记录工作就显得较为简单了，只需将想记录的动作按顺序逐一操作一遍，Photoshop 就会将这一过程记录下来。比如，要记录一个修改图像版面的动作，则只需对事先打开（在记录前需先打开图像，否则，Photoshop 就会将打开图像这一步操作也记录在动作之中）的需改动的图像执行相关的命令，而这一过程就会被记录下来成为一个动作。图 10-6 所示为进入记录状态。

5）记录完毕，单击“停止播放/记录”按钮即可，图 10-7 所示为记录完成的状态。

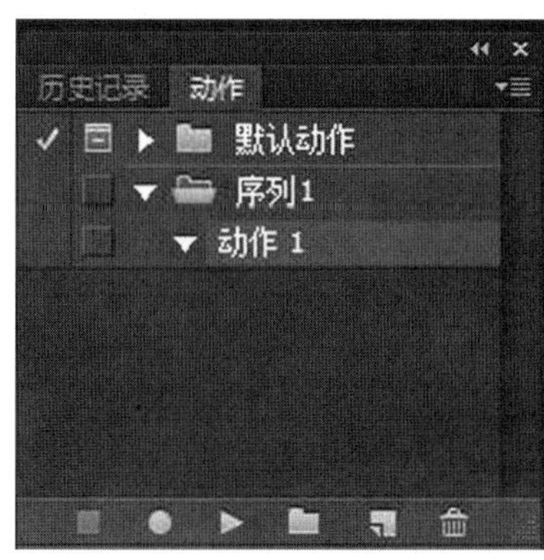

图 10-6 进入记录状态

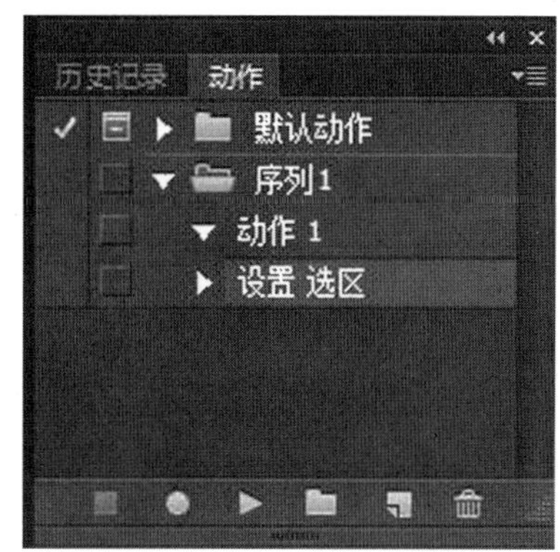

图 10-7 完成记录状态

子任务 2 编辑动作

知识导读

编辑动作的操作主要包括对动作进行复制、移动、删除、修改内容或更改名称等。

1. 复制动作

有两种操作方法，一是直接拖动一个动作到“创建新动作”按钮上，如图 10-8 所示；二是在选中动作后，执行动作调板菜单中的【复制】命令即可。

2. 移动动作

拖动一个动作至适当位置释放即可。

3. 删除动作

与复制动作类似，也有两种方法，一是直接拖动一个动作到“删除”按钮上；二是在选中动作后，执行动作调板菜单中的【删除】命令，此时会弹出如图 10-9 所示的提示框，单击“确定”按钮确认删除。

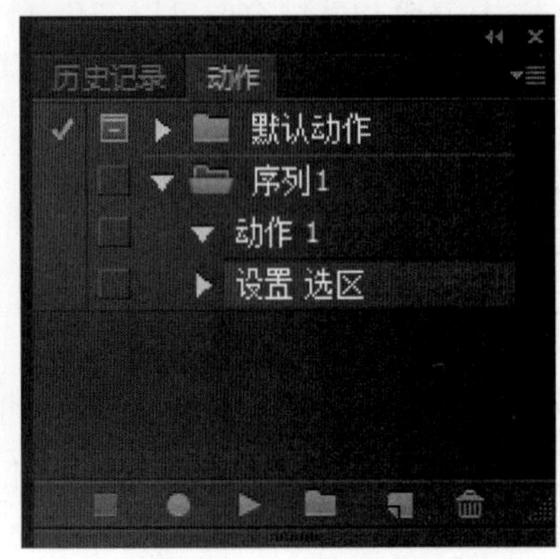

图 10-8　复制动作

图 10-9　删除提示框

4. 修改动作

(1) 增加记录动作

执行调板菜单中的【开始记录】命令即可新增记录动作。新增记录动作出现的位置与当前选中的动作或者命令有关。当选中的是一个动作，那么新增记录动作将出现在该动作命令的最后面；当选中的是动作的某一个命令，那么新增命令将出现在该命令之下。

(2) 重新录制动作

执行调板菜单中的【重新记录】命令就可以将一个选中的动作重新记录。记录时仍以原有的命令为基础，只需在弹出的对话框中重新设定对话框中的内容即可。

(3) 插入动作命令

执行调板菜单中的【插入菜单项目】命令就可以在选中的动作中插入想要执行的动作命令。执行该命令后会弹出一个如图 10-10 所示的“插入菜单项目”对话框。用鼠标在菜单中单击来指定命令，被指定的命令将出现在“菜单项”的后面，设定后单击“确定”按钮便可以将命令插入到动作中去了。

图 10-10　“插入菜单项目”对话框

(4) 插入暂停命令

执行调板菜单中的【记录停止】命令即可插入暂停命令。为什么设定暂停命令呢？因为在记录动作时，喷枪、画笔等绘图工具进行操作时不能被记录下来，插入暂停命令后，就可以在执行动作时停留在这一步操作上进行部分手动操作，待这些操作完成后再继续执行动作命令。执行【记录停止】命令后会弹出如图 10-11 所示的“记录停止”对话框，在“信息”文本框中可以键入文本内容作为显示暂停对话框时的提示信息，动作运行到这一步时就会弹出“信息”提示框，而该提示框中便显示出设定的文本内容。

图 10-11 “记录停止”对话框

例如，在“记录停止”对话框中键入“需要手动操作吗?”，则运行时将会弹出如图10-12 所示的含有“需要手动操作吗?”的提示。若勾选了“允许继续”复选框，则在“信息”提示框中将显示“继续”按钮，单击此按钮将允许继续执行动作后面的命令，如图 10-13 所示。

图 10-12 “信息”提示框

图 10-13 勾“允许继续”复选框后的提示

(5) 插入路径命令

记录动作时不能记录路径操作，而该功能便很好地解决了这个问题。首先，在路径调板中选定欲插入的路径名；然后，在动作调板中指定要插入的位置；最后，执行动作调板菜单中的【插入路径】命令，如图 10-14 所示，这样便可以在动作中插入一个路径。当然，如果图像中不存在路径，则不能使用插入路径命令。

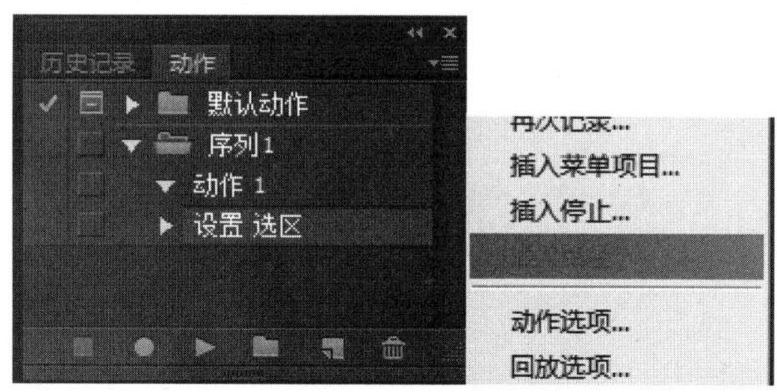

图 10-14 在动作中插入路径

5. 更改名称

首先在动作调板中双击欲修改的动作名称，也可以选中之后执行调板菜单中的【动作选项】命令，弹出如图 10-15 所示的“动作选项”对话框。在“名称”文本框中键入更改的名称，单击”确定”按钮更改完成。

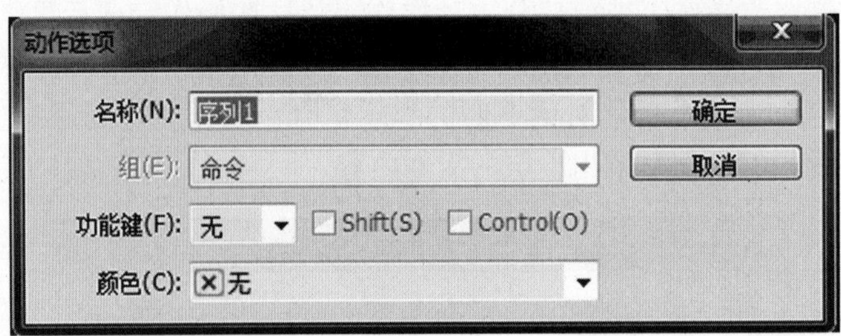

图 10-15　“动作选项”对话框

子任务 3　执行动作

知识导读

动作记录制并编辑好了之后就可以执行了。执行动作就像执行菜单命令一样简单。首先选中要执行的动作，然后单击“播放选定的动作”按钮（▷），或者执行动作调板菜单中的【播放】命令，这样，动作中录制的命令就会一一自动执行。也可在按钮模式下执行动作，只需在此模式下单击一下欲执行的动作即可。若动作设定了快捷键，也可用快捷键来执行动作。不过，在此模式下，动作的所有命令都将被执行，即便是该动作中未被选中的命令。

一个文件夹中的多个动作都可以同时执行。按住【Shift】键单击动作调板中的动作名称，可以选中文件夹中多个连续的动作；按住【Ctrl】键单击动作名称，可以选中文件夹中多个不连续的动作，如图 10-16 所示。

几个文件夹也可以被同时执行，同执行文件夹中的多个动作一样，按住【Shift】键单击“动作”调板中的文件夹名称，可以选中多个连续的文件夹；按住【Ctrl】键单击文件夹名称，可以选中多个不连续的文件夹，如图 10-17 所示。选中之后便可以用同样的方法执行了。

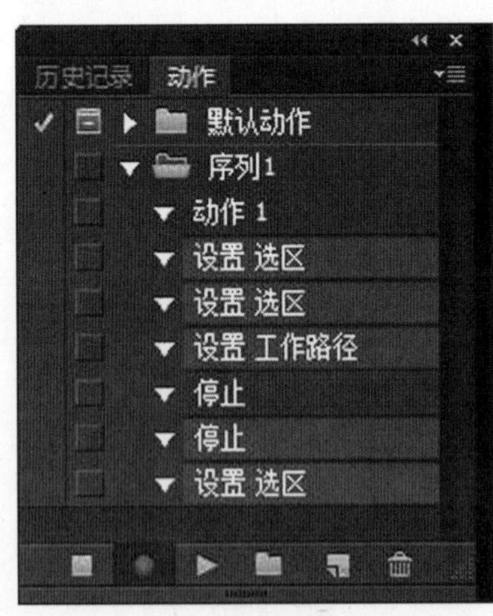

图 10-16　执行多个动作

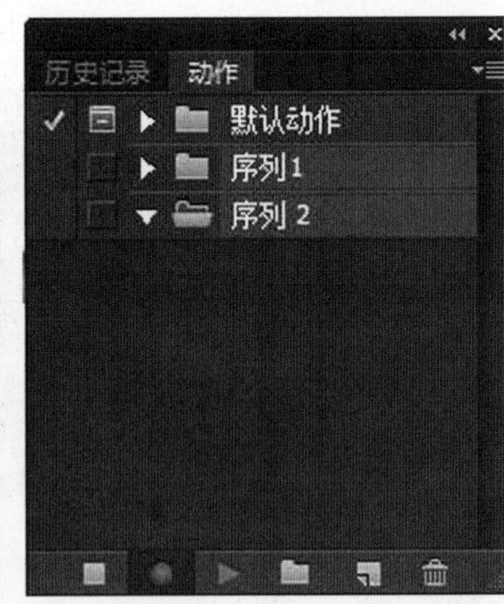

图 10-17　执行多个文件夹

Photoshop 默认的执行速度是很快的，如果动作的步骤较多，就会无法确定可能会弹出的一些错误信息出自何处，修改执行速度便能很快地查出错误。执行动作调板菜单中的【回放选项】命令，弹出如图 10-18 所示的“回放选项”对话框。

图 10-18　“回放选项”对话框

1）加速：为默认设置，选择此项时，执行速度比较快。

2）逐步：选择此项时，将在动作调板中以蓝色显示每一步当前所运行的操作命令。

3）暂停用于：选中此项时，允许执行每一步操作命令时暂停，其暂停时间由其后的文本框设置的数值决定，数值的变化范围是 1 ~ 60 秒。

下面通过制作一副“运动宣传画”来加深上面所介绍知识。

该运动宣传画主要使用动作调板来完成每个数字的制作，其中将文本栅格化、填充渐变、添加图层样式等设置为动作，通过执行动作，来完成其他文本效果，如图10-19所示。

步骤:

步骤 1 执行【文件】→【新建】命令，弹出“新建”对话框，参数设置如图 10-20 所示。

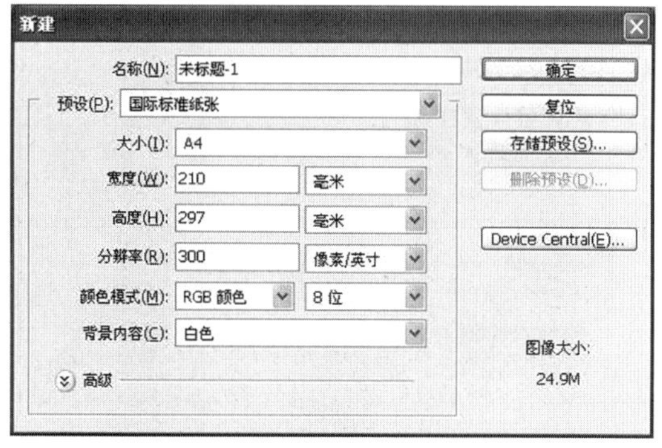

图 10-19　动作效果图　　　　图 10-20　参数设置

步骤 2 打开素材文件“素材 1. jpg”，将图像全选后复制并粘贴到主图中，按【Ctrl + T】组合键调整大小。

步骤 3 单击动作调板下方的“创建新组”按钮，打开“新建组”对话框，设置名称，如

图 10-21 所示。

步骤 4 单击动作调板下方的“创建新动作”按钮，打开“新建动作”对话框，为新建动作命名，如图 10-22 所示。然后单击“记录”按钮开始记录。

图 10-21　新建组

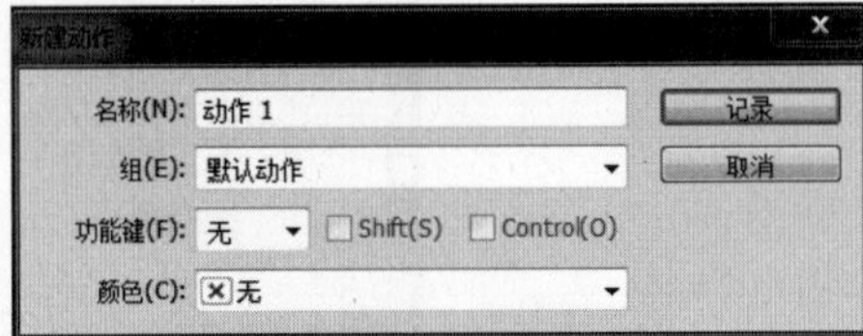

图 10-22　新建动作

步骤 5 选择工具箱中的横排文字工具，然后在图中输入数字“1”，如图 10-23 所示。

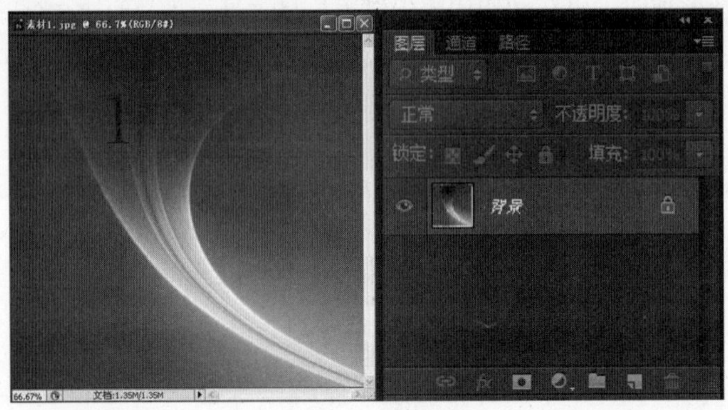

图 10-23　输入数字

步骤 6 在图层调板中选中文字图层，执行【图层】→【栅格化】→【文字】命令，将文字图层转换为普通图层“1”。

步骤 7 按【Ctrl】键的同时单击图层“1”，调出数字“1”的选区。选择工具箱中的渐变工具，颜色由黄色到红色再到蓝色。在选区中由上向下填充线性渐变，如图 10-24 所示。

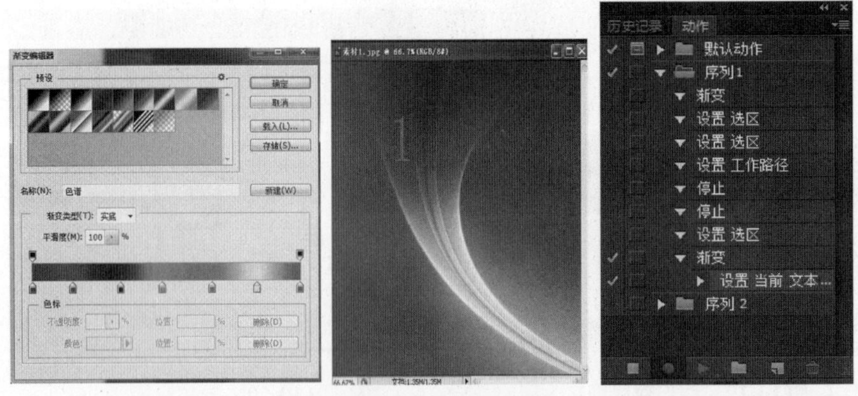

图 10-24　制作渐变

步骤 8 按【Ctrl + D】组合键，取消数字选区。单击图层调板下方的“添加图层样式”按钮，在打开的下拉菜单中选择“投影”项，弹出“图层样式”对话框，分别设置“投影”与

“外发光”的参数，如图 10-25 所示。

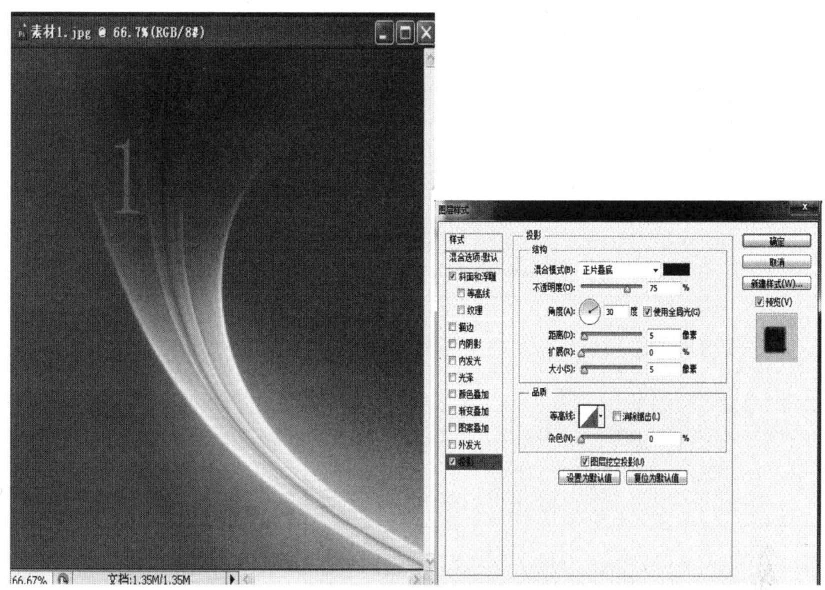

图 10-25　设置图层样式

步骤 9 单击动作调板下方的“停止记录”按钮，完成动作的记录。单击“动作 1”中“建立文本图层”左侧的“切换对话开/关”按钮，出现对话框开关标志，表示在执行输入文本动作时，会停在文本输入状态，以便供重新输入文字，如图 10-26 所示。

图 10-26　动作调板

步骤 10 单击动作调板下方的“播放选定的动作”按钮，开始播放动作。在执行输入文本动作时，会停在文本输入状态，输入数字“2”，单击图层调板中图层“2”的缩览图，结束文本的输入，动作继续执行，如图 10-27 所示。

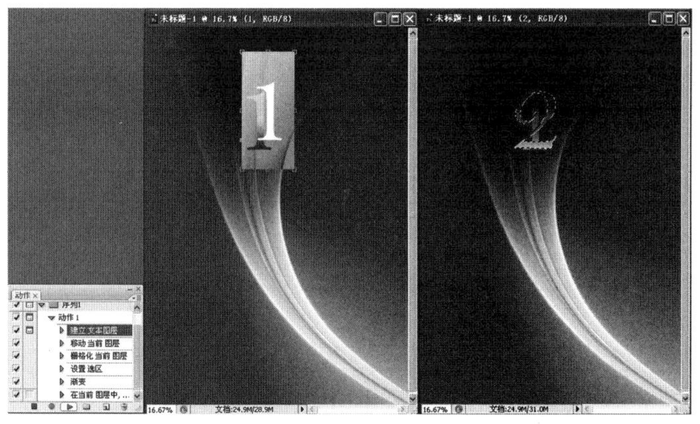

图 10-27　输入“2”

步骤 11 按照上述方法，分别制作出其他数字，选择移动工具，分别移动数字的位置，结果如图 10-28 所示。

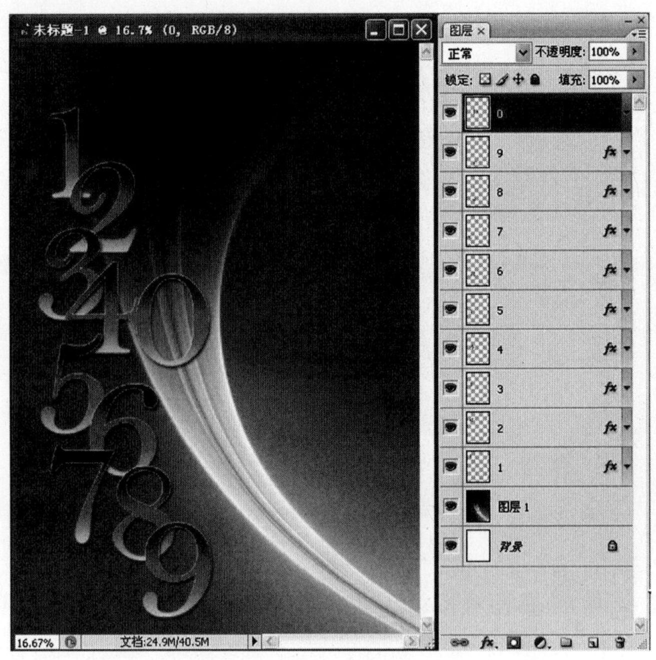

图 10-28 执行多个动作

步骤 12 打开素材文件“素材 2. jpg”，将图像复制并粘贴到主图中，在图层调板中将其排列在图层“1”的上方，设置混合模式为“线性光”。在动作调板中，选中“序列 1”，单击调板菜单按钮，在弹出的下拉菜单中执行【存储动作】命令，打开“存储”对话框，将制作的动作保存。

任务三 输入与输出图像

子任务 1 输入图像

知识导读

通过将数码照相机或数据卡读取器等设备连接到计算机，可以进行图像的复制。获取图像有以下几种方式：

1）在 Adobe Bridge CS3 中使用“从相机获取照片”命令可下载照片，并对这些照片进行组织、重命名和应用。

2）如果数字照相机或读卡器在计算机上作为驱动器出现，可将图像直接复制到硬盘或 Adobe Bridge 中。

3）使用数字照相机附带的软件如“Windows 图像采集”或“图像捕捉”获取图像。

4）导入扫描的图像。可以通过不同的方法从扫描仪将图像导入 Photoshop 中。在完成扫描后，可以使用一些扫描仪软件将 Photoshop 指定为图像的外部编辑器或查看器。或者先用其他扫描软件将图像作为文件存储在计算机上，再在 Photoshop 中打开该文件。

也可以从任何具有 Photoshop 兼容增效工具模块的扫描仪或支持 TWAIN 接口的扫描仪中直接导入扫描的图像。TWAIN 是一种跨平台接口，用于获得由某些扫描仪、数码相机和帧捕捉器捕捉的图像。TWAIN 设备制造商必须提供设备的源管理器和 TWAIN 数据源，才能与 Photoshop 一起使用。安装 TWAIN 设备及其软件并重新启动计算机后，才能使用它将图像导入到 Photoshop 中。使用 WIA 支持从扫描仪导入图像的步骤如下：

1）执行【文件】→【导入】→【WIA 支持】命令。

2）在计算机上选取一个目标位置来存储图像文件。

3）单击“开始”按钮。

4）确保已选中“在 Photoshop 中打开已获取的图像”复选框。如果要导入大量图像，或者如果想在以后编辑图像，请取消选择该复选框。

5）如果要将导入的图像直接存储到以当前日期命名的文件夹中，请确保选中“唯一的子文件夹”复选框。

6）选择要使用的扫描仪。

7）选取要扫描的图像种类。

8）单击“预览”按钮可查看扫描。如有必要，可拖动外框的手柄来调整裁剪的大小。

9）单击“扫描”按钮。

10）Photoshop 将以 BMP 格式存储扫描的图像。

将图片或照片放入扫描仪进行扫描时，需注意原始图片的摆放位置。

子任务 2 输出图像

知识导读

无论是在桌面打印机上打印图像还是要将图像发送到印前设备，了解一些有关打印的基础知识都会使打印作业更顺利，并有助于确保完成的图像达到预期的效果。

1. 打印类型

对于多数 Photoshop 而言，打印文件意味着将图像发送到喷墨打印机。Photoshop 可以将图像发送到多种设备，以便直接在纸上打印图像或将图像转换为胶片上的正片或负片图像。在后一种情况中，可使用胶片创建主印版，以便通过机械印刷机印刷。

2. 半调

为了在图像中产生连续色调的错觉，打印机会将图像分解为网点。对于在印刷机上印刷的照片，此过程称为半调处理。改变半调网屏中网点的大小可在图像中产生灰度变化或连续颜色的视觉错觉。

3. 分色

打算用于商业再生产并包含多种颜色的图片必须在单独的主印版上打印，一种颜色一个印版。此过程（称为分色）通常要求使用青色、黄色、洋红和黑色（CMYK）油墨。在 Photoshop

中，可以调整生成各种印版的方式。

4. 细节品质

所打印图像中的细节取决于其分辨率和网频。输出设备的分辨率越高，可以使用的网屏刻度（每英寸线数）就越精细（更高）。许多喷墨打印机驱动程序都提供了简化的打印设置，以便选取更高品质的打印。

5. 关于桌面打印

除非在商业印刷公司或服务机构工作，否则很可能需要在桌面打印机（如喷墨打印机或激光打印机）上打印图像，而不会打印到照排机。Photoshop 允许控制图像的打印方式。显示器使用光显示图像，而桌面打印机则使用油墨或颜料重现图像。出于此原因，桌面打印机无法重现显示器上显示的所有颜色。但是，可以在工作流程中采用某些过程（如色彩管理系统），这样，在桌面打印机上打印图像时就可以实现预期效果。

如果的图像是 RGB 模式的，则在打印到桌面打印机时不要将文档转换为 CMYK 模式。请始终在 RGB 模式下工作。通常，桌面打印机被配置为接受 RGB 数据，并使用内部软件转换为 CMYK 数据。如果发送 CMYK 数据，大多数桌面打印机还是会应用转换，从而导致不可预料的结果。

在任何有配置文件的设备上打印时，如果预览图像，请执行【校样颜色】命令。

要在打印出的页面上精确地重现屏幕颜色，必须在工作流程中结合色彩管理过程。使用经过校准并确定其特性的显示器。还应特别针对打印机和打印纸创建一个自定配置文件。使用随打印机一起提供的配置文件（尽管比根本不使用配置文件要好）只能获得普普通通的效果。

6. 打印图像

（1）页面设置

执行【文件】→【打印】命令，打开“Photoshop 打印设置”对话框，单击“打印设置”按钮，根据需要设置纸张的大小、来源、方向和边距，将纸张方向设置为纵向或横向，如图 10-29 所示。

（2）打印

在“Photoshop 打印设置”对话框中预览打印作业并选择打印机、打印份数、输出选项和色彩管理，如图 10-30 所示。

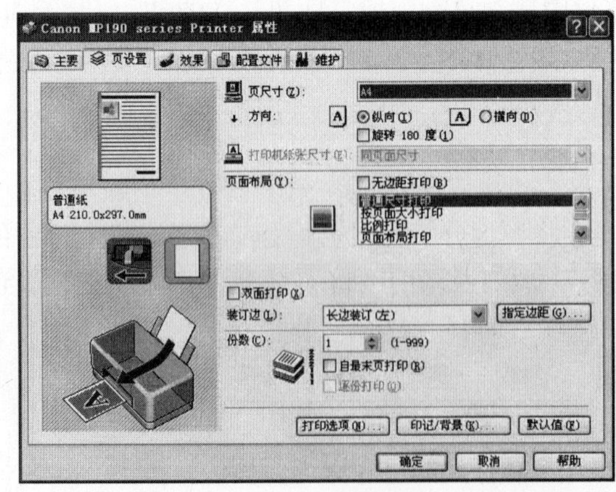

图 10-29 页面设置

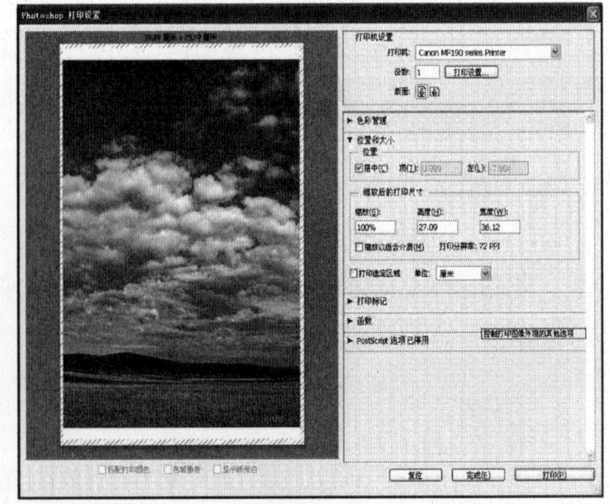

图 10-30 “Photoshop 打印设置”对话框

(3) 打印一份

执行【文件】→【打印一份】命令，可以打印一份文件而不会显示对话框。

> 如果看到图像大小超出纸张可打印区域的警告，请单击“取消”按钮，执行【文件】→【打印】命令，然后选择“缩放以适合介质”复选框。要对纸张大小和布局进行更改，请单击“打印设置”按钮进行设置并尝试再次打印文件。
>
> 如果打算缩放打印的图像，应在“Photoshop 打印设置”对话框而不是“页面设置”对话框中进行缩放设置。“Photoshop 打印设置”对话框中会显示缩放图像的预览。
>
> 注意

学材小结

本模块较为详细地介绍了动作调板的各项功能，包括动作的录制、编辑、执行以及保存和安装等各项操作方法。通过这一模块的学习，读者应掌握利用自己录制的动作，简化编辑图像的操作。

理论知识

1. 填空题

在 Photoshop 中，系统是以________的形式来管理动作的，每个文件可包含多个动作，所以动作又被称为________，动作文件的扩展名为“________”。

2. 选择题

(1) 下列关于动作的描述中，错误的是（　　）。

A. 所谓动作就是对单个或一批文件回放一系列命令

B. 大多数命令和工具操作都可以记录在动作中，动作可以包含暂停，这样可以执行无法记录的任务

C. 所有的操作都可以记录在动作调板中

D. 在播放动作的过程中，可在对话框中输入数值

(2) 下列关于 Photoshop CS6 动作的描述中不正确的是（　　）。

A. 使用动作调板可以记录、播放、编辑或删除动作，还可以存储和载入动作文件

B. ImageReady 中不允许创建动作“序列”

C. Photoshop 和 ImageReady 附带了许多预定义的动作，可以按原样使用这些预定义的动作，也可以根据自己的需要对它们进行编辑，或者创建新的动作

D. 在 Photoshop 和 ImageReady 中，都可以创建新动作“序列”，以便更好地组织动作

(3) 在 Photoshop CS6 中，当在大小不同的文件上执行动作时，可将标尺的单位设置为下列（　　）显示方式，动作就会始终在图像中的同一相对位置回放（例如，对不同尺寸的图像执行同样的裁切操作）。

A. 百分比　　　　B. 厘米

C. 像素　　　　D. 和标尺的显示方式无关

(4) 执行【窗口】→【动作】命令或按【Alt +（　　）】组合键，可显示动作调板。

A. F6　　B. F7　　C. F8　　D. F9

（5）在动作调板菜单中，执行（　　）命令，可能将各个动作以按钮模式显示。

A.【扣好模式】　B.【重置动作】　C.【载入动作】　D.【替换动作】

（6）要选择几个不连续的动作，可在按（　　）键的同时，依次单击各个动作的名称。

A.【Tab】　B.【Alt + B】组合　C.【Shift】　D.【Ctrl】

拓展练习

1. 运用“自动化”功能将一组图片自动变为四色功能，如图 10-31 所示。

图 10-31　变换颜色

2. 自画一幅人物图像，将图像导入计算机并处理上色，如图 10-32 所示。

图 10-32　人物图像

参 考 文 献

[1] 李显萍．Photoshop CS6 平面设计实用教程［M］．北京：机械工业出版社，2014.
[2] 李敏，刘建超，李霞，等．中文版 Photoshop CS5 案例与实训教程［M］．北京：机械工业出版社，2013.
[3] 李金明，李金荣．中文版 Photoshop CS6 完全自学教程［M］．北京：人民邮电出版社，2013.
[4] 唐有明，郝军启，等．Photoshop CS6 中文版 标准教程［M］．北京：清华大学出版社，2014.
[5] 王建芬，刘文乐，田磊，等．Photoshop 艺术设计［M］．北京：机械工业出版社，2013.